Hans-Joachim Mau

Tschechoslowakische Flugzeuge

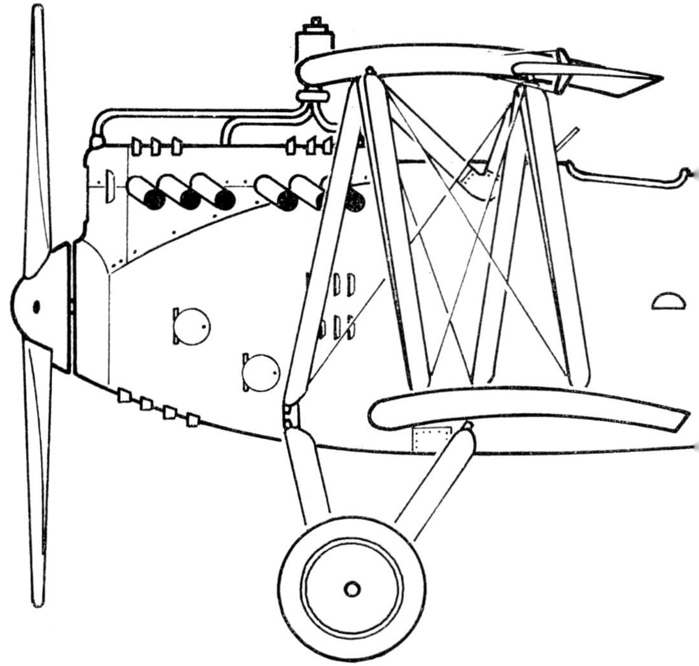

Hans-Joachim Mau

Tschechoslowakische FLUGZEUGE von 1918 bis heute

transpress
VEB Verlag für Verkehrswesen
Berlin 1987

Vorwort

Preface

Schon kurze Zeit nach der Proklamation der Tschechoslowakischen Republik (ČSR) im Herbst 1918 entstand in Praha aus dem ehemaligen Flugzeugarsenal das erste Flugzeugwerk des jungen Staates. Der Betrieb sollte zunächst vorwiegend Militärflugzeuge bauen, denn die damalige Regierung war bestrebt, schnell eine technisch gut ausgerüstete Armee zu schaffen.

Einige Jahre danach begann in der Tschechoslowakei auch der zivile Luftverkehr, der die großen Städte des Landes schneller erreichbar machte und seine völkerverbindende Funktion wahrnehmen konnte.

Flugbegeisterte Tschechen pflegten die Traditionen des 1913 gegründeten Aviation Clubs, konstruierten und bauten Flugzeuge, legten Flugplätze an und förderten so durch ihr Tun den Luftfahrtgedanken in der Bevölkerung.

Große Erfolge errangen tschechoslowakische Piloten in aller Welt mit ihren meist kunstflugtauglichen Leichtflugzeugen aus einheimischer Produktion. Sie begründeten somit im Flugsport die international führende Rolle der tschechoslowakischen Luftfahrtindustrie.

Das Produktionsprogramm des Flugzeugbaus in dem nun selbständigen und wirtschaftlich rasch aufblühenden Land wuchs – zum Zellenbau kam die Fertigung von Flugtriebwerken und Propellern –; es umfaßt heute auch den weiten Bereich von Bordinstrumenten bis zu Radaranlagen, der sich bescheiden hinter dem Begriff «Zubehör» verbirgt.

Das vorliegende Buch gibt einen kurzen historischen Abriß über die tschechoslowakische Luftfahrt von 1918 bis zur Gegenwart und stellt die wichtigsten Flugzeuge in Wort, Bild und Dreiseitenrißzeichnung vor.

Verfasser und Verlag danken allen, die zum Gelingen dieses Typenbuches beigetragen haben. Besonderer Dank gilt meinen Freunden Ingenieur Jan Krumbach (†), Jaroslov Dobiaš und Dr. František Kupka, Ladislav Zazvonil, aus dessen Archiv viele interessante Fotos stammen, sowie den Grafikern Miroslav Balous für die farbigen Zeichnungen und Klaus Huhndorf für die informativen Dreiseitenrisse.

Hans-Joachim Mau, Berlin

Inhalt

Einführung

Typenteil

Anhang

Contents

Von Pardubice nach Praha

From Pardubice to Praha

Von den Anfängen der Fliegerei in der Tschechoslowakei

The First Time of Flight in Czechoslovakia

Der erste Motorflug auf dem Territorium der Tschechoslowakei fand am 13. Mai 1911 statt.

An diesem Tage startete der Ingenieur Jan Kašpar zu einem Überlandflug von Pardubice nach Praha. Seinen einmotorigen Flugapparat hatte er eigenhändig konstruiert und gebaut, wobei ihm die Erfahrungen des Franzosen Louis Blériot und anderer Aviatiker, wie sich damals die Flugpioniere vieler Länder selbst nannten, zugute kamen. Die Holzkonstruktion war stoffbespannt und hatte als Antrieb einen österreichischen Daimler-Motor, der bereits die beachtliche Leistung von fast 50 kW erzeugte. Für die etwa 120 km lange Strecke zwischen den beiden Städten brauchte Kašpar 75 Minuten; er flog dabei in etwa 400 m Höhe.

Ebenso sensationell für die damalige Zeit waren die ersten Flüge einer tschechischen Frau, Božena Làglerová. Sie wanderte jedoch trotz ihrer großartigen Erfolge in der Heimat nach Übersee aus. In Kuba, Haiti und in Nordamerika zeigte sie ihr Können auf Flugveranstaltungen.

Um die Situation in der Tschechoslowakei zu jener Zeit verständlich zu machen, muß man – zumindest in Stichworten – einige wesentliche historische Ereignisse und Daten vorausschicken.

Die gewaltsame Ausdehnung des Osmanischen Reiches im 16. Jahrhundert über den Balkan hinaus bis fast nach Mitteleuropa ließ aus den böhmischen Ländern, Ungarn und Österreich die Vielvölkermonarchie der Habsburger entstehen. Nach dem Tod des Jagiellonenkönigs in der Schlacht von Mohács wurde der österreichische Erzherzog auch zum König von Böhmen und Ungarn gewählt. Jahre später wurden die böhmischen Städte nach ihrer Niederlage im Kampf gegen die Habsburger entmachtet. Schließlich verlor im Jahr 1620 Böhmen nach der Schlacht am Bilá hora ⟨am Weißen Berg⟩ seine staatliche Selbständigkeit, was 1648 im Westfälischen Frieden, der den Dreißigjährigen Krieg beendete, bekräftigt wurde. Trotz wiederholter Aufstände in den böhmischen Ländern gegen die Fremdherrschaft sowie in der Slowakei gegen die meist ungarischen Feudalherren gelang es den Habsburgern, ihre Macht zu festigen. Das äußerte sich z. B. darin, daß das Habsburger Regime im Jahr 1749 die örtlichen Verwaltungsorgane in jenen Ländern auflöste und die gesamte Verwaltung zentralisierte. Unter dem zunehmenden Druck des tschechischen und slowakischen Volkes mußte hier letztlich in der Zeit des aufgeklärten Absolutismus Ende des 18. Jahrhunderts die Leibeigenschaft aufgehoben werden.

Der immer mehr eindringende landfremde Adel beschwor für die tschechische Sprache die Gefahr herauf, in eine «Bauern- und Dienstbotensprache» abgewertet zu werden, weil er seine Germanisierungspolitik verschärfte. Darum ist begrüßenswert, daß 1791 auf einer Festsitzung der 1784 gegründeten Königlich-Böhmischen Gesellschaft der Wissenschaften in Praha erstmals öffentlich die Rechte der tschechischen Sprache verteidigt und die Germanisierung angeprangert wurden. Im Jahr 1803 nahm an einer höheren Schule in Bratislava ein Lehrstuhl für die tschechoslowakische Sprache und Literatur seine Tätigkeit auf. Und im Zeitraum von 1834 bis 1839 erschien erstmals ein Tschechisch-Deutsches Wörterbuch, herausgegeben von Josef Jungmann.

Die seit Ende des 17. Jahrhunderts in den böhmischen Ländern entstandenen zahlreichen Manufakturen entwickelten sich zu kapitalistischen Fabriken weiter. Böhmen gehörte bereits in der ersten Hälfte des 19. Jahrhunderts zum industriell fortgeschrittensten Teil der Habsburgmonarchie. In der zweiten Hälfte des 19. Jahrhunderts folgte ein rascher und umfassender Industrialisierungsprozeß, wobei sich das Potential allmählich von der Leicht- auf die Schwerindustrie, vor allem den Maschinenbau, verlagerte.

Mit der Industrialisierung, die in der Slowakei erst gegen Ende des 19. Jahrhunderts einsetzte und dann wesentlich langsamer voranschritt, erstarkte nicht nur das nationale Bürgertum, sondern auch das junge Proletariat, was in machtvollen Streiks und Demonstrationen zum Ausdruck kam. Zugleich verstärkte sich in der Tschechoslowakei das Streben nach Autonomie, nach staatlicher Selbständigkeit.

Als Österreich-Ungarn am 28. Juli 1914 Serbien und das verbündete Deutschland wenige Tage später Frankreich und Rußland den Krieg erklärten, in den kurz darauf Großbritannien aufgrund der «Entente cordiale» eintrat, wuchs in den tschechischen Gebieten die Antikriegsbewegung. Dabei bildete sich 1916 in Praha ein tschechischer Nationalausschuß, in dem die bürgerlichen Parteien und die Partei der Agrarier eine führende Rolle spielten. Erst unter dem Einfluß der Großen Sozialistischen Oktoberrevolution in Rußland trat eine Belebung der revolutionären Bewegung ein und trug in entscheidendem Maße zum Niedergang der österreichungarischen Doppelmonarchie und zur Schaffung eines neuen tschechoslowakischen Staates bei.

Eine bei Kriegsbeginn nach Frankreich emigrierte Gruppe bürgerlicher Politiker, darunter der Vorsitzende der Tschechischen Fortschrittspartei Tomaš G. Masaryk, sein Freund Edvard Beneš und Milan R. Štefánik, hatten dort ⟨ebenfalls 1916⟩ einen Tschechoslowakischen Nationalrat gegründet, der sich wegen der Unterstützung der Tschechoslowakischen Legionen im Sommer 1918 den Beifall der Entente erkaufte. Die Tschechoslowakischen Legionen hatten sich in den Jahren 1915 bis 1917 in Rußland aus den tschechischen und slowakischen Kriegsgefangenen und Flüchtlingen formiert und waren etwa 200 000 Mann stark. Die antisowjetisch eingestellten Führer dieses Heeresverbandes orientierten sich auf die Westmächte, weshalb im Mai 1919 eine Gruppe Freiwilliger aus diesem Verband ausschied und sich der Roten Armee anschloß. Folgerichtig nahmen dann die Tschechoslowakischen Legionen als Söldner an der imperialistischen Intervention gegen die junge Sowjetmacht teil.

Doch zurück zum Jahr 1918. Der Prager Nationalausschuß bildete sich im November 1918 zur Provisorischen Nationalversammlung um, nachdem die Slowakei ihren Beitritt

Ankündigung des ersten öffentlichen Fliegens eines Aeroplans in Pardubice, veranstaltet vom tschechischen Aviatiker Ingenieur Jan Kašpar, am Sonntag, dem 19. Juni 1910, zwischen 6 und 8 Uhr nachmittags, bei ruhigem Wetter auf dem Militärexerzierplatz.
Announcement of the first public flight of an aeroplane in Pardubice, by the Czech aviatic engineer Jan Kašpar, on the military drillground, in calm weather, on Sunday the 19th June 1910 between 6 and 8 in the afternoon.

In Erinnerung an Jan Kašpar.
In memory of Jan Kašpar.

Die Kašpar-Blériot nach de Rekonstruktion in Praha.
The Kašpar-Blériot at Praha after reconstruction.

zu einem unabhängigen Staat bekundet hatte. Von den Volksmassen bereits am 14. Oktober 1918 durch den Generalstreik dazu gezwungen, proklamierte die tschechoslowakische Bourgeoisie am 28. Oktober 1918 die Tschechoslowakische Republik ⟨ČSR⟩, die am 10. September 1919 im Vertrag von St. Germain ihre völkerrechtliche Anerkennung fand.

Zum ersten Präsidenten der ČSR wurde Tomaš G. Masaryk gewählt, der inzwischen aus der Emigration zurückgekehrt war. Edvard Beneš wurde Außenminister, bis er 1935 die Nachfolge von Masaryk antrat.

Auf die ententeorientierte und antisowjetische Grundhaltung dieser Politiker ist es mit zurückzuführen, daß die Regierung des neuen Staates sogleich den Aufbau von militärischen Einheiten, also auch von Fliegerkräften, beschloß. Einen bestimmenden Einfluß auf diese Entwicklung nahm im Rahmen der damals geltenden Bestimmungen des Vertrages von St. Germain die französische Militärkommission. Die «Entente cordiale» band nämlich die ČSR von Anfang an nicht nur politisch und wirtschaftlich, sondern auch militärisch an sich.

Mit dem Neuaufbau der Wirtschaft begann auch ein wichtiger Abschnitt in der technischen Entwicklung des jungen Staates. Das kam insbesondere auch der Entwicklung der Luftfahrt zugute.

In dieser Zeit riefen die Fliegerenthusiasten Brune, Polanecký und Samek die Vereinigung »Bohemia« ins Leben, die sich fortan mit der Entwicklung und dem Bau von Flug-

Bohemia B-5, das erste tschechoslowakische Flugzeug.
Bohemia B-5, the first cz. aircraft.

zeugen beschäftigen sollte. Ein junger Ingenieur dieser Vereinigung, Oldřich Haller aus Plzeň, entwarf damals einen Doppeldecker und konstruierte eine Luftschraube. Unter den geschickten Händen der Flugsportler entstand in ihrer Werkstatt das erste tschechoslowakische Flugzeuge aus Holz und Leinwand. Als Triebwerk verwendete man einen Reihenmotor der Firma NAG. Der Vierzylinder erzeugte eine Leistung von 23 bis 29 kW. Am 27. April 1919 war es soweit. Die B-5 wurde auf den Flugplatz Bory bei Plzeň geschafft, um zum Erstflug zu starten.

Die Flugsportler knüpften somit an die Traditionen des 1913 gegründeten Aviation Clubs an. Das Interesse an den Fragen der Luftfahrt war in allen Schichten der Bevölkerung zu finden, weshalb zahlreiche Menschen dem Fliegerbund beitraten. Bald gab es in vielen Orten des Landes Sektionen.

Im Jahr 1923 wurde der Aviation Club in Aeroklub der Tschechoslowakei umbenannt. Seine Piloten machten bis in die Gegenwart nicht nur die Flugzeuge ihres Landes in aller Welt bekannt, sondern errangen auch bei Weltmeisterschaften gute Plazierungen.

Es war ein langer Weg vom schweren Anfang, als aus dem Prager Flugzeugarsenal, in dem mehr beschädigte als flugfähige Maschinen den ersten Weltkrieg überdauert hatten, das erste Flugzeugwerk entstanden war, bis in die Gegenwart, in der tschechoslowakische Luftfahrzeuge einen guten internationalen Ruf genießen. Dieser Erfolg ist all den bekannten und unbekannten Konstrukteuren, Arbeitern und Piloten, den Helfern der Bodenorganisation und nicht zuletzt den vielen von der Fliegerei Begeisterten des Landes zu verdanken, deren Bemühen in dem Wahlspruch gipfelt; «Die Luft ist unser Meer!».

Konstruktion – Prototyp – Serie

Construction - Prototype - Series

Die tschechoslowakische Luftfahrtindustrie bis 1938

The Cz. Aircraft Industry till 1938

Ausgangspunkt für die Entwicklung einer tschechoslowakischen Luftfahrtindustrie war das Militärarsenal in Praha. Dort wurde zunächst die noch verfügbare Flugzeugtechnik der mit dem ersten Weltkrieg untergegangenen österreich-ungarischen Monarchie der Habsburger zusammengeholt.

Schon im November 1918 begann man in diesem Arsenal mit der Reparatur und der Instandsetzung von Flugzeugen. Meist waren es Maschinen der österreichischen Firmen Oeffag, Ufag, Aviatik und Berg. Mit diesem Bestand sollten die ersten Fliegereinheiten ausgerüstet wer-

Jagdflugzeug Š-20 mit Walter-Jupiter-Sternmotor.
Fighter Š-20 with Walter-Jupiter radial engine

Das gleiche Muster Š-20 mit einem Škoda-Reihenmotor
The same model Š-20 with a Škoda in-line engine

den. Die geringe Anzahl der Flugzeuge konnte allerdings den Bedarf der Fliegerkräfte nicht decken.

Inzwischen hatten sich flugbegeisterte Tschechen an vielen Orten des Landes zusammengefunden, um die Idee vom Fliegen weiter zu verbreiten. Fliegen aber war ohne technische Basis nicht möglich. Man erhoffte sich außerdem, einen Anteil der Kriegsbeute an Flugzeugen friedlich nutzen zu können. Der Initiative dieser jungen Menschen war es letztlich auch zu verdanken, daß – noch ehe die eben im Entstehen begriffene Flugzeugindustrie zu produzieren begann – bei der «Bohemia» in Plzeň das erste tschechische Flugzeug gebaut wurde.

Die Militärluftfahrt war in einer Zwangslage. Die Neuentwicklung lief nur zögernd an. Noch war nicht abzusehen, wie sich diese überhaupt gestalten würde. Die Entente beobachtete skeptisch alle demokratischen Bewegungen in der Tschechoslowakei, da diese meist nicht ihren Interessen entsprachen. Die Vertreter der französischen Militärkommission waren angesichts ihrer eigenen Volkswirtschaft nach einem langjährigen Krieg nicht unbeteiligt, als das neue Verteidigungsministerium der ČSR als Geschenk der französischen Regierung 115 Flugzeuge bekam. Danach bestellte man weitere Flugzeuge in Frankreich (SPAD S.7 und S.13, Breguet XIV, XVI u. a.).

Firma Letov

In jenen Tagen kam es in Letňany bei Praha zur Gründung der ersten Militärflugzeugfabrik, die den Namen Letov erhielt. Das ehemalige Militärarsenal wurde als Basisbetrieb übernommen. Als Leiter der Konstruktionsabteilung kam der überaus fähige Ingenieur Alois Šmolik nach Letňany. Vorgesehen waren die Entwicklung und der Bau von vornehmlich militärisch verwendbaren Flugzeugen. Die ersten Prototypen wurden mit «Šm» bezeichnet, abgeleitet aus den Anfangsbuchstaben von Šmolik; später trugen alle Šmolik-Konstruktionen das Kürzel «Š». Kurzzeitig waren auch die Abkürzungen «ŠM» oder «ŠH» in Gebrauch; hier hatte man dem Namen des Konstrukteurs den Anfangsbuchstaben des verwendeten Motors (M = Maybach oder H = Hispano) hinzugefügt.

In der Produktion galt es zunächst, noch große Schwierigkeiten zu überwinden. Šmoliks Entwürfe waren oft ihrer Zeit voraus; sie in die Tat umzusetzen hing von komplizierten technologischen Problemen ab. Im Zellenbau erprobte man neue Verfahren und Werkstoffe. Triebwerke wurden ausschließlich noch importiert. Nur zögernd begann eine Triebwerkentwicklung, die weitgehend von Lizenzen abhängig war.

Bei allen Flugzeugen jener Zeit dominierte das Jagdflugzeug. Erst 1926, als man schon weitreichende Erfahrungen gesammelt hatte, entstand das Bombenflugzeug Š-16. Mit diesem Muster schuf Šmolik das erste Flugzeug der Tschechoslowakei in Ganzmetallkonstruktion mit Stoffbespannung.

Anfang der 30er Jahre entstand mit der Šmolik Š-328 ein Aufklärungsflugzeug, das noch zum Ende des zweiten Weltkrieges im Einsatz war. Insgesamt wurden 412 Flugzeuge vom Typ Š-328 gebaut. Auch von diesem Muster gab es verschiedene Ausführungen zu unterschiedlichen Einsatzzwecken.

Eine geringe Stückzahl wurde als Wasserflugzeug mit Schwimmern versehen.

Das Nachfolgemuster Š-528 sollte auch bei den Polizeifliegerkräften und dem Sicherheitsdienst geflogen werden, wurde aber an die Fliegerkräfte geliefert.

Insgesamt entstanden bei Letov 36 Neuentwicklungen. Eine Lizenz zum Bau der Hansa-Brandenburg B.I (Fd) Serie 76 als Š-10 hatte man bereits im Jahr 1921 erworben und den Serienbau der Maschine aufgenommen.

Die Entwicklung der 31er Serien von Jagdflugzeugen ist bezeichnend für die damals schon große Leistungsfähigkeit der Flugzeugbauer um Alois Šmolik. Während die 1929 in Serie gebaute Š-31 eine Geschwindigkeit von fast 320 km/h erreichte, flog das 1933 fertiggestellte Nachfolgemuster bereits mit 410 km/h. Das entsprach einem Leistungszuwachs von nahezu 35 %.

18 der von Šmolik entwickelten Muster konnten in den Serienbau überführt werden. Verschiedene davon wurden auch in andere Länder exportiert. Nur vier Typen waren ausgesprochene Trainings- oder Sportflugzeuge.

Firma Aero

Nur kurze Zeit nach dem Betrieb Letov entstand die Flugzeugfabrik Aero in Praha-Vysočany. Aero wurde von Anbeginn als kapitalistischer Wirtschaftsbetrieb aufgebaut und geführt. Der 10. Januar 1919 gilt als Gründungstag. Das Einführungskapital betrug 300 000 Kronen.

Noch vor Ablauf des Jahres 1919 erhielt die Firma Aero die Forderung des Verteidigungsministeriums, für die Streitkräfte Schulflugzeuge zu bauen. Um die Produktion rasch in Gang bringen zu können, sah man sich nach Vorhandenem um. Ins Auge gefaßt wurde der Nach-

Dieser Aufklärer A-12 wurde für das Militärmuseum in Praha-Kbely neu aufgebaut.
This reconnaissance aircraft A-12 had been rebuilt for the Military Museum at Praha-Kbely.

Bereits 1926 entwickelt und in Serie gebaut – Schulflugzeug Š-20 ⟨im Hintergrund eine Š-218⟩.
As early as 1926 developed and produced in series – trainer Š-20 ⟨in the background a Š-218⟩.

bau der Hansa-Brandenburg B.I ⟨Fd.⟩ Serie 76, die als bewährtes Flugzeug galt. Eine Serie von 35 Maschinen wurde aufgelegt. Das Muster lief zunächst unter der Bezeichnung Ae-10, analog zum Nachbau der Hansa-Brandenburg gleichen Typs bei Letov als Š-10. Um aber zu einer eigenen Numerierung der Flugzeugtypen zu kommen, tauschte man die beiden Ziffern einfach aus, und die Hansa-Brandenburg lief nun unter der Typenbezeichnung Ae-01.

Die Leistungsfähigkeit der Flugzeugbauer bei Aero wurde bereits bei diesem Nachbau deutlich. Innerhalb eines Zeitraumes von nur 49 Tagen rollte die erste der 35 vorgesehenen Maschinen aus der Halle.

Unweit des Brauhauses von Holešov besaß Dr. Alois Martius eine Werkstatt und baute an einer verbesserten Al-Ma ⟨**Al**ois **Ma**rtius⟩. Er wirkte dort bereits seit 1916, konnte aber wirtschaftlich keine Erfolge verbuchen. Dr. Kabes von Aero verhandelte mit ihm und kaufte das Inventar der bescheidenen Werkstatt. Die Fertigung der Al-Ma konnte bei Aero fortgesetzt werden. So kam es, daß die Al-Ma zum ersten Flugzeug wurde, das bei Aero noch vor der Hansa-Brandenburg im Gründungsjahr gebaut wurde.

Unter den Arbeitern von Aero befanden sich 80 Männer, die in Fliegereinheiten Österreich-Ungarns gedient hatten. Darum konnten sie ihr technisches Wissen beim Bau der ersten Maschinen mit einbringen.

Mit der Ae-02 erschien dann im Jahr 1920 die erste tschechoslowakische Konstruktion eines Jagdflugzeuges. Mit diesem von einem Hispano-Suiza angetriebenen Doppeldecker, der bereits kunstflugtauglich war, flog der Chefpilot von Aero, Josef Novak, bei den ersten internationalen Wettbewerben in der ČSR. Er errang einen ersten Preis im Kunstflug und einen zweiten Preis für die Geschwindigkeit von 219 km/h. Trotz dieser Erfolge ging die Ae-02 nicht in Serie.

Ingenieur Rösner begann zu dieser Zeit mit den Entwurfsarbeiten an der für die damalige Zeit einmaligen Konstruktion eines einmotorigen Doppeldeckers für die Fotoaufklärung in großen Höhen. Zur Verbesserung der Leistung des Hispano-Suiza 8-Aa von 132 kW verwendete er einen Turbokompressor der französischen Firma Rateau.

In einem weiteren Projekt wandte sich Ingenieur Rösner dem Bau von Transportflugzeugen zu. Mit dem Prototyp der A-8 ⟨im folgenden benutzte man nur noch den Buchstaben A für Aero-Typenbezeichnungen⟩ schuf er das Ausgangsmuster für die A-10, das erste bei Aero in Serie gebaute und von der ČsLAS für den Betrieb zwischen der Tschechoslowakei und Deutschland vorgesehene Transportflugzeug. Ein wesentlicher Vorteil war, daß der Konstrukteur Rudolf Blaser von der Firma Gothaer Waggonbau mit einem großen Erfahrungsschatz den Ingenieur Rösner von Aero sehr unterstützte. 1922 war der Prototyp fertig, und die Serie umfaßte vier Flugzeuge. Die 1923 gegründete Fluggesellschaft ČSA übernahm dann diese Maschinen, die 1923/24 insgesamt 19 878 Flugkilometer zurücklegten.

Mit der A-11 wandte sich Aero 1923 wieder dem Militärflugzeugbau zu. Der als Aufklärer und leichter Bomber bestimmte Doppeldekker wurde dann auch mit einem anderen Triebwerk Breitfeld-Daněk B. D. Perun ⟨176 kW⟩ mit der Bezeichnung Ab-11 gebaut. Die Serienproduktion dieser Flugzeuge stellte für Aero einen weiteren Erfolg dar.

Darüber hinaus war auch eine Version für den Schulflug vorgesehen; es handelte sich dabei um die As-11.

Im Laufe der Jahre bekamen die A-11 verschiedene Triebwerke, was sich in einem Zusatz zur Produktionsbezeichnung niederschlug ⟨Č = Škoda, LD = Lorraine Dietrich, HS = Hispano Suiza⟩.

Zwischen 1925 und 1931 wurden über 180 Maschinen beider Versionen gebaut. Acht Flugzeuge der Schlachtfliegerversion konnten 1927 an die Republik Finnland geliefert werden.

Immer wieder stand aber die Forderung nach einem wirtschaftlichen Reiseflugzeug. Aero hatte aber noch nicht den in Europa üblichen technischen Stand erreicht. So entschloß sich die Firma zu einem weiteren Lizenzbau. Zur Entscheidung standen den eigentlich nur drei brauchbare Konstruktionen: die deutsche Junkers F 13, die französische Farman. «Goliath» und die britische De Havilland DH-50. Für die letztere hatte man sich schließlich entschieden und eine Serie von sieben Flugzeugen aufgelegt. Mit wenigen Änderungen wurden die DH-50 mit landeseigenen Walter-W-IV-Triebwerken ausgerüstet. Die Maschinen konnten neben dem Piloten vier Reisende aufnehmen.

Dennoch ging die eigene Entwicklung bei Aero weiter. Verschiedene Prototypen von Zivil- und Militärflugzeugen entstanden, gingen aber nicht alle in Serie.

Angeregt durch den Atlantikflug Lindberghs ⟨USA⟩ im Jahr 1927, kamen die Offiziere Malkovský und Pavlovský auf den Gedanken, die für einen Atlantikflug notwendigen Mittel selbst zu beschaffen. Der Plan sah eine Summe von rund 2

Mill. Kronen vor. Daraufhin wurde sogar der «Fonds für ein tschechisches Flugzeug Praha – New York» gebildet.

Zu Beginn der 30er Jahre waren die Standardbombenflugzeuge der tschechoslowakischen Luftstreitkräfte immer noch Doppeldecker. Zwar hatten die Entwicklungsingenieure von Aero bereits das Konzept eines Schulterdeckers zur Verwendung als Bombenflugzeug vorgelegt, und entsprechende Prototypen befanden sich im Musterbau. Aber die 1933 vorgestellte A-100, die in Serie produziert wurde, war wieder ein Doppeldecker.

Erst mit der A-300 wurde ein zweimotoriges Bombenflugzeug als Eindecker entwickelt, dessen Prototyp im Jahr 1938 fertiggestellt worden ist.

Um diese Situation in den 30er Jahren zu beheben, erwarb die Firma Aero die Lizenz von Marcel Bloch für dessen Bombenflugzeug MB-200, von dem 1936/39 74 Stück gebaut wurden. Eine Sublizenz bei Avia sah davon den Bau von zwölf Stück vor.

Eine weitere Lizenz, wieder verteilt auf die Firmen Aero und Avia, kam aus der Sowjetunion und bezog sich auf das leichte Bombenflugzeug SB-2. Aero baute bis 1938 davon 45 Maschinen.

Wenn auch bei Aero in den Jahren 1919 bis 1938 die Militärflugzeuge den Vorrang hatten, entstand dort eine Reihe von Zivil-, Sport- und Übungsflugzeugen. Insgesamt wurden fast 40 Flugzeugmuster entwickelt, von denen knapp die Hälfte in den Serienbau gingen.

Diese fabrikneue Š-231 ist noch nicht bespannt. Deutlich sind die Vorrichtungen für den Einbau der Maschinengewehre im oberen Tragflügel zu sehen.
This factory-new Š-231 is yet not covered. The outfitting for machine-guns in the top wing is clearly to be seen.

Firma Avia

Ebenfalls im Jahr 1919 wurde in der Tschechoslowakei ein drittes Flugzeugwerk gegründet. In einer ehemaligen Zuckerfabrik in Praha-Vysočany richtete sich die Aktiengesellschaft für Flugzeugindustrie ⟨akciová společnost pro průmysl letekký⟩ ein; die Gebäude gehörten dem Prager Bäckerhandwerk. Die Gründer der Aktiengesellschaft waren vor allem junge flugbegeisterte Leute, die ihre Ersparnisse in das Unternehmen einbrachten und damit die kühnen Pläne eines Pavel Beneš unterstützten. Dessen konstruktive Gedanken sollten bald in die Tat umgesetzt werden. Neben Beneš gehörten auch noch Miroslav Hajn und J. F. Koch zu den Konstrukteuren dieses neuen Werkes.

Bereits ein Jahr danach war der erste Prototyp fertiggestellt. Die BH-1, benannt nach ihren Vätern Beneš und Hajn, rollte aus der Werkhalle. Den kleinen, in vieler Hinsicht einmaligen Eindecker rechneten Fachleute damals zu den ersten praxiserprobten Eindeckern.

Die weiteren Entwicklungen stellten teils Jagdflugzeuge, teils aber auch Übungs- oder Sportflugzeuge dar. So ging 1921 das Jagdflugzeug BH-3 in Serie.

Nach einigen Versuchen mit Hochdeckern bzw. Schulterdeckern setzte sich der Tiefdecker durch. Teils als Einsitzer, teils als Zweisitzer, für den Übungs-, Sport- oder Kunstflug, aber auch als Jagdflugzeug ausgelegt, ließen die Muster BH-9 bis BH-16 ausnahmslos die Handschrift von Beneš und Hajn erkennen. Aufgrund der unterschiedlichen Erfahrungen im Flugverhalten blieb man nicht beim Eindeckerprinzip. Mit dem Jagdflugzeug BH-17, entwickelt 1924, kehrte man zum Doppeldecker zurück.

Eine BH-33 L während der Erprobung im Militärtechnischen Luftfahrtinstitut in Praha ⟨VTLÚ⟩.
A BH-33 L during the tests at the Military-technical Institute ⟨VTLÚ⟩ at Praha.

Am 22. Februar 1925 war der Prototyp der BH-21 fertig. Bereits drei Tage später genehmigte eine Baukommission des Verteidigungsministeriums der ČSR den Serienbau von 139 Maschinen unter der Bezeichnung B-21 ⟨Militärbezeichnung der BH-21⟩. Mit dieser Konstruktion erreichte Avia einen internationalen Durchbruch. Die BH-21 wurde als Übungsflugzeug eingesetzt. Mit der Militärausführung B-21 hatte man ein Jagdflugzeug geschaffen, das eine wesentliche Voraussetzung für die Ausbildung von Jagdfliegern besaß. Sie war kunstflugtauglich. 1925 ersuchte die belgische Firma SABCA um die Lizenz und baute von 1926 bis 1928 39 Maschinen und das Unternehmen SEGA weitere fünf BH-21 für die belgischen Luftstreitkräfte.

Ebenfalls im Jahr 1925 entstand bei Avia das Transportflugzeug BH-25 L. Es erreichte mit einem Lorraine-Dietrich-Triebwerk eine Reisegeschwindigkeit von 180 km/h. Auch bei dieser Konstruktion fügte man einen Buchstaben für die Kennzeichnung der verwendeten Triebwerke an.

Mit der B-33 im Jahr 1928 begann Avia erneut, Jagdflugzeuge zu produzieren. Wiederum dominierte hier das Doppeldeckerprinzip, wie in fast allen führenden Flugzeugindustrien in Europa und Übersee vor 1930.

Im Jahr 1931 übersiedelte Avia als ein Betriebsteil des Konzerns Škoda-Plen in neue moderne Werkhallen nach Praha-Čakovice.

Inzwischen war František Novotny zum Chefkonstrukteur von Avia ernannt worden. Unter seiner Leitung entstanden bis 1934 die Prototypen der B-543.1 mit offenem Pilotensitz und der B-534.2 ⟨auch B-534.II⟩ mit geschlossener Kanzel. In den vier Jahren darauf wurde das Muster in vier Serien unterschiedlicher Versionen gefertigt und dabei einer laufenden Verbesserung un-

Das Hochdecker-Jagdflugzeug BH-7.
The high-wing fighter BH-7.

terzogen. Dank ausgezeichneter Leistungen war die B-534 das Standardjagdflugzeug der tschechoslowakischen Luftstreitkräfte Mitte der 30er Jahre. Mit insgesamt 445 Flugzeugen B-534 und 121 Flugzeugen Bk-534 gehörte sie zu den am meisten gebauten Flugzeugen der ČSR.

1938 lag dann der Entwurf für ein neues Jagdflugzeug vor, das die B-534 ablösen sollte. Aufgrund der internationalen Erfahrungen im Flugzeugbau war die B-35 wieder ein Eindecker. Der erste Prototyp war im September 1938 fertig geworden.

Um wirtschaftliche und technische Schwierigkeiten schnell beheben zu können, übernahm auch Avia Lizenzen. Außer verschiedenen Verkehrsflugzeugen handelte es sich dabei um Militärflugzeugtypen, vor allem um Bombenflugzeuge. Im Laufe der 30er Jahre war es Avia wegen der Kapazität der Zulieferwerke gelungen, sogar Motoren aus einheimischer Produktion einzubauen. Bereits 1925 hatte das Ministerium für öffentliche Arbeit den Nachbau von Verkehrsflugzeugen des Typs Farman F-62 mit Frankreich vereinbart. Die F-62 hatte zwei Mann Besatzung und konnte bis zu zwölf Passagiere befördern. Die Konstruktion beruhte auf einem Bombenflugzeug.

Besondere Verbindungen knüpfte die Firma Avia mit dem niederländischen Unternehmen Fokker, das bereits große Erfahrungen im Flugzeugbau besaß. Das zeigte sich vor allem bei dem Verkehrsflugzeug Fokker F-VIIb/3m, das mit unterschiedlichen Ausrüstungen und Triebwerken bei Avia produziert wurde. Als schwere Bombenflugzeuge entstand im Jahr 1932 eine Serie von zwölf Nachbauten der Avia-Fokker F-IX. Unter der Bezeichnung F-39 konnte Avia später sogar die F-IX nach Jugoslawien liefern. Die 1934 hergestellten Maschinen F-IX D waren für den Luftverkehr bestimmt.

Zu den Lizenzbauten bei Avia gehörte auch die B-46, die auf dem dreimotorigen Bombenflugzeug «Roterra» von Rohrbach beruhte, aber von Ingenieur Novotny modifiziert wurde und unter der Projektbezeichnung B-546 lief.

Die Ausrüstung der tschechoslowakischen Bombenfliegerkräfte konnte noch immer nicht befriedigen. Deshalb beteiligte sich Avia schließlich, wie schon erwähnt, in den Jahren 1936/37 am Lizenzbau der zweimotorigen MB-200 aus Frankreich.

Aufgrund eines Abkommens zwischen der ČSR und der UdSSR vom 16. Mai 1935 wollte ebenso wie Aero auch Avia Bombenflugzeuge sowjetischer Lizenz herstellen. Die B-71, auf der Grundlage der SB-2 von Tupolew und Archangelski, sollte mit tschechoslowakischen Triebwerken ausgerüstet werden. Nach der Lieferung von 61 Maschinen aus der Sowjetunion sollten weitere 222 Flugzeuge bei Avia, aber auch bei Aero und Letov gebaut werden. Zum Zeitpunkt der Okkupation der ČSR im März 1939 durch das faschistische Deutschland war aber die Produktion noch nicht angelaufen. Die Luftwaffe eignete sich die meisten der bereits von der UdSSR gelieferten Maschinen an und flog sie vorwiegend als Zielschlepper.

Firma ČKD «Praga»

Im Jahr 1930 begann ein Betriebsteil des großen Maschinenbaukonzerns Českomoravska Kolben Danek (ČKD) in Praha-Karlin mit dem Bau von Flugzeugen. Als Chefkonstrukteure konnte man die beiden Ingenieure Pavel Beneš und Miroslav Hajn gewinnen, die gerade bei Avia ihren Vertrag gelöst hatten. Natürlich wollte die Firma gleich

Die B-135 war eine Weiterentwicklung des Jagdflugzeuges B-35 mit Einziehfahrwerk.
The B-135 was a further developed fighter B-36 with a retractable landing gear.

entsprechend den nationalen Erfordernissen in das Geschäft einsteigen.

Als erste Konstruktion entstand die BH-39, ein einmotoriger Doppeldecker, der als Schul- und Übungsflugzeug bei den Streitkräften dienen sollte. Die Militärversion trug die Bezeichnung E-39 und wurde in Serie gebaut. Das Los betrug insgesamt 139 Maschinen.

In den Jahren bis 1938 entwickelte man bei ČKD eine ganze Reihe interessanter Projekte, Prototypen und Kleinserien von Schul- und Übungsflugzeugen, aber auch Kampfflugzeugen unterschiedlichster Einsatzcharakteristika. Der Erfolg des Erstlings konnte aber nur noch einmal wiederholt werden.

Ingenieur Šlechta hatte 1934 die Konstruktionsabteilung bei ČKD übernommen. Er leitete die Arbeiten am Entwurf und am Bau des Prototyps der E-114 «Air Baby». Von Anbeginn besaß das zweisitzige, als Schulterdecker ausgelegte Sportflugzeug gute Flugeigenschaften. Noch im Herbst desselben Jahres zeigte sich die Maschine auf dem Aérosalon in Paris. Frankreich, Großbritannien, Rumänien und Iran bestellten bei ČKD die «Air Baby». 1937 übernahm die britische Firma Hills & Sons die Lizenz und produzierte die E-114 unter der Bezeichnung «Hillson-Praga».

Von den 17 Entwicklungen des Prager Betriebes in relativ kurzer Zeitdauer erreichten sieben Muster den Serienbau. Andere, durchaus bemerkenswerte Entwürfe kamen über das Projektstadium nicht hinaus, wie beispielsweise das zweimotorige Jagdflugzeug E-49 mit Praga-Triebwerken.

Andere Firmen

Als im Jahr 1934 die Weltwirtschaftskrise von 1929/32 abzuklingen begann, zeigte auch die tschechoslowakische Maschinenbauindustrie zunehmendes Interesse an der Flugzeugfertigung.

So nahm der Konzern Ringhoffer-Tatra in seinem Mährisch-Schlesischen Waggonbau in Studénka den Bau von Flugzeugen auf, nachdem das zuständige Ministerium eine Zustimmung erteilt hatte. Um zunächst entsprechende Produktionserfahrungen zu sammeln, erwarb der Konzern die Lizenz für das Schul- und Kunstflugzeug Bücker Bü-131 «Jungmann» aus Rangsdorf bei Berlin, das unter der Tatra-Bezeichnung T-131 erschien. Eine weitere Lizenz wurde 1937 von der britischen Firma Avro übernommen. Das Übungsflugzeug T-126 ⟨Avro-626⟩ eignete sich zur Ausbildung für unterschiedliche Aufgaben wie Bombenschützen, Navigatoren, Fotoaufklärern und anderen.

Noch im gleichen Jahr schuf der Konzern den Prototyp des ersten, selbst entwickelten Flugzeuges. Das Sportflugzeug T-001 (T-1) entstand unter Leitung von Ingenieur Karel Tomaš. Eine modifizierte Version ⟨T-101⟩ setzte die Reihe fort. 1938 legte Tomaš die Version 301 vor; keine dieser Entwicklungen erreichte die Serienreife. Die T-2 und die T-3 blieben im Projektstadium. Nach dem aufgezwungenen Abtreten der westlichen und nördlichen Grenzgebiete infolge des Münchner Abkommens vom September 1938 mußte ein Teil der Flugzeugproduktion in Olomouc aufgegeben werden. Karel Tomaš verließ das Werk und ging nach Otrokovice zu Zlin als Chefkonstrukteur.

1933 begannen in einigen kleinen Werkstätten von Zlin junge Flieger mit dem Bau von Flugzeugen. Zunächst schufen sie Gleitflugzeuge. Die konstruktive Leitung hatte Jan Kryšpin übernommen. Ein Jahr später kam František Majer nach Zlin.

Inzwischen wurde die Zliner Flugzeugbau Aktiengesellschaft (Zlinská letecká akciová společnost) gegründet, deren erste Produktion als Segelflugzeug Z-X bekannt geworden ist. Die Werkstätten in Zlin waren jedoch schon nach kurzer Zeit den Aufgaben nicht mehr gewachsen. Der Schuhkonzern Bata hatte einen hohen Anteil der Aktien erworben und drängte nun auf einen weiteren Produktionszuwachs. Er schuf in Otrokovice ein neues Werk mit großen Produktionshallen. Dorthin zog die Zliner Firma um und baute bis 1938 im neuen Werk 205 Motorflugzeuge; das waren große und kleine Serien unterschiedlicher Stückzahlen. Der erste große Erfolg war die Zlin Z-XII aus dem Jahr 1935. Dieses zweisitzige Sportflugzeug begründete letztlich den guten Ruf der Zlin-Flugzeuge. Auch nach dem Umzug nach Otrokovice behielt man diesen Namen bei, der schnell zum Qualitätsmerkmal für Sport- und Kunstflugzeuge wurde. In der Zeit von 1934 bis 1939 wurden fünf verschiedene Grundmuster entwickelt.

Pavel Beneš gründete gemeinsam mit Jaroslav Mráz Anfang 1935 in Choceň ein Unternehmen zum Bau von Flugzeugen. Hier entstand als erstes Muster die «Bestiola» unter der Werksbezeichnung Be-60. Noch im Gründungsjahr wurde der Prototyp fertig und ging wegen seiner guten Flugeigenschaften sogleich in Serie. Gegenüber diesen etwas originell anmutenden Schulterdecker sah die im gleichen Jahr entwickelte Be-50 «Beta Minor» bereits sehr elegant aus Zunächst wurden von der «Fünfzig», wie sie kurz genannt wurde, zwei Prototypen hergestellt. Der erste internationale Erfolg für den Betrieb war die Teilnahme von zwei Be-50 im Jahr 1936 am 12-Stunden-Preis der Stadt Angers in Frankreich. Bis 1938 schufen die beiden Konstrukteure 15 Muster von Sport-, Übungs-, Reise- und Kunstflugmaschinen, die grundsätzlich alle mit Walter-Triebwerken ausgerüstet waren. Ab 1936 entstanden die ein- oder zweisitzigen Sportflugzeuge der 500er Reihe «Bibi», von denen die Be-550 und die Be-555 «Super Bibi» (1938) in Serie gingen. Die Be-550 wurde schon 1936 auf dem Aérosalon in Paris ausgestellt und erregte dort großes Aufsehen. Die Konstrukteure hatten bei der Be-550 die beiden Sitze nebeneinander angeordnet.

Die beiden Luftfahrtenthusiasten Jaroslav Přikryl und František Blecha begannen ihre Laufbahn bereits viele Jahre vor der Gründung des tschechoslowakischen Staates. Zunächst beschäftigten sie sich mit Flugmodellen, an denen sie aerodynamische Versuche vornahmen. Nach dem Ende des ersten Weltkrieges richteten sie sich im Kellergeschoß eines Mietshauses in Praha-Vihnohrady eine kleine Werkstatt ein. Dort reparierten sie Flugzeugteile, welche mehr oder weniger den Krieg überstanden hatten und nun neue Eigner gefunden hatten. So begründeten beide eine Gesellschaft mit Namen «Ardea». Bald schon wandten sie sich auch der Konstruktion von Flugzeugen zu. Zur Bezeichnung ihrer Entwicklungen wählten sie ebenfalls die Anfangsbuchstaben ihrer Namen: PB für Přikryl und Blecha.

Das Sportflugzeug PB-1, ein zweisitziger Schulterdecker, von dem heute nur noch wenige Daten bekannt sind, präsentierte sich schon 1921 auf einer Ausstellung. Sechs Entwürfe konnten die Firmeninhaber bis 1934 verwirklichen, sie konnten aber nur geringe Stückzahlen davon produzieren. Die weiteren Entwürfe, wie die PB-7, blieben im Projektstadium. Das letzte Baumuster war die PB-6, ein Hochdecker, der eine Weiterentwicklung der PB-5 darstellte. Wegen der guten Flugergebnisse und im Vertrauer auf diese neue Konstruktion hatte man im Rahmen der Aktion «1000 neue Piloten» 20 Maschinen für die Fliegerausbildung bestellt. Eine Realisierung erfolgte aber nicht.

Die tschechoslowakische Luftfahrtindustrie während der Okkupationszeit 1939 bis 1945

The Cz. Aircraft Industry During the Occupation 1939 till 1945

Die Weltwirtschaftskrise Anfang der 30er Jahre hatte die sehr exportabhängige Industrie der ČSR, darunter natürlich auch die Luftfahrtindustrie, hart getroffen. Die Folge war eine große Massenarbeitslosigkeit mit allen ihren politischen, sozialen und wirtschaftlichen Auswirkungen.

Als dann 1933 der deutsche Imperialismus, der sich schon seit 1919 bemühte, die ČSR zu zerschlagen, in Deutschland den Faschismus an die Macht gebracht hatte, wuchs auch für die junge Republik die Gefahr. In der ČSR wurden unter dem Vorwand, eine sogenannte Nationalitätenfrage lösen zu wollen, die Anhänger des Konrad Henlein und seiner Sudetendeutschen Partei immer aktiver. Angesichts der zunehmenden Bedrohung erzwangen die tschechoslowakischen Werktätigen von ihrer Regierung die Aufnahme diplomatischer Beziehungen mit der UdSSR im Jahr 1934 und sogar den Abschluß eines Bündnispaktes mit der Sowjetunion im Jahr 1935.

Trotzdem lehnte sich die Regierung unter Edvard Beneš weiterhin an die westlichen Länder an. So konnte es geschehen, daß die Regierungen von Großbritannien und Frankreich die Tschechoslowakei dem deutschen Imperialismus auslieferten. Ein Hilfsangebot der UdSSR lehnte die Regierung der ČSR ab, obwohl die tschechoslowakischen Werktätigen kampfentschlossen und verteidigungsbereit waren. Der erste Schritt des Verrates war das der ČSR aufgezwungene völkerrechtswidrige Abkommen von München, wonach im Oktober 1938 die Grenzgebiete abgetreten wurden. Der zweite Schritt war schließlich die Okkupation der gesamten ČSR am 15. März 1939. Aus dem einst selbständigen Staat wurden ein «Protektorat Böhmen und Mähren» und in der Slowakei ein klerikal-faschistischer Staat, der bis 1944, in vollständiger Abhängigkeit von Deutschland, von einer direkten militärischen Besetzung verschont blieb. Das Okkupationsregime hat etwa 300 000 Tschechen und Slowaken das Leben gekostet.

Deutsche Konzerne hatten bereits vor dem 1. Oktober 1938 Beteiligungen an tschechoslowakischen Betrieben besessen und Tochtergesellschaften gegründet, so die AEG, IG Farben, Mannesmann-Röhrenwerke und Siemens. Nunmehr konnten die deutschen Konzerne die gesamte tschechoslowakische Industrie in die Vorbereitung des zweiten Weltkrieges einbeziehen. In der Luftfahrtindustrie wurde zunächst die Produktion weitergeführt. Beauftragte deutscher Rüstungskonzerne und der Wehrmacht überwachten die Entwicklung und die Arbeit an den Fließbändern, an denen Flugzeuge tschechoslowakischer Konstruktion weiter produziert wurden. Diese wurden zum Teil an die Luftwaffe, aber auch an andere Luftstreitkräfte verschiedener Vasallenstaaten geliefert. Die Werktätigen der Betriebe wurden als Zwangsverpflichtete weiterbeschäftigt, soweit sie nicht als «unsichere Elemente» deklariert und der Verfolgung durch SS, Sicherheitsdienst und Gestapo ausgesetzt wurden.

Zur weiteren Sicherung der Produktion mußten die deutschen Flugzeugwerke ingenieurtechnisches Personal und Facharbeiter in das «Protektorat» schicken. In einigen Betrieben war man schnell dazu übergegangen, die Produktion durch Fertigungsübernahme aus deutschen Betrieben zu verändern. Mit Zunahme der Luftangriffe auf Deutschland wurden auch ganze Fertigungen in das «Protektorat» verlagert. ČKD «Praga» und Aero übernahmen zum Beispiel die Produktion von Siebel Si 204D. Der Betrieb Avia wurde in die Produktion von Messerschmitt-Flugzeugen, insbesondere Teile der Me 262, eingeschaltet. Arado verlagerte die Produktion der Arado Ar 96 zu Avia. In den Werkhallen von Beneš-Mráz entstanden nun die Verbindungsflugzeuge Fieseler Fi 156. Auch die Bücker Bü 131, Bü 181, die Klemm 35 und der Lastensegler DFS 230 wurden, zum Teil in großen Stückzahlen, produziert. Für die Typen Focke-Wulf Fw 189, Junkers W 34, Ju 52 und Ju 290 wurden im «Protektorat» vorrangig Reparaturbetriebe geschaffen.

Sogar in der Erprobung befindliche Flugzeugtypen oder bereits in Serie laufende Produktionen der tschechoslowakischen Betriebe wurden entsprechend den Auflagen des Reichsluftfahrtministeriums weitergeführt. Zu diesen gehörten der Bau weiterer B-71 bei Aero oder die Weiterentwicklung der B-35 zur B-135 bei Avia. Auch ein Teil der Konstrukteure der tschechoslowakischen Betriebe wurde zur Arbeit in deutsche Flugzeugwerke zwangsverpflichtet. So «durfte» die Firma Arado Fachleute von Avia in die Konstruktion der Ar 234 «Hecht», des ersten deutschen strahlgetriebenen Bombenflugzeuges, einbeziehen.

In Praha existierten zu dieser Zeit auch noch zwei kleinere Konstruktionsbüros, die sich mit der Entwicklung von Flugzeugen beschäftigten: Škoda-Kauba und die Flugtechnische Fertigungsgemeinschaft (FGP).

Otto Kauba entwickelte in den Jahren 1940 bis 1944 verschiedene Flugzeugtypen und baute Versuchsmuster.

Die Flugtechnische Fertigungsgemeinschaft unternahm in den Jahren 1943 und 1944 im Auftrag des Reichsluftfahrtministeriums Versuche für das Projekt Blohm & Voss BV 238 und für die FG 227.

In der Slowakei gab es außerdem die Flugzeugfabrik von J. Mráz in Nitra. Es war ein Restbetrieb des Werkes in Choceň. Dort arbeitete der Konstrukteur Zdeněk Rublič. Er entwarf auf der Basis der «Super-Bibi» Be-555 einen neuen Zweisitzer mit der Bezeichnung Zobor-1. Eine kleine Serie von zehn Maschinen wurde für die slowakischen Luftstreitkräfte gebaut.

Im antifaschistischen Widerstandskampf gegen die Okkupanten taten sich viele tschechoslowakische Ingenieure, Techniker und Arbeiter der Luftfahrtindustrie hervor. Ihrem mutigen Kampf gedenkend, soll hier stellvertretend nur der Konstrukteur Jaroslav Lonek von den Zlin-Werken genannt werden, der sein Leben hingeben mußte.

Im August 1944 begann der Slowakische Nationalaufstand, der in die volksdemokratische Revolution überging. Am 4. April 1945 konstituierte sich in Košice die erste Regierung der in der Nationalen Front verbündeten Tschechen und Slowaken. Die Bevölkerung von Praha, die sich am 5. Mai 1945 gegen die Okkupanten erhoben hatte, wurde wenige Tage später durch Truppen der Roten Armee befreit. Die Tschechoslowaken waren nun in der Lage, einen neuen Staat aufzubauen.

Die tschechoslowakische Luftfahrtindustrie nach der Befreiung vom Faschismus

The Cz. Aircraft Industry after Liberation of Fascism

Am 9. Mai 1945 war die Tschechoslowakei befreit. Der antifaschistische und nationale Kampf des tschechoslowakischen Volkes hatte sein Ende gefunden.

Die Nachkriegsrepublik übernahm eine völlig am Boden liegende Wirtschaft. Die Produktionsstätten, auch die der Luftfahrtindustrie, waren meist zerstört. Die Produktion selbst war auf ein Minimum gesunken. In dieser schwierigen wirtschaftlichen Situation mußten zunächst die im Regierungsprogramm enthaltenen Nationalisierungsmaßnahmen verwirklicht werden, eine schwierige Aufgabe für die neue, antifaschistisch-demokratische, aber noch bürgerliche Regierung unter Edvard Beneš. Am 25. Oktober 1945 erschienen die Dekrete über die Nationalisierung der Schwerindustrie, der Banken und anderer Einrichtungen. Auch die Luftfahrtindustrie wurde verstaatlicht.

Nun ging man daran, die Betriebe aufzuräumen und – wo es notwendig war – instandzusetzen, um die Produktionsaufnahme vorzubereiten. In einigen Betrieben, so bei «Praga» und bei Tatra, wurde der Bau von Flugzeugen nicht mehr aufgenommen. In den anderen Be-

Serienproduktion der L-39 im Trust AERO.
Series production in the works of Trust AERO.

Prototypen der L-39 während der Erprobung.
Prototypes of L-39 during the tests.

trieben beschloß man, zunächst die vorhandenen Halbfabrikate zu nutzen und die bisherige Produktion fortzusetzen. Eine Umstellung auf eigene Entwicklungen setzte vorerst die Neuorganisation entsprechender Entwicklungsabteilungen voraus.

Forderungen an die Produktion kamen von der sich neu formierenden tschechoslowakischen Armee, deren Fliegertruppen meist mit sowjetischen Typen, mit Flugzeugen aus Beständen der Royal Air Force und mit Beuteflugzeugen ausgerüstet waren.

Aber auch die flugsportbegeisterte Jugend meldete sogleich einen Anspruch auf Fluggerät an.

Letztlich stand auch die Aufgabe, den Luftverkehr des Landes innerhalb und über die Grenzen hinaus wieder aufzunehmen.

In dieser schwierigen Zeit genoß die wiedererstarkende Luftfahrtindustrie der ČSR die uneigennützige Hilfe der UdSSR. So konnte bereits vor Jahreswechsel 1945/46 die Produktion von Flugzeugen wiederaufgenommen werden.

Bei Avia und Letov wurden bis 1949 394 Arado 96 B als C2A (ohne Bewaffnung) und C2B (mit Bewaffnung) gebaut.

Bei Aero lief zunächst die Produktion der Siebel Si 204 in zwei Trainer- und einer Zivilversion an. Bis 1949 wurden 179 Flugzeuge der Typen C3A, C3B und C-103 gefertigt. Im gleichen Betrieb begann man, auch die Bücker Bü 131 «Jungmann» als C-4 oder als C-104, eine Version mit Walter-Minor-4-III-Triebwerk (Gesamtstückzahl 260), herzustellen.

Die Zlin-Werke in Otrokovice nahmen die Produktion der Bücker Bü 181 «Bestmann» auf.

Auch bei Mráz in Choceň konnte bald nach der Befreiung die Produktion der Fieseler Fi 156 «Storch» als K-65 «Čap» weitergeführt werden. Dort wurden bis 1949 138 Exemplare der K-65 montiert.

In den Konstruktionsbüros der Flugzeugwerke konzentrierte man sich zunächst auf die Herstellung von Werkzeichnungen, um die laufende Produktion zu sichern. Nach und nach wurden Entwurfskollektive gebildet, die sich mit der Verbesserung und Weiterentwicklung der Typen beschäftigten.

Bald aber begann auch wieder eine umfangreiche Entwicklungsarbeit, um neue Flugzeuge zu entwerfen. In Choceň nahm der Betrieb Beneš-Mráz unter dem neuen Namen «Orličan» den Betrieb auf. Hier hatte man einige Entwürfe aus der Arbeit während des Krieges retten können. Auf dieser Basis konstruierte Zdeněk Rublič das erste Nachkriegsmuster M-1A, das zur berühmten «Sokol»-Serie führte.

Zu den ersten Nachkriegsproduktionen zählte auch die Z-20 von Ingenieur Karel Tomaš, beim Betrieb Zlin, der nun als Staatsbetrieb den Namen «Moravan» erhalten hatte.

In den Februartagen des Jahres 1948 vereitelten die Arbeiterklasse und die anderen fortschrittlichen Werktätigen den letzten Versuch der bürgerlichen Reaktion, die überholte Gesellschaftsordnung zu restaurieren. So wurde der Weg für den sozialistischen Aufbau der Tschechoslowakei geebnet.

Die Flugzeugindustrie, die nunmehr endgültig in Volkseigentum überführt wurde, trat in ein neues Stadium ihrer Entwicklung. Sie stand gleichsam an einer neuen Schwelle der Luftfahrttechnik, dem Übergang zu neuen Antriebsformen.

Avia hatte Ende der 40er Jahre sowjetische Lizenzen übernommen, so für das Schlachtflugzeug Il-10, das als Avia B-33 nachgebaut wurde. Ebenso entstand aus der Il-14 die Avia 14. In Kunovice wurde ab 1952 die C-11 produziert. Dieses Schul- und Übungsflugzeug war ein Nachbau der Jakowlew Jak-11.

Mit dem Weiterbau der Messerschmitt Me 262 nach dem Kriege hatte man die ersten Erfahrungen im Bau von strahlgetriebenen Flugzeugen gesammelt. Nun wurde als erstes strahlgetriebenes Muster in Lizenz das sowjetische Jagdflugzeug MiG-15 in Serie gebaut.

Inzwischen entstanden auf den Reißbrettern der Konstrukteure die vielfältigsten Entwürfe neuer Flugzeuge. Über 50 Prototypen verzeichnete man im Zeitraum von 1945 bis 1965. Das ist ein eindeutiger Beweis für die Leistungsfähigkeit der tschechoslowakischen Luftfahrtindustrie. Stellvertretend für eine Vielzahl von Mustern, die nach erfolgreicher Erprobung in Serie gingen, seien hier nur die Reiseflugzeuge Aero Ae-45, Aero Ae-45S und Aero-145 genannt, von denen 590 Exemplare gebaut worden sind.

Bedingt durch die wirtschaftliche Entwicklung gab es in den 60er Jahren eine Reihe von Umstellungen und Reorganisationen in der Industrie der ČSR. Dieser Vorgang wirkte sich auch in der Luftfahrtindustrie aus. Noch zielstrebiger wurde eine Spezialisierung und Profilierung der Betriebe vorgenommen. So begann man bei Avia, auf der Grundlage eines Beschlusses von 1960, mit der Umstellung auf die Produktion von Nutzkraftwagen. Nur ein spezieller Werksteil arbeitet bis heute als Zulieferer für die Luftfahrtindustrie. Diese Umstellung zog sich über mehrere Jahre hin, wobei man ständig bestrebt war, die laufende Produktion effektiv weiterzuführen.

Mit dem Jahr 1967 wurde die Neuorientierung der Luftfahrtindustrie der sozialistischen Tschechoslowakei ⟨ČSSR⟩ wirksam. Alle Betriebe wurden in der Vereinigung tschechoslowakischer Luftfahrtbetriebe ⟨čs. letecké podniky⟩ zusammengeschlossen.

Leitungsorgan ist die Generaldirektion in Praha-Letnany. Zum Trust gehören zwölf Herstellerbetriebe sowie das Luftfahrtforschungsinstitut und Prüfamt. Die Zentralisierung war eine wichtige Voraussetzung, da ein so komplizierter Wirtschaftszweig wie die Luftfahrtindustrie ein gutes Zusammenwirken aller Kooperationspartner erfordert. Darüber hinaus sind mehrere hundert weitere Betriebe des Landes als Zulieferer tätig.

Der Trust AERO beschäftigt allein beim Zellen- und Triebwerkbau etwa 30 000 Werktätige. Rund 10 % davon sind in der Forschung und Entwicklung tätig.

Unter den fünf Betrieben mit einer Finalproduktion nimmt das Nationalunternehmen AERO in Vodochody eine erste Stelle ein. Der dort produzierte Strahltrainer L-39 gehört mit seinen technischen Parametern zu den besten seiner Gattung und wird heute bereits in vielen Ländern verwendet.

Im zweitgrößten Betrieb des Trusts, LET in Uherské Hradiště-Kunovice, läuft die Produktion der L-410 in verschiedensten Varianten bis hin zur STOL-Version. Mit der L-610 geht bereits das Nachfolgemuster in Produktion.

Bei Moravan in Otrokovice ist der Bau von Sport-, Reise und Kunstflugmaschinen seit 1934 Tradition. Heute entsteht dort eine neue Generation dieser Typen, unter ihnen die Z-50 und die Z-142. Das gilt natürlich auch für Landwirtschafts- und Arbeitsflugzeuge. Während der Zusammenarbeit dieses Werkes mit LET in Uherské Hradiště-Kunovice wurden fast 700 Maschinen des Arbeitsflugzeuges Z-37 gefertigt. Um den hohen Bedarf an diesen Flugzeugen zu decken, wurde diese Produktion Ende 1983 wiederaufgenommen. Inzwischen ist auch die Erprobung der Z-37 T, einer «Hummel» mit PTL-Triebwerk, abgeschlossen.

In der ältesten Flugzeugfabrik der Tschechoslowakei, dem Betrieb Rudy Letov in Praha, hat man sich seit Mitte der 60er Jahre auf die Entwicklung und den Bau von Übungsgerät konzentriert. Zum Produktionsangebot gehören Simulatoren und andere Ausbildungskomplexe.

Motorlet in Jinonice ist der einzige Hersteller von Flugtriebwerken im Land. Hier wurden nicht nur die Entwicklung und die Herstellung hochleistungsfähiger Kolbenmotoren fortgesetzt, sondern nach 1950 auch die Produktion moderner Propellerturbinen und Strahltriebwerke begonnen.

Die übrigen sieben Werke des Trusts sind Zulieferbetriebe, deren Produktion von Schmiedeteilen bis zu Hydrauliksystemen reicht.

Nach dem Prinzip der Leitung in der Volkswirtschaft der ČSSR sind alle Betriebe des Trusts weitgehend ökonomisch und technisch selbständig. Die gesamte Qualitätskontrolle in der Fertigung aller Betriebe und der Fertigerzeugnisse obliegt einem zentralen Kontrollorgan.

Als Exporteur der tschechoslowakischen Luftfahrtindustrie arbeitet das Außenhandelsunternehmen «Omnipol» in Praha. Über sein Vertriebsnetz werden Flugzeuge in mehr als 50 Länder der Erde geliefert. Die wichtigste Abnehmerbasis sind die anderen Mitgliedsstaaten des Rates für Gegenseitige Wirtschaftshilfe ⟨RGW⟩.

Das tschechoslowakische Forschungs- und Prüfinstitut für Flugwesen gehört wohl mit zu den ältesten seiner Art in aller Welt. Es ist eine Forschungsanstalt der Armee, speziell der Luftstreitkräfte, die Hauptabnehmer der Flugzeugtechnik sind. Bereits am 1. Mai 1922 wurde es als Militärinstitut für Luftschiffahrtsstudien gegründet. Schon bald änderte das Institut den Namen und nannte sich Militärinstitut für Luftfahrtstudien. Im Jahr 1927 übersiedelte das Institut in neue Gebäude. Damals gab es bereits sieben Abteilungen, so für Aerodynamik, Flugzeuge, Motoren, Elektro- und Funkanlagen, Fotooptik, Luftfahrtmedizin und Meteorologie. Zu den vielseitigen Aufgaben des Instituts gehörten vorrangig Begutachtung und Prüfung von Luftfahrtgerät.

1933 wurde das Institut mit dem Militärinstitut für Technik zusammengelegt. Nunmehr fanden hier auch Forschungs- und Prüfarbeiten für Ballistik, Fahrzeug- und Panzertechnik statt.

Nach dem Ende des zweiten Weltkrieges wurde das Institut reorganisiert und gehörte anfangs zum Verteidigungsministerium. Schon Ende der 40er Jahre kamen zu den Aufgaben der Militärluftfahrt umfangreiche Arbeiten für die Zivilluftfahrt.

1953 folgte eine Umstrukturierung, in der zunächst der Institutsteil für Aerodynamik mit einer neugebildeten Abteilung im Ministerium für allgemeinen Maschinenbau zusammengelegt wurde.

Bereits ein Jahr später entstand das heutige Forschungs- und Prüfinstitut für Flugwesen, das ganz aus dem militärischen Bereich herausgelöst wurde. Hier ist nun die gesamte Luftfahrtforschung und die Entwicklung von Flugzeugen und Gerät konzentriert. Die Aufgaben sind eng mit den Schwerpunktprogrammen des Trusts koordiniert.

Vom Übungsflug zum Kunstflug

From Training to Aerobatic

Sportflugzeuge aus der Tschechoslowakei bis 1938

Sports Aircraft from Czechoslovakia till 1938

Nationale und internationale Vergleiche der neuen Flugzeugmuster und die Flugwettbewerbe begründeten Anfang der 20er Jahre die Sportfliegerei. In den Wettbewerben dominierten noch die Leistungen in Flughöhe, Flugweite und Fluggeschwindigkeit.

Wieder waren es – wie im Jahr 1913 – Amateure, die auch in der noch jungen tschechoslowakischen Republik den Flugsport populär machten. Sie knüpften an die Tra-

Beneš und Hajn begründeten mit ihren Flugzeugkonstruktionen den tschechoslowakischen Sport- und Kunstflug. Eine BH-1 bei denn Startvorbereitungen.
The constructions of aircraft of Beneš und Hajn were the basis of cz. aerobatic.
A BH-1 before taking off.

Die berühmte BH-5 L-BOSA, geflogen von Zdenék Lhota.
The famous BH-5 L-BOSA, flown by Zdenék Lhota.

ditionen des Aviation Clubs und des 1919 gegründeten Tschechoslowakischen Aviatischen Clubs an, woraus dann im Jahr 1922 der Aeroklub der Tschechoslowakei entstand. Große Aktivitäten, besonders in der Propagierung des Luftfahrtgedankens, bewirkte der 1925 gegründete Masaryksche Fliegerbund.

Bereits seit 1920 gab es in der ČSR Flugzeugrennen, regionale Flugtage und Flugzeugausstellungen, die als Attraktionen für die flugbegeisterten Zuschauer und Besucher gedacht waren. In Praha fand jährlich ein internationaler Geschwindigkeitswettbewerb statt. Für ein solches Ereignis hatte man schließlich einen Preis für den besten Kunstflieger gestiftet. Der erste Gewinner einer solchen Trophäe hieß Josef Novák, ein ehemaliger erfolgreicher k. u. k. Feldpilot, der mit einem Doppeldecker Ae-02 geflogen war.

Der Kunstflug, das heißt das Figurenfliegen etwa in bestimmten Flugräumen oder in vorgegebenen Zeiten, war längst noch nicht reglementiert. Zunächst war es der Looping, der weitgehend die Kunstflugvorführungen bestimmte. Geflogen wurde er in zahlreichen Varianten.

Die Weiterentwicklung führte zur zweisitzigen BH-11, hier als Exponat des Militärmuseums Praha-Kbely.
The further development led to the two-seat BH-11, here as an exhibit of the Military Museum Praha-Kbely.

Nur kurze Zeit nach seinem ersten Sieg im Kunstflug schrieb sich der Industriepilot Josef Novák gemeinsam mit dem Konstrukteur Antonin Husnik in das Rekordbuch des Kunstfluges ein. Über dem Flugplatz des Werkes Aero in der Nähe von

Praha vollführten beide mit einer zweisitzigen Aero A-11 in 44 Minuten und 52,7 Sekunden nicht weniger als 255 aufeinanderfolgende Loopings!

Anläßlich der zweiten Aviation-Rallye, die 1927 in Zürich veranstaltet wurde, gehörte der Kunstflug erstmalig zum Programm. Hier gelangten zum erstenmal tschechoslowakische Piloten mit ihren Kunstflugleistungen auf die vorderen Plätze. Mit diesem internationalen Flugwettkampf war das Privileg der Militärpiloten auf Figurenfliegen endgültig gebrochen.

Obwohl die Flugzeugwerke der ČSR aufgrund staatlicher Ausschreibungen vorrangig Militärflugzeuge entwickeln und bauen mußten, erhöhten sie den Anteil an Reise-, Sport- und Rennflugzeugen für zivile Zwecke. So war von den 47 Entwicklungen des Werkes Aero in der Zeit von 1919 bis 1939 bereits über die Hälfte kunstflugtauglich. Das «A», inzwischen zum Markenzeichen von Aero avanciert, wurde zum Kennbuchstaben für Flugzeuge, die damals bereits nationale und internationale Rekorde erzielten.

Ein seltenes Foto vom Versuchsflugzeug BH-16 mit einem Orion-LL-Triebwerk.
A rare photograph of aircraft for experimental use BH-16 with Orion-LL-machinery.

Bei Flugtagen viel bestaunt, die Kunstflugmaschine Avia B-122.
On flightdays admired – the aerobatic aircraft Avia B-122.

Eine zweisitzige Beta Minor Be-51 aus dem Jahre 1937.
A two-seat Beta Minor Be-51 of 1937.

Eine restaurierte «Bosky» mit der Kennung einer Fliegerlehranstalt auf dem Flugplatz Kbely.
A restored «Bosky» with markings of a flying school on the airfield Kbely.

Den ersten tschechoslowakischen Höhenrekord erreichte Rudolf Polanecky 1921, doch schon ein Jahr später überbot Josef Novák diesen Rekord. 1924 wurden mit einer Aero A-12 nicht weniger als vier nationale und vier internationale Rekorde aufgestellt. Auch der in der Zwischenzeit gestiftete Preis des Präsidenten der ČSR ging an die Besatzung einer A-12 und an die erfolgreichen Flieger der Rennflugzeuge A-18b und A-18c. Mit dem 1929 erschienenen Bomber A-42 bewiesen die Aero-Werke wiederum die Wettbewerbstauglichkeit ihrer Erzeugnisse. Die A-42 holte drei internationale und 16 nationale Rekorde.

Neben der Produktion von Jagdflugzeugen stellte der Betrieb Letov Sportflugzeuge oft in großen Serien her. Viele davon waren kunstflugtauglich. Sogar bei Militärflugzeugen gab es Typen, von denen Sportflugzeuge abgeleitet waren. Aus dem Ausland häuften sich darum Bestellungen für diese Flugzeuge. Letov mußte einen harten Konkurrenzkampf bestreiten. Verschiedene Länder, unter anderen Bulgarien, erwarben Lizenzen. 1931 lieferte der Betrieb den Basistrainer Šmolik Š-218 an Finnland. Bezeichnend ist die Tatsache, daß diese Š-218 noch im Jahr 1948 für die Kunstflugschulung benutzt wurde.

Natürlich dominierte der Kunstflug auch in der Ausbildung der Flugzeugführer der tschechoslowakischen Fliegerkräfte. Von den sportlichen Leistungen war es doch nur ein kleiner Schritt bis zum Bestehen im militärischen Flugauftrag. Dazu trugen besonders die kunstflugtauglichen Jagdflugzeuge aus den Avia-Werken bei. Hervorragende Leistungen erbrachten die von Pavel Beneš und Miroslav Hajn konstruierten Flugzeuge. Mit der BH-21 gewann Zdeněk Lhota viele nationale Rekorde und Preise. Fritsch konnte mit dem Tiefdecker BH-11 E 1925 den Coppa d'Italia in die ČSR holen, und ein Jahr später vermochten Bican und Kinsky diesen Erfolg auf BH-11 C noch einmal zu wiederholen.

Am erfolgreichsten mit BH-Flugzeugen war wohl František Malkovsky, der in den Jahren 1925 bis 1930 als der beste tschechoslowakische Pilot galt und vielerorts als der «Tschechische König der Lüfte» gefeiert wurde. Erinnert sei nur an seine kühnen Flüge mit der BH-22. Im Jahr 1927 vertrat er bei der II. Aviation-Rallye in Zürich die Farben seines Landes und belegte einen hervorragenden 7. Platz unter den 60 gemeldeten Startern. Ende der 20er Jahre flog er dann mit der BH-33, die zu den schnellsten Flugzeugen ihrer Zeit gehörte. In 8,5 Minuten stieg die BH-33 auf 7000 m Höhe und erreichte eine Geschwindigkeit von 276 km/h. Außer der BH-33 L, die in großen Stückzahlen gebaut und von den Luftstreitkräften übernommen wurde, gab es auch eine Spezialversion, die BH-33 E. Damit zeigte Malkovsky 1929 in Paris einen großen Kunstflugkomplex. Malkovsky fand 1930 den Fliegertod. Bei einer Kunstflugfigur überforderte er seine Maschine und stürzte ab.

Im Jahr 1932 fanden sich keine tschechoslowakischen Piloten zur internationalen Rallye in Zürich ein. Das lag an der großen Weltwirtschaftskrise, die sich auch in der Luftfahrtindustrie der ČSR auszuwirken begann.

Beim internationalen Luftfahrttreffen in Plzeň machte František Novák auf sich aufmerksam. Ein Jahr später bewies er erneut sein Können in einem Kunstflugvortrag über Praha: Er trat somit die Nachfolge von František Malkovsky an und wurde neuer «König der Lüfte». Beim Air Contest 1933 in Warszawa errang Novák den 1. Platz.

Das Jahr 1934 brachte wiederum

einen großen Erfolg für den Kunstflug der ČSR. Beim Cup Mondiale ⟨Weltcup⟩ in Vincennes bei Paris startete František Novák mit einem neuen tschechoslowakischen Kunstflugzeug, der Avia Av-122. Er konnte einen beachtlichen 4. Platz hinter Fieseler ⟨Deutschland⟩, Detroyat ⟨Frankreich⟩ und Achgelis ⟨Deutschland⟩ erringen. Ein zweiter tschechoslowakischer Pilot, J. Ambruž, plazierte sich in diesem Wettbewerb noch auf dem 8. Platz. Und eine weitere Sensation gab es in Vincennes, als František Novák gemeinsam mit Petr Široký und Josef Hubáček außerhalb des offiziellen Programms gekonnte Flugvorführungen zeigten. Dabei waren ihre Flugzeuge durch Gummiseile miteinander verbunden, um bei den Kunstflugfiguren exakte Abstände halten zu können. An vielen Flugtagen begeisterten sie so das Publikum. So begründete Novák auch die tschechoslowakische Schule des Verbandskunstfluges. Mitte der 30er Jahre erlebten Zuschauer in vielen Ländern Europas dieses Team während einer Rundreise, auf der es den Verbandskunstflug populär machte.

1935 wurde in der ČSR auch erstmalig eine nationale Kunstflugmeisterschaft ausgetragen. Der Gewinner hieß einmalmehr František Novák. Ein Jahr später, 1936, schaffte Josef Hubáček den Sieg und wurde ČSR-Meister. Novák war nicht am Start, er saß neben Široký und Ambruž in der Jury.

Für die Wettbewerbe anläßlich der 11. Olympischen Sommerspiele 1936 in Berlin hatte man die Av-122 durch ein leistungsstärkeres Triebwerk verbessert. Široký gewann diesen Wettkampf neben Hagenburg ⟨Deutschland⟩ mit der höchsten Punktzahl. Sein Landsmann Novák landete auf Platz drei.

Noch im gleichen Jahr zeigten die tschechoslowakischen Kunstflieger ihr Können bei Vorführungen in verschiedenen Städten der Sowjetunion.

Die dritte Aerobatic-Rallye ⟨Zürich, 1937⟩ wurde zum Triumph der tschechoslowakischen Kunstflieger. In der Kategorie «B» wurde Novák als Sieger gefeiert. Široký belegte den 2. Platz, und Hubáček konnte noch einen beachtlichen 4. Platz erreichen. Man hatte die Weltelite geschlagen, ein Erfolg beharrlichen Trainings. Noch erfolgreicher wurde die Teilnahme am Wettbewerb in der Kategorie «C». Hierbei konnten Novák, Široký und Hubáček die ersten drei Plätze belegen. Ernsthafte Konkurrenten für die tschechoslowakischen Flugzeuge in diesem Wettbewerb waren nur die italienischen Doppeldecker Fiat Cr-32.

Mit der Teilnahme am Airmeeting in Saint Germain und Lay bei Paris im Jahr 1938 krönte Novák seine Kunstfliegerlaufbahn. Er erreichte in diesem Wettbewerb zwar die höchste Punktzahl, wurde aber hinter Hagenburg ⟨Deutschland⟩ auf Platz zwei gesetzt. Den Franzosen Cavalli hatte er klar distanziert.

Seinen letzten Auftritt im Rahmen des Kunstflugtrios hatte Novák 1938 bei der Sokol-Rallye in Praha. Noch einmal bot er den Zuschauern atemberaubende Spannung durch vollendeten Kunstflug.

Spricht man vom Kunstflug der 30er Jahre und von tschechoslowakischen Flugzeugen, darf die kunstflugtaugliche E-39 keinesfalls unerwähnt bleiben. Diese E-39, eigentlich BH-39, kam aus dem Staatsbetrieb ČKD «Praga».

Dominierend für den tschechoslowakischen Flugsport der 30er Jahre wurde die in aller Welt bekannte, 1934 entwickelte Praga E-114 «Air Baby». In den folgenden Jahren fehlte diese Maschine wohl auf kaum einer Flugsportveranstaltung. Mit ihr unternahm man viele Streckenflüge in ferne Länder; sie war 1935 eine der Hauptattraktionen auf der Weltausstellung in Brüssel. Das britische Unternehmen Hills & Sons Works baute die E-114 in Lizenz. Berühmt in der Luftfahrtgeschichte wurde der Flug einer «Hills Baby», wie die E-114 in Großbritannien genannt wurde, von London nach Kapstadt über eine Entfernung von 14 722 km in nur 14 Tagen.

Auf verschiedenen internationalen Wettbewerben konnte auch das Werk Zlin beachtliche Erfolge verbuchen. Zlin-Flugzeuge gehörten zu den häufig vertretenen Typen der Kategorie Kunstflugzeuge bei Weltmeisterschaften und internationalen Wettbewerben.

Bereits mit seiner ersten Konstruktion Z-XII hatte Jaroslav Lonek großen Erfolg, denn 201 Maschinen dieses Typs wurden in Serie gebaut. Im Laufe der Jahre wurden Zlin-Flugzeuge mehr und mehr zum Maßstab für Leistung und Zuverlässigkeit im internationalen Kunstflug.

Von den 15 Typen, die in der Flugzeugfabrik in Choceň entstanden, waren nur zwei Reiseflugzeuge. Alle anderen dienten als Trainer, Sport- und Kunstflugmaschinen. Wohl am bekanntesten wurden aus der Serie «Beta» die Be-60 «Bastiola», die Be-51 und die Be-150 «Beta-Junior«. Durch ihre gute Manövrierfähigkeit wurde die Be-52 bekannt, die Mitte der 30er Jahre speziell für den Kunstflug geschaffen worden war. Diese auch als «Beta-Major» bezeichnete Maschine wurde zum Basismodell für die Trainingsversionen Be-252 und Be-252c. Mit dem einsitzigen Sportflugzeug Be-501 wurden einige Geschwindigkeits- und Höhenrekorde geflogen.

Beim 12-Stunden-Rennen von Angers (Frankreich) konnte 1937 sogar der 1. Platz belegt werden.

Ungenannt blieben bei der Aufzählung der Erfolge der tschechoslowakischen Flugsportler die zahlreichen Facharbeiter und Ingenieure in den Flugzeugfabriken, die Techniker und Flugzeugwarte auf den vielen Sportflugplätzen des Landes und auch andere Sportler und Kunstflugpiloten, die durch ihren Trainingsfleiß Siege und Rekorde mitbestimmten.

Jäh wurde diese Entwicklung durch die Ereignisse unterbrochen, die zum zweiten Weltkrieg führten.

Die erfolgreiche Entwicklung aus Otrokovice, die Muster der Trener-Reihe: hier Z-226 während eines Flugtages der GST.

The models of the Trener-series – the succesful development from Otrokovice. Here Z-226 during a flightday by GST.

Der Neubeginn

A new Beginning

Auf das Kriegsende und die Befreiung der Tschechoslowakei folgte das Neubeginnen. Zahlreiche Flugsportler fanden sich, um die Trümmer zu beseitigen und eine neue Etappe des Flugsports einzuleiten. Tatkräftig entwickelte sich der tschechoslowakische Flugsport in den vielen Aeroklubs auf der Grundlage ihrer Traditionen.

Eine wichtige Voraussetzung aller Aktivitäten war zunächst die Wiederherstellung der Flugzeugindustrie und die Organisation der Produktion. Zu ihrer Hauptaufgabe gehörte die Schaffung neuen Fluggeräts. In den drei nationalen staatlichen Flugzeugfabriken beschäftigte man sich vorrangig mit dem Bau von Leicht- und Kleinflugzeugen. Auch nach dem Zusammenschluß zum Trust AERO im Jahr 1965 wurde diese Richtung zielstrebig weiterverfolgt.

Das System des Sport- und Kunstfluges in der ČSR änderte sich nach 1945 wesentlich. Waren es vorher vor allem die Flugzeugfirmen, die mit ihren Werkspiloten für ihre Produkte warben und damit gleichzeitig ihr Land bei internationalen Wettbewerben vertraten, trat nun eine staatliche oder gesellschaftliche Institution an deren Stelle. Zentrales Organ wurde der Aeroklub der Tschechoslowakei in Praha. Diesem obliegt seither die Führung und Organisation des gesamten Flugsports in der ČSSR. Hier werden auch die Rekordlisten und Trainingsregister der Piloten geführt.

Die Ausbildung der Flugsportler findet in den Fliegerklubs statt, die in der Wehrsportorganisation SVAZARM zusammengefaßt sind. Für die Ausbildung in den einzelnen Disziplinen gibt es einheitliche Ausbildungsprogramme. Diese berücksichtigen die lokalen Flugplätze, die Luftfahrzeuge und die technischen Einrichtungen, die ihnen der sozialistische Staat kostenlos zur Verfügung stellt. Die besten Kader

im Motorflug, Segelflug und Fallschirmsport werden auf Kreis-, Bezirks- und Landesebene zusammengefaßt und für die entsprechenden Aufgaben besonders trainiert. Sport- und Kunstflugpiloten, die ihr Land international vertreten, werden im Aeroklub der Tschechoslowakei zusammengefaßt, der über spezielle Trainingszentren verfügt.

Der Kunstflug begann nach dem Krieg zunächst sehr zögernd, da geeignete Flugzeuge fehlten. Der Kunstflug ist aber unerläßlich, da er das fliegerische Können fördert. Seine Grundfiguren gehören heute zum festen Bestandteil der Ausbildung von Flugschülern.

Ausbilder und Flieger entwickelten neue Grundlagen des Kunstfluges. Voraussetzung dafür war eine Verbesserung der allgemeinen Flugausbildung, insbesondere des Blindfluges bzw. Fluges nach Instrumenten. Neue dynamische Elemente wurden in den Kunstflug eingeführt und haben die klassischen Elemente wesentlich ergänzt. Letztlich trugen die tschechoslowakischen Kunstflieger sehr viel dazu bei, ihre Sportdisziplin bei der FAI neu zu konzipieren.

Ihr Verdienst war es auch, daß die I. Weltmeisterschaft im Kunstflug in Bratislava stattfand, und zwar vom 29. August bis zum

Nicht nur für die Schulung – eine Z-226 bei einer Kunstflugübung.
Not only for training but also for aerobatics – a Z-226.

Zlin Z-526 L rollt zum Start.
Zlin Z-526 L taxing to the take-off.

11. September 1960. 29 Piloten aus neun Ländern gingen an den Start. Die tschechoslowakischen Flieger stellten mit Ing. Ladislav Bezák den ersten Kunstflugweltmeister. Er flog damals 59 Figuren hintereinander in einer Zeit von sechs Minuten. In der Mannschaftswertung siegte ebenfalls die ČSR und unterstrich damit ihre Leistungsfähigkeit im Kunstflug.

Als Pionier des klassischen Kunstfluges darf wohl für die frühen 60er Jahre Jiři Blaha gelten. Schon 1956 hatte er seine Erfolgsserie bei der «Lockheed Trophy» begründet. Mehrere Titel als nationaler Meister und internationale Bestleistungen machten ihn zum «großen Tänzer» am Himmel, wie damals eine internationale Luftfahrtzeitschrift schrieb.

Die großen Erfolge tschechoslowakischer Kunstflieger und Flugsportler in der damaligen Zeit wurden von mutigen Piloten errungen. Stellvertretend für die vielen seien hier nur Zdeněk Beseda, Juraj Šovc, Eva Kaprasová und Jaromir Hůlka genannt.

In Brno fanden im Jahr 1958 die ersten Staatsmeisterschaften im Kunstflug der ČSR statt. Im Mittelpunkt dieses Wettbewerbs stand ein Flugzeugtyp aus den Moravan-Werken in Otrokovice, die Z-226 T, eine Weiterentwicklung der bereits bekannten «Trener»-Serie. Wilem Krysta siegte mit diesem Flugzeug in einem glänzenden Vortrag.

Zu den zweiten Meisterschaften, die 1959 in Gottwaldov ausgetragen wurden, flogen außer den zweisitzigen Z-226 «Trener» auch die einsitzigen, speziell für den Kunstflug entwickelten Z-226 A «Akrobat», mit der wiederum Zdeněk Beseda siegte.

Immer wieder sind es Varianten der Zlin-Muster, die bei nationalen und internationalen Wettbewerben

Dipl.-Ing. Ladislav Bezák, der Gewinner der I. Weltmeisterschaft im Kunstflug 1960 in Bratislava.
Gradueted engineer Ladislav Bezák, the winner of the first world championship of aerobatics at Bratislava in 1960.

Die neue Generation: eine Z-50 L.
The new generation: a Z-50 L.

auf sich aufmerksam machten; immer wieder bestechen diese Maschinen wegen ihrer großen Leistungen. Auch ausländische Mannschaften interessieren sich zunehmend für die Kunstflugzeuge der Tschechoslowakei. Die Flugsportler in den Bruderorganisationen von SVAZARN in der DDR, der VR Polen, der Sowjetunion, der Ungarischen VR und der anderen sozialistischen Staaten fliegen ebenfalls mit Zlin-Flugzeugen.

Während der IV. Weltmeisterschaft, die 1966 in Moskwa stattfand, flogen Piloten aus neun Ländern mit Zlin-«Trener» und Zlin-«Akrobat».

Grundlage für eine der wohl erfolgreichsten Serien von Sport- und Kunstflugzeugen in aller Welt wurde die 1947 konzipierte Z-26. Auf dieser Konstruktion basierte dann der Trainer Z-126 mit Ganzmetallgerüst und Stoffbespannung aus dem Jahr 1953. Dann folgten die Z-226 ⟨Erstflug 1956⟩ und die Z-326 ⟨Erstflug 1956⟩. Alle Versionen waren als Trainer mehrsitzig und als Kunstflugmaschinen einsitzig. Im Jahr 1964 wurde die «Special»-Version unter der Bezeichnung Z-526 in den Serienbau überführt.

Das tschechoslowakische Außenhandelsunternehmen Omnipol in Praha hatte bis etwa Mitte der 60er Jahre mehr als 1 300 «Z»-Flugzeuge in über 50 Länder aller Kontinente exportiert. Deutlicher läßt sich der hohe Stellenwert des Sportflugzeugbaus in der Tschechoslowakei kaum darstellen.

1965 erhielt das Werk Moravan in Otrokovice das Diplome de l'Honneur der FAI für die Konstruktion und den Bau der besten Kunstflugzeuge.

Inzwischen ging die Entwicklung weiter, und 1965 war die einsitzige Kunstflugversion Z-526 «Akrobat» einsatzbereit.

Für den Schulbetrieb und den Flugsport hatte man die zweisitzige Ausführung «Trener-Master» geschaffen. Durch konstruktive Veränderungen leichter als ihre Vorgänger war die im Jahr 1970 erschienene Z-526 AF; auch von dieser gibt es neue Versionen.

An der Grenze der Leistungsfähigkeit einer Entwicklungsreihe flogen 1973 die Prototypen der letzten Grundbaumuster Z-726. Für die Ausbildung und den Kunstflug entstand daraus die Z-726 K «Universal». Von der Z-26 bis zur Z-726 wurden insgesamt über 1 400 Maschinen gebaut.

Doch damit blieb die Reihe nicht stehen. Neben den kunstflugtauglichen Übungsflugzeugen Z-42 und Z-43 und deren Weiterentwicklung Z-142 stellten die Flugzeugbauer von Otrokovice im Jahr 1975 ein neues Hochleistungskunstflugzeug vor, die Z-50 L. Der Prototyp entstand in relativ kurzer Entwicklungszeit. Dennoch hatte man alle Erfahrungen des modernen Hochleistungsflugzeugbaus in das neue Muster einbringen können.

Bei der XI. Kunstflugweltmeisterschaft, die 1982 in Österreich stattfand, flogen von den zehn Erstplazierten allein drei Piloten die Z-50. Manfred Strössenreuther ⟨BRD⟩ errang mit seiner Z-50 L einen beachtlichen 3. Platz. Den 4. Platz belegte der ČSSR-Meister P. Jirmus, der ebenfalls mit einer Z-50 flog.

1984 konnte Petr Jirmus auf seiner Z-50 den Weltmeistertitel im Kunstflug holen. Zwei Jahre darauf konnte er ihn bei den XIII. Kunstflugweltmeisterschaften auf Z-50LS erfolgreich verteidigen.

Flugzeuge verbinden Kontinente

Aircraft Connected Continents

Tschechoslowakischer Luftverkehr

The Czechoslovakian Airtraffic

Die tschechoslowakische Regierung beschloß am 29. Juli 1923 die Gründung eines staatlichen Luftfahrtunternehmens zur Beförderung von Personen und Sachen. Die «Československé státni aerolinie» (ČSA) wurde dann in das Firmenregister eingetragen und eröffnete am 28. Oktober 1923 die erste Fluglinie, und zwar die zwischen Praha und Bratislava. Die Strecke von 320 km wurde zunächst mit Versuchsflugzeugen beflogen. Es waren meist ehemalige Militärflugzeuge, die für

Mit dieser A-14 begann die ČSA 1923 den Flugbetrieb.
With this A-14 the ČSA started to run the flights.

Das Transportflugzeug Aero A-23 wurde Ende der 20er Jahre als Passagierflugzeug eingesetzt.
The transporter Aero A-23 was used as passenger aircraft at the end of the twenties.

den Luftverkehr umgebaut wurden. Eine Brandenburg Aero A-14 mit einem Passagier und 760 g Post an Bord unternahm den Eröffnungsflug. Bis Ende 1923 wurden immerhin 29 Reisende, 110 kg Fracht und 10,5 kg Post befördert.

Inzwischen hatte die noch junge tschechoslowakische Luftfahrtindustrie die ersten Entwürfe in der Produktion verwirklicht. So stand dem Luftfahrtunternehmen das erste Passagierflugzeug Aero A-10 im Laufe des Jahres 1924 zur Verfügung. Es hatte eine geschlossene Kabine für drei Passagiere. Mit der A-10, die eine Reisegeschwindigkeit von 120 km/h erreichte, wurde die Strecke Praha – Košice eröffnet.

Noch waren die Flugzeuge der ČSA auf unbefestigte Pisten und unzulängliche Abfertigungsanlagen angewiesen. Darum wurde in den Jahren 1925/26 der Schwerpunkt auf den Ausbau von Zivilflugplätzen in Brno, Mariánské Lažně und Bratislava gelegt.

Die Firma Aero hatte bereits 1925 eine Beförderungskonzession für die Route Praha – Mariánské Lázně erhalten, auf der mit der Aero A-22 ein weiterer neuer Typ erprobt werden konnte. 1927 wurde diese Linie von der ČSA übernommen. Inzwischen stieg der Bedarf enorm, und auch die noch zu lange Flugzeit verlangte nach noch schnelleren Maschinen. Aus diesem Grund nahm man Verbindung mit ausländischen Flugzeugherstellern auf, um geeignete Flugzeuge zu importieren.

Die aus Großbritannien beschaffte De Havilland DH-50 verfügte bereits über eine geschlossene Kabine für vier Passagiere, mit einem Komfort, den die umgebauten Militärmaschinen nicht aufweisen konnten.

Bald schon erhob sich die Frage, den Luftverkehr über die Grenzen des Landes hinauszuführen. Die ČSA konnte diese Aufgabe nicht übernehmen. Deshalb wurde im Jahr 1927 eine neue Luftverkehrsgesellschaft gegründet, die «Československá letecka spolecnost» 〈ČLS〉. Diese Aktiengesellschaft begann 1928 den Auslandsverkehr, und zwar zunächst von Praha über Mariánské Lázně und Kassel nach Rotterdam. Schon kurze Zeit später flogen tschechoslowakische Flugzeuge nach Wien und auf einer weiteren Linie über Dresden nach Berlin. Im Jahr 1930 kam die Linie Praha – München – Zürich – Basel dazu.

Ständig bemühte sich die Gesellschaft um modernes Fluggerät. Auf der Linie in die Schweiz verkehrten schon die inzwischen weltbekannten Fokker F-VIIb/3 m, die Avia in Lizenz produzierte. Die komfortable Kabine der dreimotorigen Maschine bot bis zu zwölf Fluggästen angenehmen Aufenthalt an Bord.

Bis zu dieser Zeit betrieb die ČSA den gesamten Inlandverkehr. Mit einem Flug nach Zagreb eröffnete 1930 auch die ČSA den Auslandsverkehr.

Im Jahr 1929 wurden die beiden tschechoslowakischen Fluggesellschaften in die IATA aufgenommen, die zu dieser Zeit bereits 26 Mitglieder zählte.

Mit Fokker F-VIIb/3 m flog man auf der Route Košice – Bucuresti. Auf den Inlandlinien verkehrten vornehmlich Flugzeuge aus einheimischer Produktion. Mit der A-35 und A-38 hatte Aero weitere Verkehrsflugzeuge eigener Entwicklung zur Verfügung gestellt.

1936 begann die Zusammenarbeit zwischen der sowjetischen Aeroflot und den tschechoslowakischen Fluggesellschaften. Eine 2 439 km lange Fluglinie führte von Praha nach Moskwa. Damit war die Verbindung zu dem damals bereits ausgedehnten Netz der Aeroflot hergestellt, die Anschlüsse nach dem Fernen Osten bot. Die ČSA beflog diese Route mit der zweimotorigen Airspeed Envoy unter dem Namen «Russischer Express».

Beide Fluggesellschaften, ČSA und ČLS, entwickelten sich zu Beginn der 30er Jahre erfolgreich weiter. Der veraltete Flugzeugpark wurde schrittweise erneuert. Während anfangs der Luftverkehr ausschließlich mit Doppeldeckern bedient wurde, dominierte nun der Eindecker. Da sich die tschechoslowakische Luftfahrtindustrie von Anbeginn auf Leichtflugzeuge orientierte, mußten Passagierflugzeuge meist importiert werden. So stellte die ČSA im Jahr 1936 die dreimotorige Savoia Marchetti SM-73 für ihre längeren Strecken in Dienst. Dieses italienische Verkehrsflugzeug konnte 17 Passagiere befördern. Zu gleicher Zeit waren die Douglas DC-2 und ihr Nachfolgemuster DC-3 im Weltluftverkehr eingeführt und machten von sich reden. Die ČLS übernahm daher ebenfalls die DC-2 und später die DC-3, mit der das fliegende Personal wesentlich bessere Arbeitsbedingungen erhielt. Das galt insbesondere für die Navigation mit Radiokompaß und den Flug mit Autopiloten.

Zu Beginn des Jahres 1938 verfügten die beiden tschechoslowakischen Fluggesellschaften über ein Liniennetz von insgesamt 2 638 729 km, so daß die ČSR-Metropole mit fast allen europäischen Hauptstädten und den wichtigsten Punkten auf anderen Kontinenten verbunden war.

Mit der Okkupation der ČSR durch Deutschland erlosch der tschechoslowakische Luftverkehr. Flugzeuge, Flugplätze und die gesamte Luftfahrtindustrie fielen in die Hände der Okkupanten.

Das Ende des zweiten Weltkrie-

ges im Mai 1945 brachte für die Tschechoslowakische Republik die Befreiung. Noch im gleichen Jahr schuf man einen neuen Luftverkehrsbetrieb, die «Československé aerolinie ⟨ČSA⟩».

Mit großer Mühe mußten die Trümmer auf den Flugplätzen beseitigt und die zur Verfügung stehenden Flugzeuge betriebsbereit gemacht werden. Zur ersten Ausrüstung gehörten drei Junkers Ju 52, mit denen der Flugbetrieb provisorisch aufgenommen werden konnte, und zwar zunächst auf der Linie Praha – Brno – Bratislava. Ferner beschaffte die ČSA ehemalige Militärtransporter vom Typ C-47, einer Version der DC-3, die in den Werkstätten des Avia-Werkes hergerichtet wurden. Im Jahr 1946 umfaßte der Flugzeugpark der ČSA schon 21 Maschinen. Alle wichtigen Flugplätze des Landes waren wieder benutzbar, wenn auch weitere Baumaßnahmen notwendig wurden.

Auch eine Junkers K 16 mit dem Kennzeichen L-BACA gehörte damals zum Flugpark.
A Junkers K 16 with the civil marking L-BACA belonged to the flight park in those days.

Gleich nach der Befreiung war die in London gebildete Exilregierung in die ČSR zurückgekehrt. Als Staatspräsident fungierte wieder Edvard Beneš, der allerdings die volksdemokratische Entwicklung des

Landes aufzuhalten versuchte. Als die tschechoslowakischen Werktätigen unter Führung der Partei der Arbeiterklasse die nationale und demokratische Revolution in ihrem Lande auf friedlichem Wege in eine sozialistische überleiten und die Beziehungen zu der benachbarten Sowjetunion ausweiten wollten, wagten die reaktionären Kräfte im Februar 1948, dieses Vorhaben durch einen konterrevolutionären Putsch zu verhindern. Da die reaktionären Minister zurücktraten und der Umsturzversuch am Willen der Werktätigen der ČSR gescheitert war, legte Beneš am 7. Juni 1948 sein Amt nieder. Klement Gottwald wurde daraufhin am 14. Juni 1948 zum Staatspräsidenten gewählt. Der Weg für eine sozialistische Entwicklung der Tschechoslowakei war frei.

Diejenigen Staaten, denen diese Tatsachen nicht paßten, behinderten nun den Luftverkehr der ČSA. Entgegen dem geltenden Recht ver-

Der Hochdecker Aero-35 flog im Inlanddienst und konnte fünf Passagiere befördern.
The high-wing Aero A-35 flew on inland lines and could transport five passengers.

Auch Amphibienflugzeuge wurden von der ČSA geflogen. Hier eine Sounders-Roe A-19 Saro Cloud.
Also amphibian aircrafts flown by ČSA. Here is a Sounders-Roe A-19 Saro Cloud.

1935 bis 1938 wurden die Auslandslinien der ČSA mit der zweimotorigen britischen Airspeed Envoy bedient.
From 1935 to 1938, the ČSA foreign airlines were run by the two-engined British Airspeed Envoy.

Nach dem zweiten Weltkrieg nahm die ČSA den Zivilluftverkehr mit der Douglas DC-3 «Dakota» wieder auf.
After World War II, the ČSA resumed operations with the Douglas DC-3 «Dakota».

weigerten sie die Überfluggenehmigungen für ČSA-Flugzeuge.

Darüber hinaus wuchsen auch die Schwierigkeiten mit dem überalterten Flugzeugpark; die Beschaffung von Ersatzteilen wurde immer problematischer.

Zu dieser Zeit begann die Umorientierung auf die sowjetische Flugzeugtechnik. Mit der Iljuschin Il-12 konnten die DC-3, C-47 und die Ju 52 abgelöst werden. Schließlich erwarb man die Lizenz zum Bau der Iljuschin Il-14 in tschechoslowakischen Flugzeugwerken.

In Zusammenarbeit mit der Aeroflot konnte die ČSA den Luftverkehr erweitern und neue Fluglinien einrichten. Im Jahr 1957 übernahm sie die ersten drei strahlgetriebenen Verkehrsflugzeuge vom Typ Tupolew Tu-104.

Inzwischen hatten sich die ersten sowjetischen PTL-Verkehrsflugzeuge vom Typ Iljuschin Il-18, die das Sitzplatzangebot erhöhten, bewährt. Die Inlandfluglinien überspannten inzwischen das ganze Land, von dem höchstgelegenen Flughafen Prešov in der Hohen Tatra bis in den äußersten Südwesten nach Karlovy Vary. Von Praha aus sind tägliche Verbindungen nach Košice, Bratislava, Brno, Pieštany, Sliač, Tatry, Holešov, Přerov und Ostrava möglich.

Außer der Beförderung von Passagieren und Gütern ergab sich als neue Aufgabe der Agrarflug. Somit wurde mit Agrolet ein Betriebsteil der ČSA gebildet. Die Ausbringung von Dünge- und Schädlingsbekämpfungsmitteln in der Land- und Forstwirtschaft ließ den Flugzeugpark dieses neuen Betriebsteils schnell anwachsen. Zu den fast 100 Flugzeugen vom Typ L-60 «Brigadyr» kamen auch sowjetische Antonow An-2 und verschiedene Hubschrauber hinzu.

Stetig stieg der Bedarf nach Industrie- und Kranflug. Auch geologische Erkundungen und Luftbildmessungen waren Spezialaufträge für die ČSA.

Anfang der 60er Jahre flogen Flugzeuge der ČSA in 37 Länder auf vier Kontinenten. In 33 Staaten besitzt sie seitdem offizielle Vertretungen.

Das erste, bei der tschechoslowakischen Luftverkehrsgesellschaft kommerziell eingesetzte Strahlflugzeug war die Tupolew Tu-104.
The first jetaircraft Tupolev Tu-104 used commercially by the cz. airlines.

Die Tupolew Tu-134 befliegt die innereuropäischen Mittelstrecken des Flugnetzes der ČSA.
The Tupolev Tu-134 manages the innereuropean middle-distances of the ČSA network of flight.

1964 wurde die strahlgetriebene Tupolew Tu-124 in den Flugzeugpark der ČSA aufgenommen, die dann auf der neuen Linie Praha – Frankfurt ⟨Main⟩ verkehrte.

Im Oktober 1965 unterzeichneten die Vertreter der ČSA das Berliner Abkommen, das die betriebliche, kommerzielle und finanzielle Zusammenarbeit der acht Fluggesellschaften sozialistischer Länder beschließt.

Am 15. Juni 1968 nahm der neue internationale Flughafen Praha-Ružyne den Betrieb auf, der jährlich mehr als 4 Millionen Passagiere abfertigen kann. Die technischen Ausrüstungen entsprechen höchsten Anforderungen.

Noch im selben Jahr starteten vom neuen Flughafen ČSA-Flugzeuge nach Leningrad, Genf und Marseille. Den Flugverkehr nach dem Fernen Osten, Afrika und Kuba bedient die vierstrahlige Iljuschin Il-62.

Im Mai 1970 wurde der Verkehr auf den Transatlantik-Routen nach Montreal und New York aufgenommen.

Im gleichen Jahr nahm man in Bratislava das moderne Abfertigungsgebäude in Betrieb, das für 1,5 Millionen Fluggäste ausgelegt ist. Damit ist Bratislava der zweite internationale Flughafen der ČSSR.

Bereits am 1. Juli 1969 entstand die SLOV-AIR als selbständiges Luftfahrtunternehmen der Slowakischen Republik. Es hat seinen Sitz in Bratislava. Die SLOV-AIR gilt als Nachfolgeunternehmen von Agrolet der ČSA. Zu ihren Aufgaben gehört der Bedarfsflugverkehr für Personen, Fracht und Post. Aber auch aviochemische Dienste in der Land- und Forstwirtschaft, ferner Flüge für das Bauwesen, für den Sanitätsdienst und für Erderkundungen und Luftbildwesen obliegen diesem Unternehmen. Das Unternehmen verfügt dementsprechend über eine Flotte moderner Spezialflugzeuge und Hubschrauber. Mit Verkehrsflugzeugen vom Typ Letov L-410 wurde einige Zeit auch ein Inlandflugverkehr betrieben.

Vom Šmolik-Jagdflugzeug zur »Albatros«

From Šmolik-Fighter to »Albatros«

Aus der Geschichte der Luftstreitkräfte

Of Air Force History

Bereits 1918 entstanden in der Tschechoslowakei die ersten Einheiten des 1. Fliegerkorps. Die Entwicklung der jungen Streitkräfte durchlief zunächst eine umfangreiche Aufbauphase. Dabei machte sich der Einfluß der französischen Militärkommission besonders bemerkbar, da Frankreich als Führungsmacht der Kleinen Entente die ČSR als Stützpfeiler im Streben nach Hegemonie, nach Vorherrschaft, in Europa betrachtete. Aus Frankreich kam daher auch ein Teil des ersten neuen Fluggeräts und mit diesem die Auswirkungen der französischen Luftkriegsdoktrin der Armée de l'Air. Im Jahr 1919 entsandte man 91 An-

Jagdflugzeuge Avia BH-21 des 3. Geschwaders (1925).
Fighters Avia BH-21 of the 3rd Air regiment (1925).

Ein Jagdflugzeug Letov Š-231 vor der Überführung in eine Jagdfliegereinheit.
The fighter Letov Š-231 before transfer to a fighter unity.

gehörige der neuen Luftstreitkräfte der ČSR nach Frankreich, um Erfahrungen in der Organisation eines militärischen Flugbetriebes zu sammeln.

Das Bestreben, die tschechoslowakischen Fliegerkräfte schnell und zügig aufzubauen, stieß immer wieder auf Hindernisse, besonders bei der zuständigen Militärkommission. Diese französische Kommission nutzte voll ihr Mitspracherecht. Das zeigte sich besonders deutlich beim Erwerb von ehemaligen deutschen und österreich-ungarischen Flugzeugen aus dem Beutebestand.

Ein wesentlicher Fortschritt wurde mit dem Bau des ersten, von Ingenieur Šmolik entwickelten Beobachtungsflugzeuges ŠH-1 erreicht.

Nach 1924 war die Organisation der Fliegerkräfte weitgehendst abgeschlossen. Das aus dem ersten Weltkrieg stammende Fluggerät war durch neue, eigene Entwicklungen abgelöst.

Gegen Ende des Jahrzehnts machte sich die Weltwirtschaftskrise auch in den Streitkräften bemerkbar. Die Stagnation der Produktion in den Betrieben erfaßte auch den Flugzeugbau und machte sich besonders in der weiteren Ausrüstung der Fliegerregimenter bemerkbar. Das vorhandene Fluggerät blieb länger im Dienst und veraltete dadurch technisch erheblich schneller. Damals entstanden auch kaum Neuentwicklungen, deren Prototypen Aussicht auf immer leistungsstärkere Flugzeuge angekündigt hätten.

Dennoch arbeiteten die tschechoslowakischen Konstrukteure und Wissenschaftler weiter. Sie lösten in dieser Zeit eine Reihe von Problemen der Hydraulik, Pneumatik und Elektrik und schafften so einen gewissen Vorlauf. Auch die Untersuchungen in der Aerodynamik und Statik, besonders vom Institut für Luftfahrtstudien ausgeführt, kamen der technischen Praxis zugute.

Bereits 1933, nur wenige Monate nach der Übergabe der Macht in Deutschland an die Hitlerpartei, wurde der Faschismus an den Grenzen der ČSR spürbar. Von der «Sudetendeutschen Heimatfront» Konrad Henleins aufgeputscht, entfaltete sich eine hemmungslose antitschechische Agitation und soziale Demagogie. Gleichzeitig brach das auf die Regierung in Paris orientierte Bündnissystem der ČSR zusammen. Die von den Deutschen geschürte «sudetendeutsche Frage» gab den westlichen Staaten den Vorwand, mit dem Abkommen von München die Tschechoslowakei dem deutschen Faschismus auszuliefern.

Bedingt durch die ständige Verschlechterung der politischen Lage stärkte sich die Wehrfähigkeit der tschechoslowakischen Streitkräfte und führte zu einer hohen Verteidigungsbereitschaft.

Neben den Jagdfliegerkräften widmete man Mitte der 30er Jahre besondere Aufmerksamkeit dem Ausbau der Bombenfliegerkräfte. Um den Fehlbestand an modernen Bombenflugzeugen aufzufüllen, benötigte man dringend Neubauten, aber eigene Entwicklungen befanden sich noch im Projektstadium. Bei Aero wurde an der A-300 gearbeitet, doch an einen Serienbau war noch nicht zu denken. Um die Lücken zu füllen, ging man zunächst wieder dazu über, Lizenzen für einen Bomberbau zu erwerben. Von den französischen Flugzeugwerken Henry Potez, die die Marcel Bloch in Lizenz bauten, übernahm man die Fertigung des zweimotorigen, mittleren Bombenflugzeuges MB-200.

Inzwischen gab es vertragliche Beziehungen zwischen der ČSR und der Sowjetunion. Auf der Grundlage dieser Verbindungen übernahmen Avia, Aero und Letov den Bau des von Tupolew und Archangelski entwickelten leichten Bombers SB-2. Die Abmachungen sahen vor, zunächst eine Anzahl gefertigter Flugzeuge an den Lizenzgeber zu liefern. Die weitere Produktion sollten dann die tschechoslowakischen Fliegerkräfte erhalten. Avia lieferte auch einige Exemplare des schweren Bombers Avia F-IX an die Truppe; bei diesem 1 500 kg Bomben tragenden dreimotorigen Schulterdekker handelte es sich um eine Übernahme von Fokker aus den Niederlanden, die in der ČSR zum Bombenflugzeug umgewandelt wurde.

Bei den Jagdfliegerverbänden sah dagegen die Situation wesentlich günstiger aus. Bereits 1935 ging das bei Avia von F. Novotny entwickelte Jagdflugzeug B-534 in Großserie. Obwohl man auch bei diesem Flugzeugtyp an der alten Konzeption eines Doppeldeckers festgehalten hatte, erreichte diese robuste und wendige Maschine ausgezeichnete Leistungen und gehörte zu ihrer Zeit wohl mit zu den besten Jagdmaschinen der Welt.

Im Jahr 1935 hatte Deutschland die allgemeine Wehrpflicht wieder eingeführt und ein riesiges Aufrüstungsprogramm in Gang gesetzt.

Vom Widerstandskampf tschechoslowakischer Patrioten

The Cz. Patriots Resistance

Am 18. Juli 1936 putschte eine spanische Militaristenclique unter Franco gegen die Volksfrontregierung. Damit begann die erste bewaffnete Auseinandersetzung zwischen dem Faschismus und den Kräften, die für Fortschritt und Frieden eintreten. Das spanische Volk kämpfte um seine Freiheit, und aus aller Welt kamen Beweise der Anteilnahme. Kommunisten, Sozialdemokraten und Angehörige anderer politischer Strömungen, die alle gegen den Faschismus Front machten, eilten der Republik Spanien zu Hilfe. Aus ihren Reihen formierten sich die Internationalen Brigaden, die an der Seite der republikanischen Truppen kämpften. Zu ihren Fliegereinheiten gehörte auch eine Gruppe tschechoslowakischer Flieger.

Die bürgerliche Armee der ČSR sollte entsprechend der Verfassung die staatliche Souveränität des Landes schützen. Neben der Stärkung der Territorialarmee und dem Ausbau der Befestigung der Landesgrenzen galt das Augenmerk des Generalstabes vor allem der Erhöhung der Kampfkraft der Luftstreitkräfte. Die Luftfahrtindustrie stellte den Fliegereinheiten im eigenen Land produzierte, gute Flugzeuge zur Verfügung. Dennoch, im Oktober 1938 nach dem Abkommen von München und im März 1939 bei der Besetzung der Tschechoslowakei versagten die Verbände der Armee und ergaben sich widerstandslos den deutschen Truppen. Über 40 Divisionen überließen ihre gesamte Ausrüstung den Okkupanten. Ein großer Teil der Flugzeuge wurde mit den Hoheitszeichen der Luftwaffe versehen und in deren Verbände eingegliedert. Alle wichtigen Flugplätze der Tschechoslowakei bezog man in den Aufmarsch für die Vorbereitung des Überfalls auf Polen ein.

Das tschechische Wirtschaftspotential wurde ohne weitere Störungen in die deutsche Rüstungsindustrie eingegliedert. Die Werke der Flugzeugindustrie produzierten zunächst ihre Entwicklungen weiter. Das paßte dem Generalstab der Luftwaffe insofern, als diese immer wieder durch Materialprobleme behindert wurde.

Später wurde auch die Fertigung einiger deutscher Flugzeugfabriken in das besetzte «Protektorat Böhmen und Mähren» verlagert. Grund dafür war nicht nur die ohnehin knappe Produktionskapazität, sondern auch die zunehmenden Störungen der Produktion durch alliierte Bombenangriffe auf das Reichsgebiet.

Im April 1939 entstand beim tschechoslowakischen Konsulat in Kraków ⟨Polen⟩ unter Oberstleutnant Ludvik Svoboda eine militärische Gruppe, die am 3. September 1939, also wenige Tage nach Ausbruch des zweiten Weltkrieges, zur Tschechoslowakischen Legion umgebildet wurde, die sich später der Roten Armee anschloß.

In Frankreich formierte sich in den ersten Tagen des zweiten Weltkrieges ein tschechoslowakisches Regiment, das sich später zu einer 11 000 Mann starken Division entwickelte. Pläne der französischen Regierung, diese Einheit in ihre Expeditionsarmee einzureihen, um die reaktionäre finnische Regierung Ende 1939 gegen die Sowjetunion zu unterstützen, scheiterten am Widerstand der tschechoslowakischen Soldaten. Nach Zerschlagung der französischen Armee im Juni 1940 wurden die Reste der tschechoslowakischen Division nach Großbritannien verschifft.

Bereits in Frankreich kämpften tschechoslowakische Piloten an der Seite der Armée de l'Air. Mehrere hundert Flieger dienten dann in Verbänden der Royal Air Force und flogen Einsätze mit Jagdflugzeugen und Bombern mit außerordentlichem Erfolg. Während der Luftschlacht über England 1940 entstanden allein drei Jagdgeschwader innerhalb der Royal Air Force, die – mit britischen Flugzeugen ausgerüstet und von tschechoslowakischen Piloten geflogen – an der Verteidigung des Inselstaates teilnahmen. Bei Luftkämpfen über dem Festland und dem Kanal wurden 56 deutsche Flugzeuge abgeschossen. Einer der erfolgreichsten tschechoslowakischen Jagdflieger war Josef František, der bis September 1940 17 Luftsiege verbuchen konnte. Während des gesamten Krieges vernichteten die tschechoslowakischen Piloten der RAF 313 deutsche Flugzeuge.

Auch an den Operationen gegen Ziele in Deutschland nahmen tschechoslowakische Flieger als Besatzungen britischer Bomber teil. 530 Tschechoslowaken fielen während des zweiten Weltkrieges als Angehörige der RAF.

Tschechoslowakische Emigranten, die in Balkanländer geflohen waren, bildeten dort eine militärische Gruppe, deren Kern das 11. Infanterieregiment wurde und Ende 1941 bei Tobruk eingesetzt war.

Die Gruppe um Präsident Dr. Beneš, die nach London emigriert war, lehnte in dieser Zeit einen Vorschlag der Vertreter der KPTsch ab, tschechoslowakische Auslandsgruppen zur Befreiung der ČSR ins Leben zu rufen.

Blick auf die Maschinengewehre einer bei Avia gebauten B-534.
Machine-guns of a Avia build B-534.

Besichtigung in einer Fliegereinheit.
Inspection by a unknown squadron.

In der UdSSR war hingegen am 18. Juli 1941 die Formierung einer tschechoslowakischen militärischen Einheit auf sowjetischem Territorium vereinbart worden. Das Militärabkommen vom 27. September 1941 enthielt die Grundsätze und Bedingungen der militärischen Zusammenarbeit bei der Schaffung von Einheiten einer souveränen Tschechoslowakischen Republik. Diese Einheiten waren für den Kampf gegen Deutschland vorgesehen. Bei gemeinsamen Operationen unterstanden sie zunächst dem Oberkommando der Roten Armee.

Bereits am 5. Februar 1942 begann man in Basuluk am Ural mit der Aufstellung des ersten Bataillons. Rekrutiert wurden tschechoslowakische Staatsbürger und Sowjetbürger mit tschechoslowakischer Herkunft.

Am 20. Oktober 1943 erhielt der Kommandeur des Ersatzregiments in Basuluk Befehl, 25 Mann für die Flugzeugführerausbildung auszuwählen. Auch aus der inzwischen im Fronteinsatz befindlichen 1. selbständigen Brigaden wurden Angehörige für das fliegende Personal geworben.

Am 3. Mai 1944 entstand dann in Iwanowo die erste selbständige Jagdfliegerstaffel. Vier Wochen später wurde in Kubinka das 1. Tschechoslowakische Jagdfliegerregiment aufgestellt.

Am 29. August 1944 erhoben sich Partisanen und ihre Mitstreiter zum Slowakischen Nationalaufstand. Anfang September begann darauf die Karpaten-Dukla-Operation, und am 17. September landeten Flugzeuge des 1. Tschechoslowakischen Jagdfliegerregiments als erste Auslandseinheiten auf dem Boden der Heimat. Dieser denkwürdige Tag wird heute in der ČSSR als Tag der Luftstreitkräfte begangen.

Am 25. September 1944 setzten sowjetische Transportmaschinen auf dem Flugplatz Tri Duby Kräfte der 1. Tschechoslowakischen Luftlandebrigade ab, die in die Kämpfe eingriffen und die Aufständischen unterstützten.

Am 7. Dezember 1944 erging der Befehl zur Aufstellung der 1. Tschechoslowakischen gemischten Fliegerdivision in der UdSSR mit einem Schlachtgeschwader und zwei Jagdgeschwadern.

Nur wenige Tage nach der Konstituierung der Regierung der Nationalen Front der Tschechen und Slowaken am 4. April 1945 in Košice wurde beim Präsidium dieser Regierung ein Militärrat gebildet.

Inzwischen waren die Fronten des zweiten Weltkrieges auf tschechoslowakischem Gebiet angelangt. In Praha setzten Patrioten das Signal zum Aufstand, und in den Abendstunden des 5. Mai 1945 hatten sich innerhalb der Stadt schon reguläre Kampfgruppen gebildet. Aus dem Norden, dem Raum Ostrava und dem Süden des Landes stießen sowjetische Truppen auf Praha vor, das sie am 9. Mai 1945 endgültig befreiten. Überall im Land wehten nun wieder die weiß-rot-blauen Fahnen einer befreiten Tschechoslowakei. Am 10. Mai 1945 zog die Regierung in die Hauptstadt. Unter

Der erste Tag nach dem Sieg: Sowjetische Polikarpow Po-2 auf einem tschechoslowakischen Flugplatz.
The first day of peace. Soviet Polikarpov Po-2 on a cz. airfield.

C-3 A

MiG-15

dem Kommando des Militärrates wurde die 1. Tschechoslowakische Armee gebildet.

Auch Dr. Beneš kehrte mit seinen Mitarbeitern aus London zurück und übernahm die Funktion des Staatsoberhauptes. In seiner Eigenschaft als Präsident der ČSR und Oberster Befehlshaber der Armee galt die Hauptaufgabe der Stärkung der Republik. Für die Streitkräfte bedeutete das die Sicherung der Grenzen, die Hilfe bei der Organisation der Produktion und – nicht zuletzt – Aufräumungsarbeiten. Die Flugplätze des Landes glichen in diesen Tagen Trümmerfeldern.

Neuaufbau nach der Befreiung vom Faschismus

Reconstruction after Liberation of Fascism

Ein wichtiger Abschnitt bei der Neuorganisation der tschechoslowakischen Armee war der Aufbau der Luftstreitkräfte. Die Forderungen hierfür lauteten: Ausbildung von Kadern, Schaffung neuer Flugzeuge und Errichtung technischer Basen, einschließlich der Instandsetzung der Flugplätze.

In Praha nahm die Militärhochschule die ersten Kursanten auf. In Hradec Králové entstand die erste Militärfliegerakademie nach dem zweiten Weltkrieg. Eine Fliegerschule nahm in Prostejov ihren Lehrbetrieb auf. Als weitere militärische Lehranstalten notwendig wurden, richtete man eine spezielle Schule für die Luftstreitkräfte ein, zumal außer Piloten auch Techniker, Fachleute für Flugsicherung und Nachrichtenspezialisten benötigt wurden.

Bereits das Regierungsprogramm von Košice sah eine einheitliche Ausrüstung der tschechoslowakischen Armee mit sowjetischen Waffen vor. Diese Voraussetzung für die Verteidigungsbereitschaft verhinderten aber bis zum Februar 1948 die bourgeoisen Kräfte in der Regierung.

Aus diesem Grund übernahmen die Luftstreitkräfte zunächst Flugzeuge aus der wiederangelaufenen Produktion einiger Typen, die noch auf Konstruktionen der deutschen Luftwaffe basierten, wie die Ar 96, die Bf 109 oder die Siebel 204. Die Konstruktionsbüros hatten allerdings damit begonnen, diese Flugzeugtypen auf der Basis vorhandener Materialreserven zu überarbeiten und teilweise zu verbessern. So wurden unter anderem neue oder andere Triebwerke verwendet, Zellenteile verändert und andere Waffen eingebaut.

Ab Mitte 1947 verstärkte sich deutlich der Widerstand der Bourgeoisie gegen die tschechoslowakisch-sowjetischen Beziehungen. Das brachte vor allem Schwierigkeiten bei der Schaffung einheitlich geführter Streitkräfte. Die innenpolitische Krise brach in der letzten Februarwoche des Jahres 1948 offen aus. Minister der Partei der Nationalen Demokraten, der Volkspartei und der Slowakischen Demokratischen Partei traten zurück. Der Versuch, einen Machtwechsel zu erreichen, scheiterte am Willen des Volkes der Tschechen und Slowaken. Eine Regierung der erneuernden Nationalen Front wurde berufen. Das nationale Sicherheitskorps hatte wesentlichen Einfluß auf einen friedlichen Verlauf der Ereignisse. Angemerkt sei an dieser Stelle, daß das Sicherheitskorps bereits zu diesem Zeitpunkt eigene Fliegerkräfte besaß.

In seiner Rede vom 23. Februar 1948 betonte der damalige Minister für nationale Verteidigung, Ludvik Svoboda, vor dem Zentralen Aktionsausschuß der Nationalen Front, daß die Armee zum Volke und zur demokratischen Ordnung stünde. Das war eine wesentliche Voraussetzung für die Neuordnung.

Am 14. Juni 1948 trat Edvard Beneš zurück, und Klement Gottwald wurde zum Präsidenten der Republik gewählt. Dem Neuaufbau der Republik war damit politisch der Weg bereitet. Auch für den weiteren Aufbau der Armee hatte dies wesentliche Bedeutung.

Noch Ende der 40er Jahre besaßen die tschechoslowakischen Luftstreitkräfte 13 verschiedene Flugzeugtypen. 75 % davon waren ausländischen Ursprungs, es handelte sich vor allem um US-amerikanische, britische und deutsche Maschinen. Diese Typenvielfalt erforderte nicht nur komplizierte Wartungs- und Reparaturtechnik, sondern erschwerte ebenfalls das gesamte Ausbildungsprogramm der Piloten und Techniker.

Das Zentralkomitee der KPTsch beschloß im Februar 1950 die Umbewaffnung der Armee. Die gesamte Militärtechnik sollte auf die sowjetische Technik umgerüstet werden. Bis zum Jahr 1953 mußte die Produktion reorganisiert und die Ausrüstung der Armee gesichert sein. Dazu wurden auch sowjetische Lizenzen erworben.

Die Aero L-39 gehört zu den modernsten Strahltrainern aus eigener Produktion.
The Aero L-39-modern jet-trainer of own production.

0115

Der Anteil der Verteidigungsproduktion wuchs von 4 % im Jahr 1950 auf 27 % des Maschinenbaupotentials 1953. Zusätzlich wurden für Waffen und Gerät Lieferverträge mit der Sowjetunion abgeschlossen.

Die tschechoslowakische Luftfahrtindustrie war bereits 1952 unabhängig von ausländischen Lieferanten und produzierte alles, was zur Herstellung eines Flugzeuges benötigt wurde. Während der Entwicklung von Schul- und Übungsflugzeugen im eigenen Institut und in einigen Werken alle Unterstützung zuteil wurde, übernahm man aus der UdSSR die gesamte Dokumentation für ein strahlgetriebenes Jagdflugzeug, die MiG-15. Sowjetische Fachleute beteiligten sich an der Einrichtung und Produktionsaufnahme dieser Lizenz.

Ende 1954 waren die Ziele der Umrüstung in fast allen Waffengattungen erreicht. Lediglich im Bereich der Luftstreitkräfte war die Umstellung auf strahlgetriebene Flugzeuge noch nicht abgeschlossen.

Die neue Technik verlangte auch eine Erneuerung der Ausbildung. Neue Offizierschulen entstanden, die in mehrjährigem Studium ⟨zwei und drei Jahre⟩ Flieger, Nachrichtenoffiziere speziell der Luftstreitkräfte und fliegertechnisches Personal ausbilden. Das Netz der Militärhochschulen wurde ausgebaut.

Ende der 50er Jahre waren die Jagd-, Jagdbomben-, Bomben- und Aufklärungsfliegerkräfe weitgehend umgerüstet. Nachdem bereits 1955 die MiG-15 und MiG-15bis durch die MiG-17 ergänzt worden waren, konnten wenige Jahre später die Überschalljagdflugzeuge MiG-19 in Dienst gestellt werden.

In den Bombenfliegerkräften waren alle propellergetriebenen Maschinen durch die strahlgetriebene Il-28 ersetzt worden.

Im Laufe der 60er Jahre kamen dann die MiG-21, die in verschiedensten Versionen und Bewaffnungen noch heute im Diensthabenden System ihre Aufgaben erfüllen. Die Jagdbombengeschwader erhielten zu dieser Zeit die Version Suchoj Su-7, deren Fluggeschwindigkeiten im Bereich von mehr als Mach 1,6 lagen.

Bedeutende Veränderungen gab es auch bei den Transportfliegern. Ihr Flugzeugpark bestand zu großen Teilen aus der leistungsfähigen Il-14, die als Avia-14 in Lizenz gefertigt wurde. Dann übernahm man Flugzeuge mit PTL-Triebwerken.

Heute sind die Streitkräfte der ČSSR ein untrennbarer Bestandteil der sozialistischen Staatsordnung. Das Wehrgesetz der Tschechoslowakei legt die Aufgaben, die Zusammensetzung und die Organisation der Streitkräfte fest. Die einzelnen Teilstreitkräfte sind zur Lösung ihrer Hauptaufgabe, dem Schutz der Heimat, fest in die sozialistische Verteidigungskoalition der Staaten des Warschauer Vertrages eingebunden.

In dieser Aufgabe obliegt es den Luftstreitkräften, den Luftraum der ČSSR zu schützen und Angriffe auf ihre Grenzen zurückzuweisen. Dafür stehen starke Jagd- und Jagdbombenfliegerkräfte zur Verfügung.

Die Fliegerregimenter sind gegegenwärtig mit neuestem Luftfahrtgerät ausgerüstet. Zum Bestand der Einheiten zählen vorrangig Mikojan-Schwenkflügler unterschiedlicher Einsatzcharakteristika und moderne Jagdbomber Su-25.

Die Ausbildung der Piloten wird auf den Strahltrainer Let L-39 konzentriert, der aus eigener Produktion stammt. Auch die neue STOL-Version der L-410, die UVP, hat Eingang in die Transportfliegerkräfte gefunden.

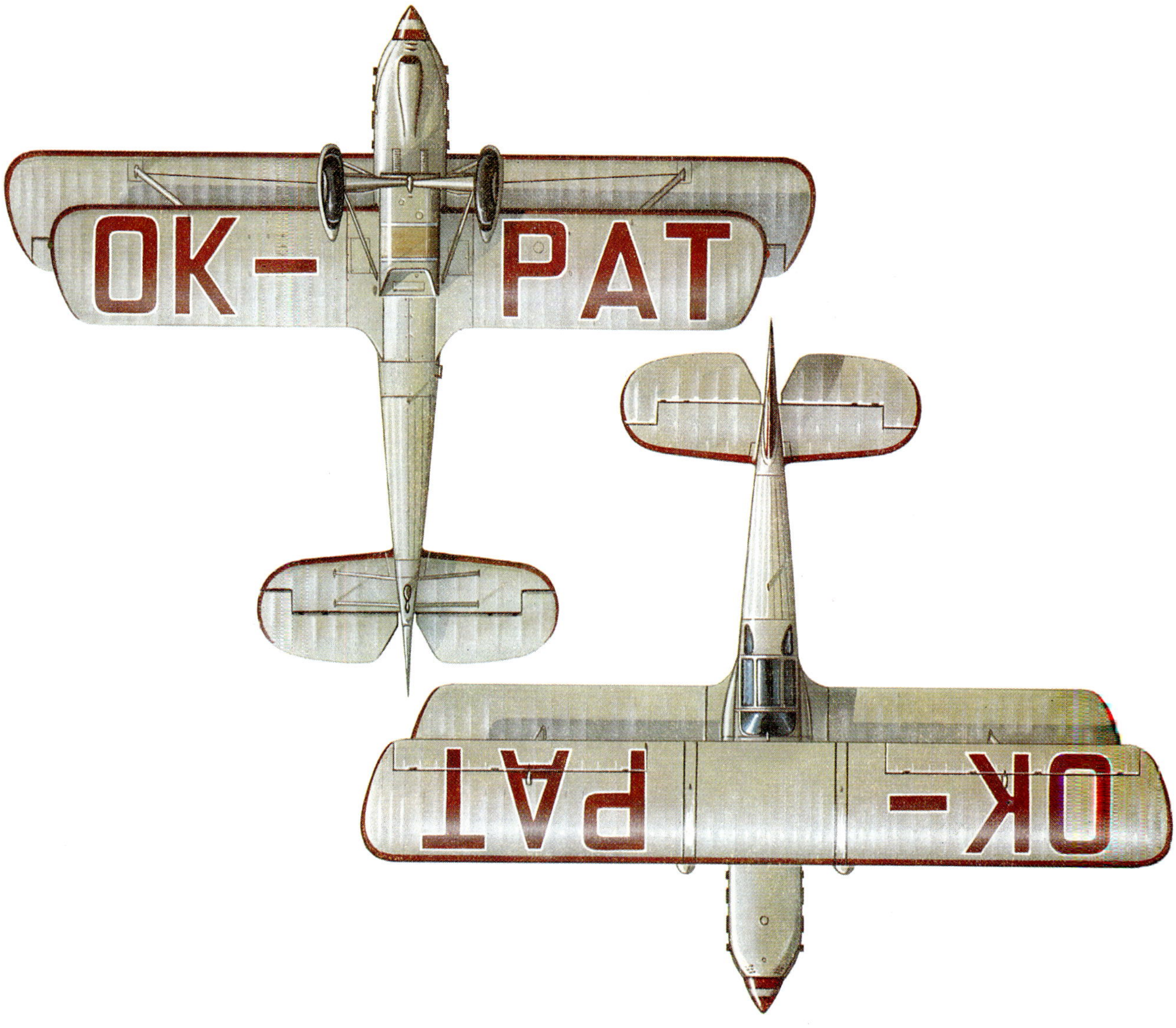

AVIA B-534

Be-50 «BETA MINOR»

Be-150 «BETA JUNIOR»

Be-250 «BETA MAJOR»

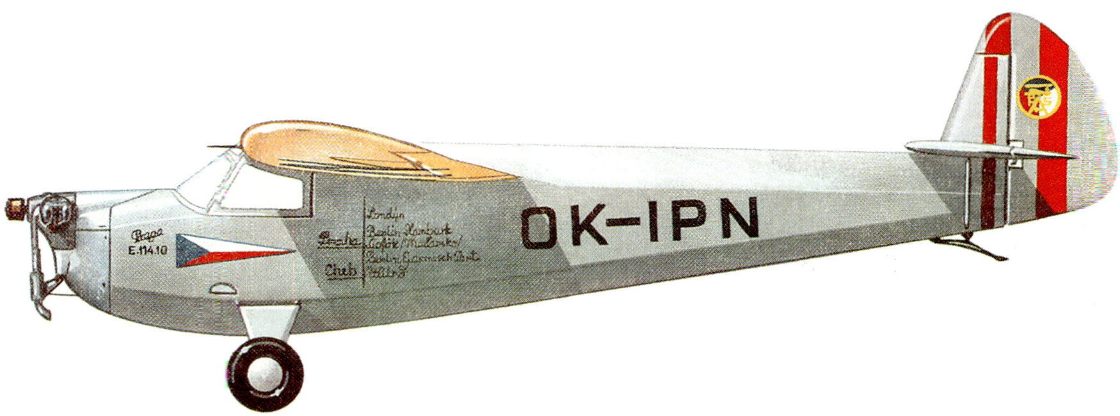

Be-60 «BESTIOLA»

Be-550 «BIBI»

PRAGA E-114 «AIR BABY»

ZLIN Z-XII

ZLIN Z-22

ŠKODA-KAUBA V-4

ZLIN Z-26

ZLIN Z-226 AD «AKROBAT»

ZLIN Z-226 AFS «AKROBAT»

ZLIN Z-526 AFS

ZLIN Z-50 L

L-200 «MORAVA»

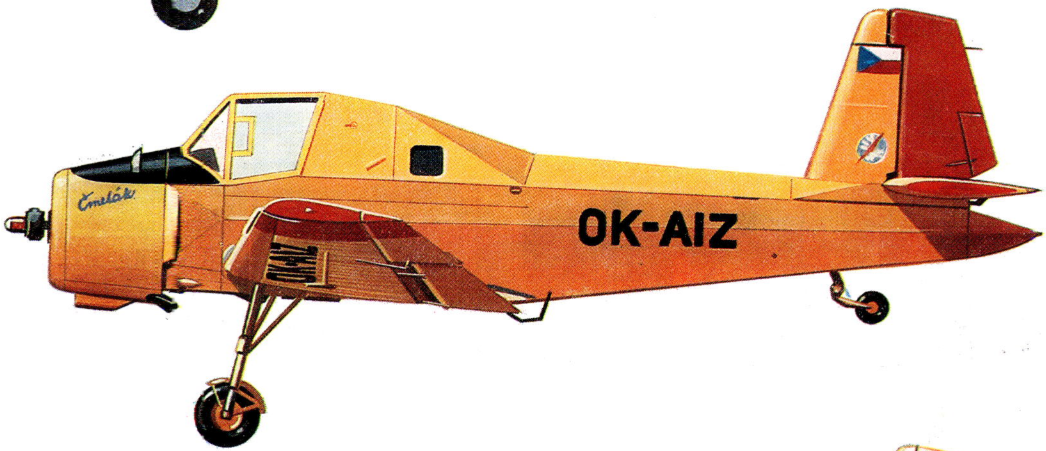

L-60 «BRIGADYR»

Z-37 «CMELAK»

Z-37 T

Z-42

Z-43

Z-142

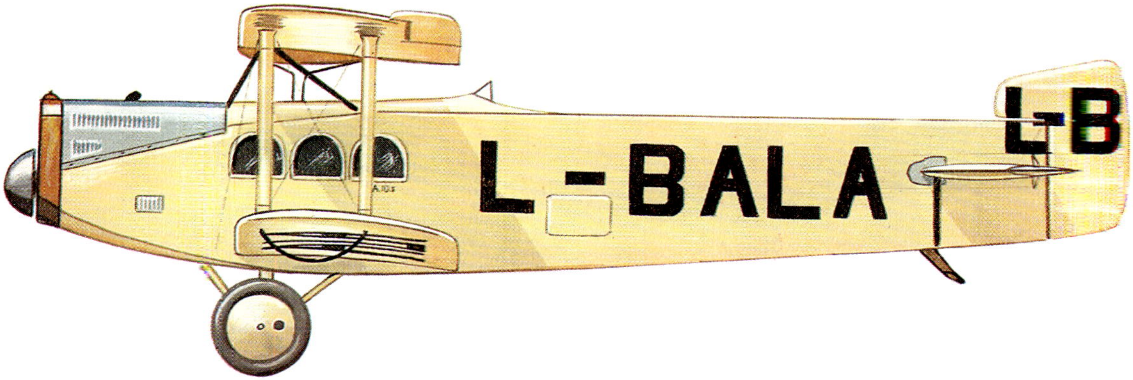

AERO A-10

AERO A-14

AERO A-38

LETOV Š-32

LETOV Š-328

LET L-410

AVIA B-21

AVIA B-23

AVIA B-21 ⟨SABCA-Lizenz⟩

PRAGA E-39

LETOV Š-328

AVIA B-534

AERO A-100

AVIA B-35

AVIA AV-135 ⟨Bulgarien⟩

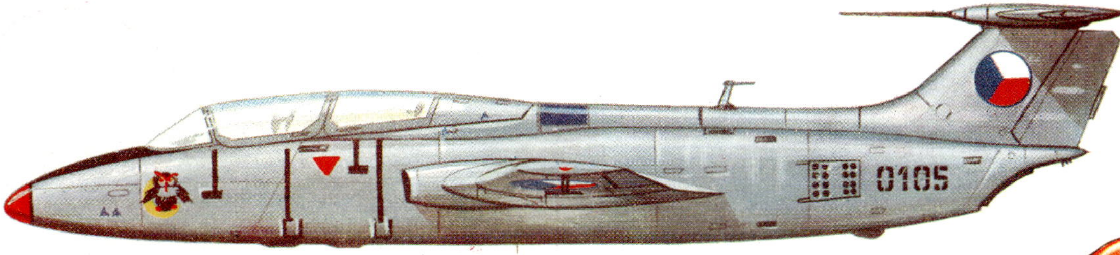

L-29 «DELPHIN»

L-39 C «ALBATROS» ⟨DDR/NVA⟩

L-410 UVP ⟨Lieferung für DDR/NVA⟩

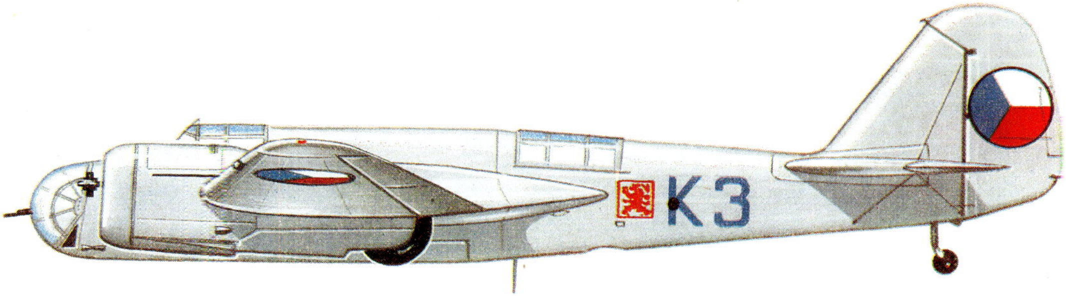

B-71 ⟨Lizenz der SB-2/UdSSR⟩

C-2 ⟨mod. Nachbau Ar 96/Deutschland⟩

C-104 ⟨Lizenz Bü 131/Deutschland⟩

C 3 B ⟨Nachbau Siebel 204/Deutschland⟩

B-33 ⟨Lizenz Il-10/UdSSR⟩

S-102 ⟨Lizenz MiG-15/UdSSR⟩

Typenteil

Aircraft Types

Anmerkungen:
Die Abkürzungen bei jedem Flugzeugtyp bedeuten:
Sp. = Spannweite
L. = Länge

Note:
The abbreviations by every type of aircraft:
Sp. = Span
L. = Length

Übersicht über die tschechoslowakischen Flugzeuge 1918 bis heute

Summary of Cz. Aircraft 1918 up to day

Bohemia **Flugzeugwerkstätte Plzeň**
Dilna na letadla Plzeň
Aeroplane workshop Plzeň

B-5 1919 Sportflugzeug/*sports aircraft*
Doppeldecker/*biplane*
Sp. 8,00 m; L. 8,52 m
1 × N.A.G. 29 kW

Letov **Militärflugzeugfabrik Letňany**
Vojenská továrna na letadla Letňany
Military Aircraft Factory Letňany

Š-1 **Seite**/*page* **140**

Š-2 1921 Beobachtungsflugzeug/*reconnaissance*
Doppeldecker/*biplane*
Sp. 13,02 m; L. 8,52 m
1 × Maybach IV a 191 kW
Serie

Š-3 **Seite**/*page* **148**

Š-4 1922 Jagdflugzeug/*fighter*
Doppeldecker/*biplane*
Sp. 8,10 m; L. 6,43 m
1 × Hispano Suiza 8 Ba 162 kW
Serie

Š-5 1923 Aufklärungsflugzeug/*reconnaissance*
Doppeldecker/*biplane*
Sp. 12,70 m; L. 8,30 m
1 × Hiero L 169 kW

Š-6 1923 Bombenflugzeug/*bomber*
Doppeldecker/*biplane*
Sp. 15,69 m; L. 8,35 m
1 × Maybach IV a 191 kW
Serie

Š-7 1923 Jagdflugzeug/*fighter*
Doppeldecker/*biplane*
Sp. 9,30 m; L. 6,97 m
1 × Škoda HS 8 Fb 220 kW

Š-8 **Seite**/*page* **138**

Š-12 1924 Jagdflugzeug/*fighter*
Hochdecker/*high wing*
Sp. 9,40 m; L. 6,58 m
1 × Hispano Suiza 8 Ba 162 kW

Š-13 1924 Jagdflugzeug/*fighter*
Doppeldecker/*biplane*
Sp. 9,00 m; L. 6,97 m
1 × Škoda HS 8 Fb 220 kW

Š-14 1924 Jagdflugzeug/*fighter*
Doppeldecker/*biplane*
Sp. 8,10 m; L. 6,43 m
1 × Škoda HS 8 Fb 220 kW

Š-16 **Seite**/*page* **168**

Š-616 1930 Bombenflugzeug/*bomber*
Doppeldecker/*biplane*
Sp. 15,30 m; L. 10,40 m
1 × Hispano Suiza 12 Nbr 478 kW
Serie

Š-18 1925 Schulflugzeug/*trainer*
Doppeldecker/*biplane*
Sp. 10,00 m; L. 6,68 m
1 × Walter NZ 120 88 kW
Serie

Š-218 1926 Schulflugzeug/*trainer*
Doppeldecker/*biplane*
Sp. 10,00 m; L. 6,90 m
1 × Walter NZ 120 88 kW
Serie

Š-19 **Seite**/*page* **132**

Š-20 1925 Jagdflugzeug/*fighter*
Doppeldecker/*biplane*
Sp. 9,70 m; L. 7,44 m
1 × Škoda HS 8 Fb 220 kW
Serie

Š-21 1926 Übungsjagdflugzeug/*fighter trainer*
Doppeldecker/*biplane*
Sp. 10,10 m; L. 7,53 m
1 × Hispano Suiza 8 Aa 132 kW

Š-22 1926 Jagdflugzeug/*fighter*
Hochdecker/*high wing*
Sp. 10,18 m; L. 7,65 m
1 × Škoda L 331 kW

Š-25 1930 Übungsflugzeug/*trainer*
Doppeldecker/*biplane*
Sp. 11,35 m; L. 9,45 m
1 × Škoda HS 8 Fb 220 kW

Š-28 1929 Beobachtungsflugzeug/*reconnaissance*
Doppeldecker/*biplane*
Sp. 13,20 m; L. 9,90 m
1 × Walter Castor 177 kW

Š-228 1931 Beobachtungsflugzeug/*reconnaissance*
Doppeldecker/*biplane*
Sp. 13,20 m; L. 9,50 m
1 × Gnôme Rhône Mercury 368 kW
Serie

Š-328 **Seite**/*page* **142**

Š-528 1935 Beobachtungsflugzeug/*reconnaissance*
Doppeldecker/*biplane*
Sp. 13,71 m; L. 10,00 m
1 × Walter 14 Krsd 588 kW
Serie

Š-31 1929 Jagdflugzeug/*fighter*
Doppeldecker/*biplane*
Sp. 9,80 m; L. 7,15 m
1 × Walter Jupiter 331 kW
Serie

Š-131 1929 Jagdflugzeug/*fighter*
Doppeldecker/*biplane*
Sp. 9,80 m; L. 7,15 m
1 × BMW Hornet 386 kW

Š-231 **Seite**/*page* **158**

Š-331 1935 Jagdflugzeug/*fighter*
Doppeldecker/*biplane*
Sp. 10,06 m; L. 7,90 m
1 × Walter K-14 662 kW

Š-431 1936 Jagdflugzeug/*fighter*
Doppeldecker/*biplane*
Sp. 10,06 m; L. 7,90 m
1 × Armstrong Siddeley Tiger 500 kW

Š-32 1931 Transportflugzeug/*transporter*
Schulterdecker/*high wing*
Sp. 17,24 m; L. 11,60 m
3 × Walter Mars 107 kW
Serie

Š-33 1930 Bombenflugzeug/*bomber*
Schulterdecker/*high wing*
Sp. 21,70 m. L. ?
1 × Praga Asso 588 kW

Š-39 **Seite/***page* **76**

Š-139 1933 Sportflugzeug/*sports aircraft*
Hochdecker/*high wing*
Sp. 10,00 m; L. 6,14 m
1 × Pobjoy R 62 kW

Š-239 1933 Sportflugzeug/*sports aircraft*
Hochdecker/*high wing*
Sp. 10,00 m; L. 6,14 m
1 × Walter Minor 4 62 kW
Serie

Š-50 **Seite**/*page* **144**

Aero **Flugzeugfabrik Dr. Kabeš Praha-Vysočany**
tovarna letadel dr. Kabeš Praha-Vysočany
aircraft factory dr. Kabeš Praha-Vysočany

Al-Ma 1919 Sportflugzeug/*sports aircraft*
Mitteldecker/*middle wing*
Sp. ?; L. ?
1 × Anzani 18 kW

Ae-01 1919 Schulflugzeug/*trainer*
Doppeldecker/*biplane*
Sp. 12,30 m; L. 8,50 m
1 × Mercedes D-I 74 kW

Ae-02 **Seite**/*page* **146**

Ae-03 1920 Höhenaufklärer/*high altitude reconnaissance*
Doppeldecker/*biplane*
Sp. 8,20 m; L. ?
1 × Hispanno Suiza 8 Aa 132 kW

Ae-04 1921 Jagdflugzeug/*fighter*
Doppeldecker/*biplane*
Sp. 7,70 m; L. 5,60 m
1 × BMW III a 136 kW

A-8 1921 Transportflugzeug/*transporter*
Doppeldecker/*biplane*
Sp. 14,00 m; L. 9,30 m
1 × Maybach Mb IV 176 kW

A-10 **Seite**/*page* **130**

A-11 1924 Mehrzweckflugzeug/*utility aircraft*
Doppeldecker/*biplane*
Sp. 12,80 m; L. 8,00 m
1 × Walter W-IV 176 kW

Ab-11 **Seite**/*page* **166**

A-211 1932 Übungsflugzeug/*trainer*
Doppeldecker/*biplane*
Sp. 12,80 m; L. 8,60 m
1 × Walter Castor 176 kW
Serie

A-12 1923 Aufklärungsflugzeug/*reconnaissance*
Doppeldecker/*biplane*
Sp. 12,80 m; L. 8,30 m
1 × Maybach IV 176 kW
Serie

A-17 1922 Versuchsgleiter/*experimental glider*
Hochdecker/*high wing*
Sp. 13,80 m; L. 4,34 m
ohne Triebwerk/*without engine*

A-18 **Seite**/*page* **152**

A-18 C 1924 Rennflugzeug/*racing aircraft*
Doppeldecker/*biplane*
Sp. 5,70 m; L. 6,20 m
1 × Walter W-IV 220 kW

A-19 1925 Übungsjagdflugzeug/*fighter trainer*
Doppeldecker/*biplane*
Sp. 8,40 m; L. 7,00 m
1 × B.D. Perun I 136 kW

A-20 1923 Jagdflugzeug/*fighter*
Doppeldecker/*biplane*
Sp. 9,70 m; L. 6,60 m
1 × Škoda HS 8 Fb 200 kW

A-21 1926 Übungsflugzeug/*trainer*
Doppeldecker/*biplane*
Sp. 12,80 m; L. 8,20 m
1 × B.D. Perun I 136 kW
Serie

A-22 1924 Transportflugzeug/*transporter*
Doppeldecker/*biplane*
Sp. 12,30 m; L. 8,20 m
1 × Maybach IV 191 kW
Serie

A-23 1926 Transportflugzeug/*transporter*
Doppeldecker/*biplane*
Sp. 16,70 m; L. 12,60 m
1 × Walter Jupiter 331 kW
Serie

A-24 1924 Bombenflugzeug/*bomber*
Doppeldecker/*biplane*
Sp. 22,20 m; L. 13,70 m
2 × Maybach IV 176 kW

A-25 1925 Übungsflugzeug/*trainer*
Doppeldecker/*biplane*
Sp. 12,80 m; L. 8,10 m
1 × BMW III a 136 kW / Serie

A-125 wie/*like* A 25 1 × Perun I 136 kW

A-29 1926 Wasserflugzeug/*floatplane*
Doppeldecker/*biplane*
Sp. 12,80 m; L. 9,00 m
1 × Walter W IV 176 kW

A-30 1926 Bombenflugzeug/*bomber*
Doppeldecker/*biplane*
Sp. 15,30 m; L. 10,00 m
1 × Škoda L 331 kW
Serie

A-230 1930 Bombenflugzeug/*bomber*
Doppeldecker/*biplane*
Sp. 15,30 m; L. 10,00 m
1 × Lorraine-Dietrich 12 Cc 331 kW
Serie

A-32 1927 Schlachtflugzeug/*attack aircraft*
Doppeldecker/*biplane*
Sp. 12,40 m; L. 8,20 m
1 × Walter Jupiter 309 kW
Serie

Ap-32 1930 Schlachtflugzeug/*attack aircraft*
Doppeldecker/*biplane*
Sp. 12,80 m; L. 8,14 m
1 × Walter Jupiter 309 kW
Serie

A-34 1929 Sportflugzeug/*sports aricraft*
Doppeldecker/*biplane*
Sp. 8,80 m; L. 6,80 m
1 × Walter Vega 62 kW

A-34 J 1934 Sportflugzeug/*sports aircraft*
Doppeldecker/*biplane*
Sp. 8,70 m; L. 7,10 m
1 × Walter Junior 77 kW

A-134 1934 Sportflugzeug/*sports aircraft*
Doppeldecker/*biplane*
Sp. 8,80 m; L. 6,83 m
1 × Walter NZ 88 kW

A-35 1928 Transportflugzeug/*transporter*
Sp. 14,50 m; L. 9,70 m
1 × Walter Castor 176 kW
Serie

A-38 1928 Transportflugzeug/*transporter*
Doppeldecker/*biplane*
Sp. 16,60 m; L. 12,80 m
1 × Walter Jupiter 309 kW
Serie

A-42 **Seite**/*page* **170**

A-46 1931 Übungsflugzeug/*trainer*
Doppeldecker/*biplane*
Sp. 11,82 m; L. 8,45 m
1 × Škoda HS 8 Fb 220 kW

A-100 Seite/*page* **172**

A-101 1934 Bombenflugzeug/*bomber*
Doppeldecker/*biplane*
Sp. 17,00 m; L. 12,09 m
1 × ČKD Asso 588 kW
Serie

Ab-101 1935 Bombenflugzeug/*bomber*
Doppeldecker/*biplane*
Sp. 17,00 m; L. 12,50 m
1 × Avia oder Praga HS 12Ydrs 632 kW
Serie

A-102 1934 Jagdflugzeug/*fighter*
Schulterdecker/*high wing*
Sp. 11,50 m; L. 7,30 m
1 × Walter Mistral Major 662 kW
Serie

A-104 1937 Aufklärungsflugzeug/*reconnaissance*
Hochdecker/*high wing*
Sp. 15,50 m; L. 10,80 m
1 × ČKD HS 12 632 kW

A-200 Seite/*page* **80**

A-204 1936 Transportflugzeug/*transporter*
Tiefdecker/*low wing*
Sp. 19,20 m; L. 13,20 m
2 × Walter Pollux 265 kW

A-300 Seite/*page* **174**

A-304 1937 Beobachtungsflugzeug/*reconnaissance*
Tiefdecker/*low wing*
Sp. 19,20 m; L. 13,20 m
2 × Walter Super Castor 316 kW
Serie

Avia **Aktiengesellschaft für Flugzeugindustrie Čakovice**
akc. spckolečnost pro průmysl letecký Čakovice
Joint-stock company for Aircraft Industry Čakovice

BH-1 Exp. 1920 Erprobungsflugzeug/*test aircraft*
Tiefdecker/*low wing*
Sp. 10,08 m; L. 5,86 m
1 × Daimler 18/22 kW

BH-1 bis 1920 Erprobungsflugzeug/*test aircraft*
Tiefdecker/*low wing*
Sp. 10,08 m; L. 5,70 m
1 × Gnôme Omega 35 kW

BH-2 1921 Sportflugzeug/*sports aircraft*
Schulterdecker/*high wing*
Sp. 7,00 m; L. 5,34 m
1 × Indian 13 kW
Bau nicht beendet/ *no builded*

BH-3 Seite/*page* **150**

BH-4 1922 Jagdflugzeug/*fighter*
Tiefdecker/*low wing*
Sp. 10,25 m; L. 6,47 m
1 × Hispano Suiza 8 Ba 162 kW

BH-5 1923 Sportflugzeug/*sports aircraft*
Tiefdecker/*low wing*
Sp. 9,70 m; L. 6,56 m
1 × Anzani 51 kW

BH-6 1922 Erprobungsflugzeug/*test fighter*
Doppeldecker/*biplane*
Sp. 9,89 m; L. 6,47 m
1 × Hispano Suiza 8 Fb 220 kW

BH-7 A 1923 Jagdflugzeug/*fighter*
Schulterdecker/*high wing*
Sp. 10,40 m; L. 6,84 m
1 × Škoda HS 8 Fb 220 kW

BH-7 B 1923 Werksflugzeug/*factory developed aircraft*
Schulterdecker/*high wing*
Sp. 9,00 m; L. 6,83 m
1 × Škoda HS 8 Fb 220 kW

BH-8 1923 Erprobungsjagdflugzeug/*test fighter*
Doppeldecker/*biplane*
Sp. 9,48 m; L. 6,49 m
1 × Škoda HS 8 Fb 220 kW

BH-9 Seite/*page* **74**

BH-10 1924 Übungsflugzeug/*trainer*
für Kunstflug/*for aerobatic*
Tiefdecker/*low wing*
Sp. 8,80 m; L. 5,42 m
1 × Walter NZ 44 kW
Serie

BH-11 Seite/*page* **74**

BH-12 1924 Sportflugzeug/*sports aircraft*
Tiefdecker/*low wing*
Sp. 9,77 m; L. 6,34 m
1 × Walter NZ 44 kW

BH-16 1924 Versuchsflugzeug/*experimental aircraft*
Tiefdecker/*low wing*
Sp. 9,50 m; L. 5,14 m
1 × Vaslin Blackburne 15 kW

BH-17 1924 Jagdflugzeug/*fighter*
Doppeldecker/*biplane*
Sp. 8,86 m; L. 6,86 m
1 × Škoda HS 8 Fb 220 kW
Serie

BH-19 1924 Jagdflugzeug/*fighter*
Tiefdecker/*low wing*
Sp. 10,80 m; L. 7,37 m
1 × Škoda HS 8 Fb 220 kW

BH-20 1924 Kunstflugzeug/*aerobatic aircraft*
Doppeldecker/*biplane*
Sp. 7,88 m; L. 6,29 m
1 × Walter NZ 44 kW

BH-21 **Seite**/*page* **154**

BH-22 1925 Jagdflugzeug/*fighter*
Doppeldecker/*biplane*
Sp. 8,90 m; L. 6,87 m
1 × Hispano Suiza 8 Aa 132 kW
Serie

BH-25 **Seite**/*page* **134**

BH-26 1926 Jagdflugzeug/*fighter*
Doppeldecker/*biplane*
Sp. 10,80 m; L. 8,85 m
1 × Walter Jupiter 331 kW

BH-28 1927 Aufklärungsflugzeug/*reconnaissance*
Doppeldecker/*biplane*
Sp. 11,80 m; L. 9,05 m
1 × Siddeley Jaguar 283 kW

BH-29 1927 Schulflugzeug/*trainer*
Doppeldecker/*biplane*
Sp. 9,80 m; L. 7,40 m
1 × Walter NZ 62 kW

BH-33 **Seite**/*page* **156**

B-34 1932 Jagdflugzeug/*fighter*
Doppeldecker/*biplane*
Sp. 9,40 m; L. 7,25 m
1 × Avia Vr 36 478 kW
Serie

B-534 **Seite**/*page* **160**

B-35 **Seite**/*page* **164**

B-135 **Seite**/*page* **164**

B-122 1934 Kunstflugzeug/*aerobatic aircraft*
Doppeldecker/*biplane*
Sp. 8,85 m; L. 6,80 m
1 × Walter Castor 191 kW
Serie

Ba-122 1936 Kunstflugzeug/*aerobatic aircraft*
Doppeldecker/*biplane*
Sp. 8,85 m; L. 6,80 m
1 × Avia Rk-17 261 kW
Serie

Avia 51 1933 Transportflugzeug/*transporter*
Schulterdecker/*high wing*
Sp. 15,10 m; L. 10,75 m
3 × Avia R 12 147 kW

Avia 156 1934 Transportflugzeug/*transporter*
Schulterdecker/*high wing*
Sp. 15,10 m; L. 10,55 m
1 × Avia HS 12 625 kW

Avia 57 1935 Transportflugzeug/*transporter*
Tiefdecker/*low wing*
Sp. 22,50 m; L. 15,90 m
3 × HS Cyclone 423 kW

B-158 1938 Bombenflugzeug/*bomber*
Tiefdecker/*low wing*
Sp. 16,00 m; L. 12,00 m
2 × Avia HS 12 625 kW

Škoda Werke Plzeň
Škodavy zavody Plzeň
Škoda Plants Plzeň

P-2 1927 Beobachtungsflugzeug/*reconnaissance*
Doppeldecker/*biplane*
Sp. + L. unbekannt/*unknown*
1 × Wright Whirlwind 176 kW

ČKD «Praga» **Böhmisch-Mährischer Konzern Kolben-Danek Praha-Karlin**
Česko moravska koncernu Kolben-Danek Praha-Karlin
Bohemian-moravian Concern Kolben-Danek Praha-Karlin

BH-36 1933 Bombenflugzeug/*bomber*
Doppeldecker/*biplane*
Sp. 14,20 m; L. 9,67 m
1 × Avia NZ 120 478 kW

BH-39 **Seite**/*page* **86**

BH-41 1931 Übungsflugzeug/*trainer*
Doppeldecker/*biplane*
Sp. 11,15 m; L. 7,72 m
1 × Škoda HS 8 Fb 220 kW
Serie

BH-44 1931 Jagdflugzeug/*fighter*
Doppeldecker/*biplane*
Sp. 9,25 m; L. 7,62 m
1 × Praga ESV 478 kW

BH-111 1932 Sportflugzeug/*sports aircraft*
Tiefdecker/*low wing*
Sp. 10,50 m; L. 7,40 m
1 × DH Gipsy III 81 kW

E-39 **Seite**/*page* **86**

E-40 1937 Schulflugzeug/*trainer*
Doppeldecker/*biplane*
Sp. 9,00 m; L. 8,11 m
1 × Walter Minor I 62 kW

E-45 **Seite**/*page* **162**

E-51 1938 Beobachtungsflugzeug/*reconnaissance*
Tiefdecker/*low wing*
Sp. 15,60 m; L. 11,69 m
2 × Walter Sagitta I MR 405 kW

E-114 **Seite**/*page* **78**

E-115 1937 Sportflugzeug/*sports aircraft*
Schulterdecker/*high wing*
Sp. 10,80 m; L. 6,80 m
1 × Praga B 29 kW

E-117 1938 Sportflugzeug/*sports aircraft*
Schulterdecker/*high wing*
Sp. 10,80 m; L. 6,80 m
1 × Praga D 44 kW

E-210 1937 Lufttaxi/*airtaxi*
Schulterdecker/*high wing*
Sp. 12,50 m; L. 8,42m
2 × Walter Minor I 62 kW

E-214 1936 Sportflugzeug/*sports aircraft*
Schulterdecker/*high wing*
Sp. 11,00 m; L, 7,00 m
1 × Pobjoy R 55 kW

E-241 1936 Übungsflugzeug/*trainer*
Doppeldecker/*biplane*
Sp. 11,15 m; L. 8,30 m
1 × Walter Pollux II 265 kW
Serie

Mährisch-schlesische Waggonfabrik «Tatra» Studenka
Moravsko-slezská vagonka «Tatra» Studenka
Moravan-silesia railway-carriage factory "Tatra" Studenka

T-1 1937 Sportflugzeug/*sports aircraft*
Tiefdecker/*low wing*
Sp. 9,00 m; L. 6,62 m
1 × Tatra HM 504 72 kW

T-101 1938 Sportflugzeug/*sports aircraft*
Tiefdecker/*low wing*
Sp. 13,00 m; L. 6,62 m
1 × Tatra HM 504 72 kW

T-201 1938 Sportflugzeug/*sports aircraft*
Tiefdecker/*low wing*
Sp. 10,00 m; L. 6,90 m
1 × Tatra HM 504 72 kW

T-301 1938 Sportflugzeug/*sports aircraft*
Tiefdecker/*low wing*
Sp. 10,00 m; L. 6,90 m
1 × Tatra HM 504 72 kW

Zlin Flugzeug Aktiengesellschaft Otrokovice
Zlinská letecka akciova společnost Otrokovice
Zlin Joint-stock aircraft company Otrokovice

Z-IX 1936 Sportflugzeug/*sports aircraft*
Tiefdecker/*low wing*
Sp. 9,00 m; L. 5,50 m
1 × Salmson 9 kW

Z-XI 1934 Sportflugzeug/*sports aircraft*
Tiefdecker/*low wing*
Sp. 10,00 m; L. 5,00 m
1 × Continental 26 kW

Z-XII **Seite**/*page* **84**

Z-XIII **Seite**/*page* **90**

Z-XV 1939 Sportflugzeug/*sports aircraft*
Tiefdecker/*low wing*
Sp. 9,80 m; L. 7,20 m
1 × Toma 4 77 kW

Fabrik für Flugzeugbau Ing. P. Beneš und Ing. J. Mráz Choceň
Továrna na letadla inz. P. Beneš a inz. J. Mráz Choceň
Aircraft Factory eng. P. Beneš and eng. J. Mráz Choceň

Be-50 1935 Schulflugzeug/*trainer*
Tiefdecker/*low wing*
Sp. 12,16 m; L. 7,76 m
1 × Walter Minor 4-I 62 kW
Serie

Be-150 1936 Sport- und Schulflugzeug/*sports aircraft*
Tiefdecker/*low wing*
Sp. 12,16 m; L. 7,60 m
1 × Walter Junior 77 kW
Serie

Be-250 1936 Sportflugzeug/*sports aircraft*
Tiefdecker/*low wing*
Sp. 10,66 m; L. 7,55 m
1 × Walter Major 4 96 kW
Serie

Be-51 1937 Reiseflugzeug/*travel aircraft*
Tiefdecker/*low wing*
Sp. 11,44 m; L. 7,76 m
1 × Walter Minor 4-I 62 kW
Serie

Be-251 1938 Reiseflugzeug/*travel aircraft*
Tiefdecker/*low wing*
Sp. 10,66 m; L. 7,00 m
1 × Walter Major 4 96 kW
Projekt

Be-52 **Seite**/*page* **88**

Be-56 1936 Kunstflugzeug/*aerobatic aircraft*
Tiefdecker/*low wing*
Sp. 10,66 m; L. 7,55 m
1 × Walter Major 4 96 kW

Be-156 1935 Sportflugzeug/*sports aircraft*
Tiefdecker/*low wing*
Sp. 10,66 m; L. 7,47 m
1 × Walter Major 6 140 kW

Be-60 **Seite**/*page* **82**

Be-501 1936 Sportflugzeug/*sports aircraft*
Tiefdecker/*low wing*
Sp. 8,50 m; L. 6,02 m
1 × Walter Mikron II 48 kW

Be-502 1936 Sportflugzeug/*sports aircraft*
Tiefdecker/*low wing*
Sp. 8,50 m; L. 5,85 m
1 × Walter Minor 4-I 62 kW

Be-550 1936 Sportflugzeug/*sports aircraft*
Tiefdecker/*low wing*
Sp. 11,50 m; L. 7,15 m
1 × Walter Mikron II 48 kW
Serie

Be-555 1938 Sportflugzeug/*sports aircraft*
Tiefdecker/*low wing*
Sp. 10,00 m; L. 7,02 m
1 × Walter Minor 4-I 62 kW
Serie

«Ardea» Firma J. Přikryl und F. Blecha Praha-Vinohrady

Firm J. Přikryl and F. Blecha Praha-Vinohrady

PB-1 1921 Sportflugzeug/*sports aircraft*
Schulterdecker/*high wing*
Sp. 10,50 m; L. ?
1 × Hiero 56 kW

PB-2 1922 Sportflugzeug/*sports aircraft*
Doppeldecker/*biplane*
Sp. 10,50 m; L. 6,25 m
1 × ENV 75 55 kW

PB-4 1930 Sportflugzeug/*sports aircraft*
Hochdecker/*high wing*
Sp. 8,70 m; L. 5,70 m
1 × Orion LL 23 kW

PB-5 1931 Sportflugzeug/*sports aircraft*
Hochdecker/*high wing*
Sp. 10,50 m; L. 6,66 m
1 × Pobjoy R 55 kW

PB-6 1934 Sportflugzeug/*sports aircraft*
Hochdecker/*high wing*
Sp. 10,00 m; L. 6,30 m
1 × Orion LL 29 kW

Während der Okkupation 1939–1945 durch faschistische Truppen.
During the occupation 1939–1945 by fascist troops.

Škoda Kauba Flugzeugbau Praha Pořič

Škoda-Kauba Aircraft construction Praha-Pořič

SK-V1 1941 Versuchsflugzeug/*experimental aircraft*
Tiefdecker/*low wing*
Sp. 6,70 m; L. ?
1 × Hirth 504 A 77 kW

V-2 1941 Versuchsflugzeug/*experimental aircraft*
Tiefdecker/*low wing*
Sp. 6,70 m; L. ?
1 × Hirth 504 A 77 kW

V-3 1942 Versuchsflugzeug/*experimental aircraft*
Tiefdecker/*low wing*
S. ?; L. ?
1 × Hirth 504 A 77 kW

V-4 1943 Übungsflugzeug/*trainer*
Tiefdecker/*low wing*
Sp. 7,60 m; L. 5,60 m
Serie SK 257

V-5 Versuchsflugzeug/*experimental aircraft*
nur Projekt/*only project*

SL-6 1944 Versuchsflugzeug/*experimental aircraft*
Mitteldecker/*mid wing*
Sp. 6,10 m; L. ?
1 × Hirth 504 A 77 kW Druckluftschraube

V-7 1944 Versuchsflugzeug/*experimental aircraft*
Tiefdecker/*low wing*
Sp. 6,10 m; L. ?
1 × Walter Mikron II 44 kW

V-8 1944 Sportflugzeug/*sports aircraft*
Tiefdecker/*low wing*
Sp. 7,95 m; L. ?
1 × Hirth 504 A 77 kW

Nach der Okkupation der ČSR durch die deutschen Truppen 1939 bildete sich unter der klerikal-faschistischen Hlinka-Partei der Slowakische Staat.
After the occupation of the ČSR by german troops constitutes the clerical-fascist Hlinka-party the slovak state.

Fabrik für Flugzeugbau Ing. J. Mráz Nitra

Továren na letadla inz. Mráz Nitra

Factory for aircraft eng. J. Mráz Nitra

Zobor-I 1942 Sportflugzeug/*sports aircraft*
Tiefdecker/*low wing*
Sp. 10,00 m; L. 7,07 m
1 × Walter Minor 4-I 62 kW
Serie

Nach Mai 1945
After May 1945

Nationalunternehmen «Orličan» Choceň
«Orličan», narodny podnik Choceň
Nationnal management «Orličan» Choceň

M-1A 1946 Sportflugzeug/*sports aircraft*
Tiefdecker/*low wing*
Sp. 10,00 m; L. 7,17 m
1 × Walter Minor 4-III 77 kW
Serie

M-1 C + D 1947 Sportflugzeug/*sports aircraft*
Tiefdecker/*low wing*
Sp. 10,00 m; L. 7,35 m
1 × Walter Minor 4-III 77 kW
Serie

M-1E 1949 Sportflugzeug/*sports aircraft*
Schwimmerflugzeug/*floatplane*
Tiefdecker/*low wing*
Sp. 10,00 m; L. 7,35 m
1 × Walter Minor 4-III 77 kW

M-2 1948 Schulflugzeug/*trainer*
Tiefdecker/*low wing*
Sp. 10,00 m; L. 6,75 m
1 × Praga D 55 kW

M-3 **Seite**/*page* **94**

XLD-40 1950 Reiseflugzeug/*travel aircraft*
Tiefdecker/*low wing*
Sp. 10,00 m; L. 7,15 m
1 × Walter Minor 4-III 77 kW

L-40 **Seite**/*page* **100**

Nationalunternehmen «Moravan» Otrokovice
«Moravan», narodny podnik Otrokovice
National management «Moravan» Otrokovice

Z-20 1946 Transportflugzeug/*transporter*
Tiefdecker/*low wing*
Sp. 15,00 m; L. 10,25 m
2 × Argus As 10 177 kW

Z-22 **Seite**/*page* **92**

Z-122 1946 Sportflugzeug/*sports aircraft*
Tiefdecker/*low wing*
Sp. 10,60 m; L. 7,40 m
1 × Toma 4 77 kW

Z-26 1947 Schulflugzeug/*trainer*
Tiefdecker/*low wing*
Sp. 10,26 m; L. 7,49 m
1 × Walter Minor 4-III 77 kW
Serie

Z-126 **Seite**/*page* **96**

Z-226 A 1956 Kunstflugzeug/*aerobatic aircraft*
Tiefdecker/*low wing*
Sp. 10,28 m; L. 7,83 m
1 × Walter Minor 6-III 117 kW
Serie

Z-226 AS 1936 Kunstflugzeug/*aerobatic aircraft*
«Spezial»

Z-226 B 1955 Schleppflugzeug/*towing aircraft*

Z-226 T 1956 Schulflugzeug/*trainer*

Z-326 **Seite**/*page* **98**

Z-526 **Seite**/*page* **104**

Flugzeugwerk «Praga» Praha-Karlin
Letadla zavodu «Praga» Praha-Karlin
Aircraft factory «Praga» Praha-Karlin

E-55 **Seite**/*page* **126**

E-112 1947 Schulflugzeug/*trainer*
Tiefdecker/*low wing*
Sp. 10,65 m; L. 7,60 m
1 × Walter Minor 4-III 77 kW

E-114 D 1946 Sportflugzeug/*sports aircraft*
Schulterdecker/*high wing*
Sp. 11,00 m; L. 6,60 m
1 × Praga D 55 kW
Serie

E-114 M 1946 Sportflugzeug/*sports aircraft*
Schulterdecker/*high wing*
Sp. 11,00 m; L. 7,12 m
1 × Walter Mikron III 48 kW
Serie

E-117 1946 Sportflugzeug/*sports aircraft*
Schulterdecker/*high wing*
Sp. 10,80 m; L. 6,80 m
1 × Praga D 55 kW

E-211 1947 Reiseflugzeug/*travel aircraft*
Schulterdecker/*high wing*
Sp. 12,50 m; L. 8,51 m
2 × Walter Minor 4-III 77 kW

«Avia» Werk «Georgi Dimitroff» Letňany
«Avia» Zavody «Jiriho Dimitrova» Letňany
«Avia» Factory «Georgi Dimitroff» Letňany

Av-36 1946 Sportflugzeug/*sports aircraft*
Schulterdecker/*high wing*
Sp. 10,60 m; L. 7,62 m
1 × Walter Mikron III 48 kW

Av-236 1946 Sportflugzeug/*sports aircraft*
Schulterdecker/*high wing*
Sp. 10,60 m; L. 7,93 m
1 × Toma 4 77 kW

XLE-10 1950 Übungsflugzeug/*trainer*
Tiefdecker/*low wing*
Sp. 10,80 m; L. 9,50 m
1 × M 411 R 426 kW

Flugzeugwerk «Aero» Praha-Vysočany
Letadla zavodu «Aero» Praha-Vysočany
Aircraft factory «Aero» Praha-Vysočany

Ae-45 **Seite**/*page* **118**

Ae-145 1959 Reiseflugzeug/*travel aircraft*
Tiefdecker/*low wing*
Sp. 12,25 m; L. 7,77 m
2 × M 332 103 kW
Serie

Ae-50 1949 Mehrzweckflugzeug/*utility aircraft*
Schulterdecker/*high wing*
Sp. 10,50 m; L. 7,13 m
1 × Walter Minor 4-III 77 kW

L-60 **Seite**/*page* **124**

«Rudy Letov» **(Rotes Flugzeug) Letňany**
(Red aircraft) Letňany

XLA-54 1950 Übungsflugzeug/*trainer*
Tiefdecker/*low wing*
Sp. 10,98 m; L. 9,45 m
1 × M 411 R 426 kW

Fabrik für Sportflugzeuge Vincenc Hodek Praha-Holešovice
Tovarna sportovnich letadel Vincenc Hodek Praha-Holešovice
Factory for sports aircraft Vincenc Hodek Praha-Holešovice

HK-101 1947 Sportflugzeug/*sports aircraft*
Tiefdecker/*low wing*
Sp. 7,70 m; L. 5,91 m
2 × Walter Minor 4-III 77 kW

Maschinenbaufabrik «Erster Fünfjahrplan» Kunovice
Strojirny «prvni pětiletky» (SPP) Kunovice
Machinefactory «first five-year-plan» Kunovice

L-200 **Seite**/*page* **120**

Forschungs- und Prüfinstitut für Luftfahrt Letňany
Vyzkumny a skušebni letecky ústav (VZLÚ) Letňany
Research and test institution aerial voyage Letňany

TOM-8 1956 Übungsflugzeug/*trainer*
Tiefdecker/*low wing*
Sp. 10,93 m; L. 9,24 m
1 × Praga M 208 C 169 kW

TOM-208 1957 Übungsflugzeug/*trainer*
Tiefdecker/*low wing*
Sp. 10,93 m; L. 9,37 m
1 × Praga M 208 C 169 kW

E-33 1964 Versuchsflugzeug/*experimental aircraft*
Tiefdecker/*low wing*
Sp. 12,32 m; L. 9,02 m
2 × Walter Minor 6-III 118 kW

Aero Tschechoslowakisches Luftfahrtunternehmer
Aero československé letecké podniky
Aero Czechoslovakian aerial voyage management

L-29 **Seite**/*page* **114**

Segelflug-Entwicklungszentrum der Svazarm Medlánky
Vývojové plachtařské středisko Svazarmu Medlánky
Sailflying-researchcenter Svazarm Medlánky

R-7 **Seite**/*page* **102**

AERO – Vereinigte Tschechoslowakische Luftfahrtindustrie
AERO – československé letecké podniky
AERO – Czechoslovakian aerial voyage management

Betrieb/*management*
AERO Vodochody

L-29 **Seite**/*page* **114**
L-39 **Seite**/*page* **116**

Betrieb/*management*
LET Uherské Hradiště und Kunovice

Z-37 **Seite**/*page* **128**
Z-37T **Seite**/*page* **128**
L-410 **Seite**/*page* **136**

Betrieb/*management*
MORAVAN Otrokovice

Z-726 **Seite**/*page* **108**
Z-42 **Seite**/*page* **106**
Z-43 **Seite**/*page* **122**
Z-50 **Seite**/*page* **110**
Z-142 **Seite**/*page* **112**

Avia

BH-9 und BH-11

Baujahr 1923
Year of construction
Verwendung Schulflugzeug
Employment
Besatzung 2
Crew
Passagiere –
Passengers

Die Flugzeuge BH-9 und BH-11 sind typische Vertreter aus der ersten Hälfte der 20er Jahre. Sie entstanden 1923/24. Wie bereits die Vorgänger BH-1, -3 und -5 waren es Tiefdecker mit dickem Flügelprofil und einer zweistieligen Verstrebung an jeder Rumpfseite.

Die Schul- und Verbindungsflugzeuge BH-9 und BH-11 glichen sich fast in ihrer Konstruktion und den Abmessungen. Unterschiede gab es lediglich in der Rumpfkonstruktion. Im Gegensatz zur BH-9, die vorn elliptische Rumpfspanten hatte, wies die BH-11 rechteckige Spantenformen auf. Während bei den Vorgängern in der Regel importierte Triebwerke Verwendung fanden, konnte man in die Neuentwicklung den ersten Fünfzylinder-Sternmotor Walter NZ-60 einbauen.

Insbesondere die BH-11 war für unterschiedlichste Zwecke bestimmt. Im Jahr 1926 baute man die Version BH-11C in zwei Exemplaren ⟨Werk-Nr. 17 und 18⟩ für nationale und internationale Wettbewerbe. Wesentliche Konstruktionsänderungen sollten die Flugleistungen verbessern. In Paris-Orly und beim Coppa d'Italia siegten diese Flugzeuge.

Weitere Modernisierungen führten zur BH-11 B mit dem Beinamen «Antilope». Auch diese 1929 gebaute Maschine war für den Wettkampf vorgesehen. Mit der letzten Verbesserung der BH-11 zeigte es sich, daß man an den Grenzen der Möglichkeiten angelangt war. Mit der Maschine mit der Werk-Nr. 1001, die Zahl war symbolisch gewählt, blieb es beim Prototyp.

Die BH-11 wurde in einer speziellen Serie als Bk-11 für die tschechoslowakischen Luftstreitkräfte gebaut und als Kuriermaschine geflogen.

Abmessungen

Dimensions
Spannweite 9,72 m
Span
Länge 6,64 m
Length
Flügelfläche 13,6 m^2
Wing aera

Masse

Mass
Leermasse 345 kg
Emtymass
Startmasse 550 kg
T.O. mass
Flächenbelastung 40,5 kg/m^2
Wingloading

Triebwerk

Power plant
Anzahl 1
Number
Typ Walter NZ
Type
Leistung 44 kW
Performance

Flugleistungen

Flightperformances
Reisegeschwindigkeit 125 km/h
Travelspeed
Höchstgeschwindigkeit 157 km/h
Max. speed
Steigleistung 12,5 min/3000 m
Climb rate
Reichweite 470 km
Normal range
Dienstgipfelhöhe 4500 m
Service ceiling

Bemerkungen

Notes
BH-9 Serienbau. Weiterentwicklung war die BH-11, die ebenfalls in Serie gebaut wurde. Technische Daten wie bei BH-9, lediglich neue Rumpfquerschnitte und eine verbesserte Reichweite.

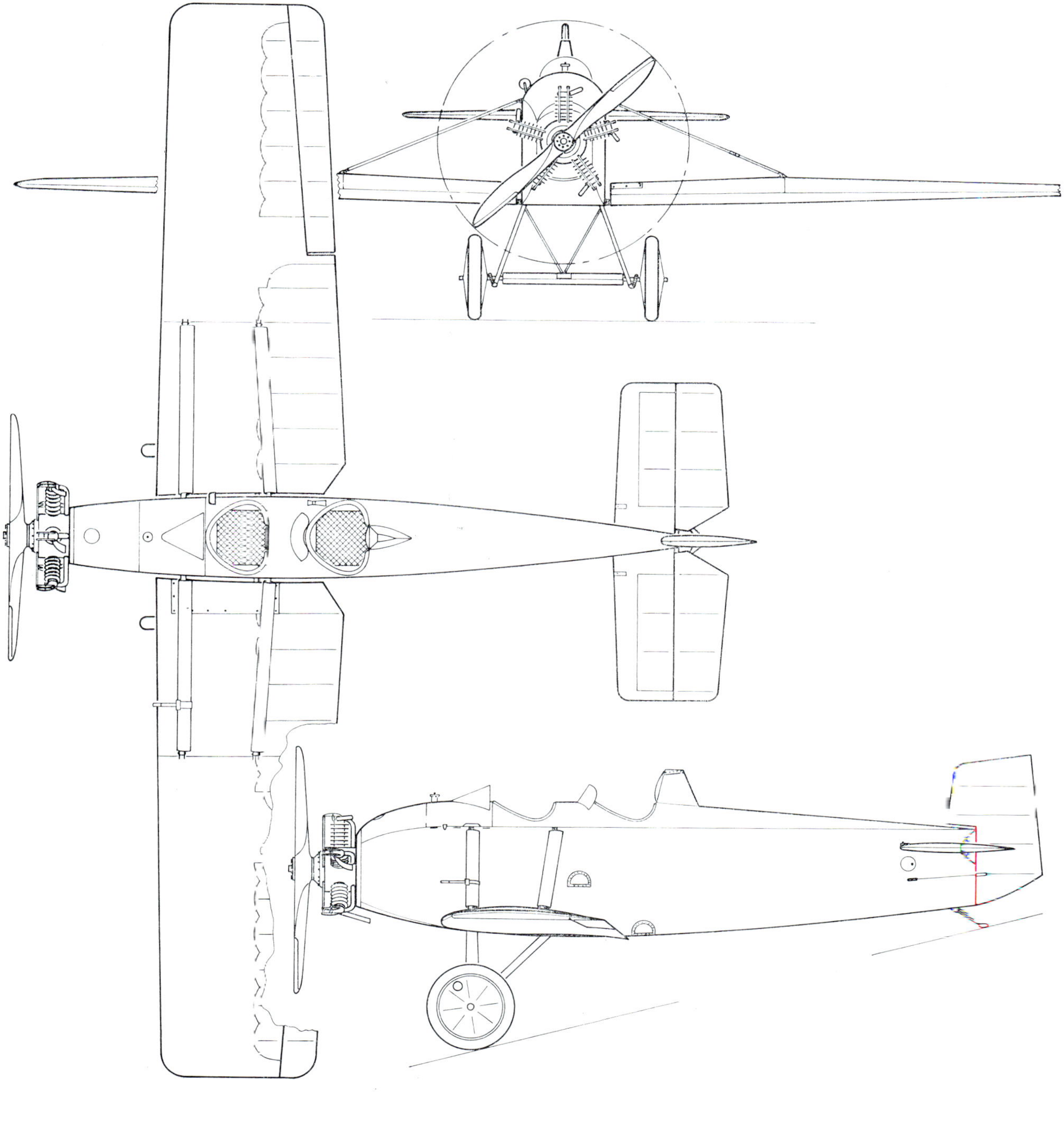

Letov

Š-39

Baujahr 1931
Year of construction
Verwendung Sportflugzeug
Employment
Besatzung 2
Crew
Passagiere –
Passengers

Der zweisitzige Hochdecker Š-39 war als Sportflugzeug konzipiert. Der zum Rumpf verstrebte Tragflügel hatte bereits Vorflügel, damit die Maschine die im Schul- und Übungsflug notwendigen Langsamflugeigenschaften erreichte.

Nachdem sich der Prototyp bewährt hatte, wurde eine Serie von 23 Maschinen aufgelegt, zumal Anfang der 30er Jahre ein großer Bedarf an Sportflugzeugen bestand.

Bereits beim Erstflug zeigte die Š-39 mit dem nur 37 kW leistenden Triebwerk Orion LL-50 gute Flugeigenschaften. Dennoch wurde für den Serienbau der Motor Walter «Polaris» verwendet.

Bis 1934 nahmen Š-39 an verschiedenen Wettbewerben teil. Schon 1932 hatte dieser Typ einen ersten Rekord geflogen.

Verbesserte Ausführungen waren die Š-139 und die 1933 der Öffentlichkeit vorgestellte und später in Serie gebaute Š-239.

Abmessungen

Dimensions
Spannweite 10,00 m
Span
Länge 6,14 m
Length
Flügelfläche 14,0 m^2
Wing aera

Masse

Mass
Leermasse 270 kg
Emtymass
Startmasse 470 kg
T.O. mass
Flächenbelastung 33,6 kg/m^2
Wingloading

Triebwerk

Power plant
Anzahl 1
Number
Typ Walter Polaris I
Type
Leistung 40 kW
Performance

Flugleistungen

Flightperformances
Reisegeschwindigkeit 140 km/h
Travelspeed
Höchstgeschwindigkeit 160 km/h
Max. speed
Steigleistung 9 min/1000 m
Climb rate
Reichweite 480 km
Normal range
Dienstgipfelhöhe 3300 m
Service ceiling

Bemerkungen

Notes
Serienbau und Weiterentwicklung zur Š-139 und Š-239, die später ebenfalls in Serie ging.

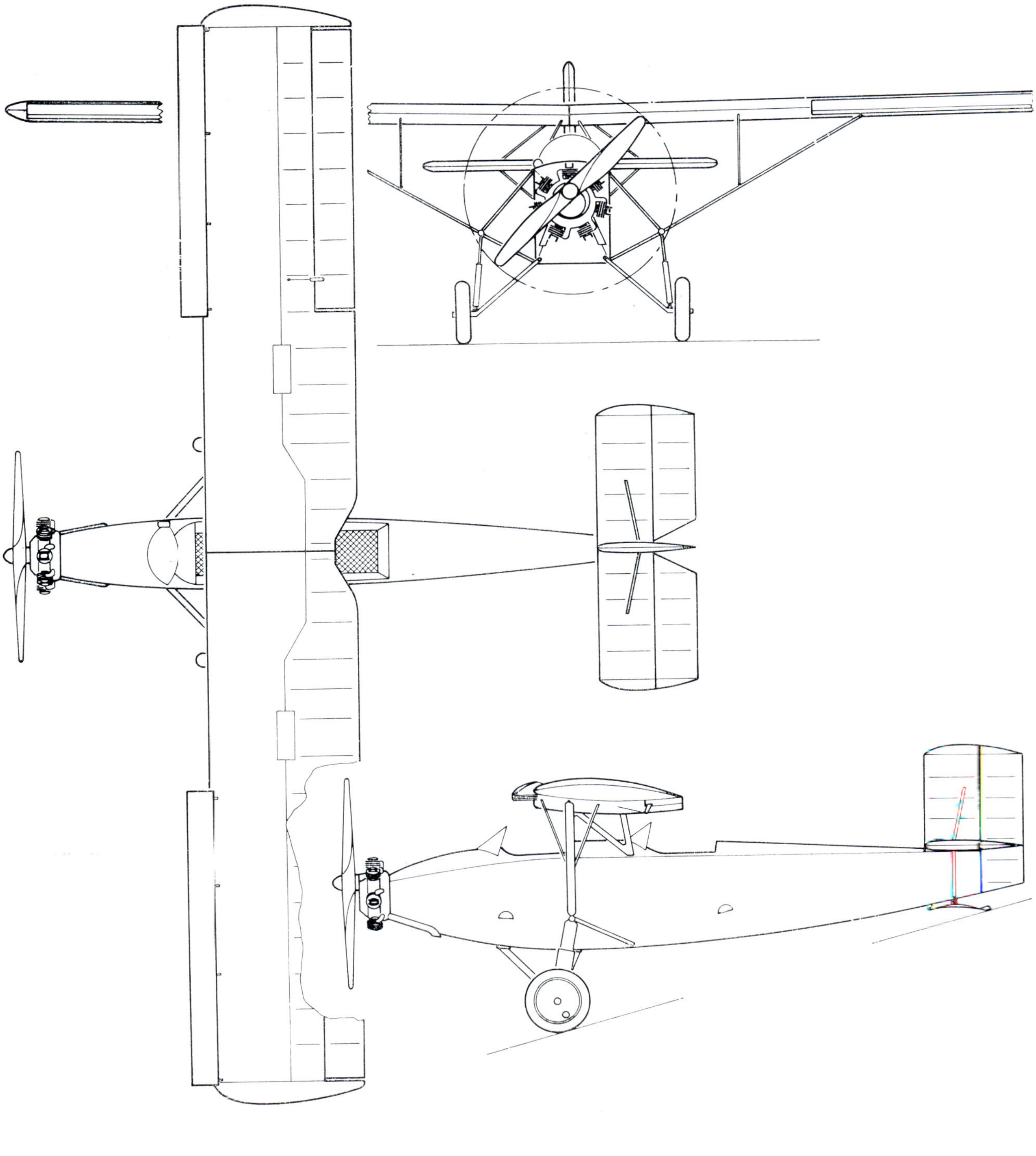

ČKD-Praga

E-114

„Air Baby"

Baujahr 1934
Year of construction
Verwendung Sportflugzeug
Employment
Besatzung 2
Crew
Passagiere –
Passengers

Die E-114 gehörte wohl zu den bekanntesten Vorkriegsentwicklungen. Der Entwurf stammte von Ingenieur Jaroslav Šlechta. Als Leichtflugzeug projektiert, wurde der Schulterdecker in vieler Hinsicht ein voller Erfolg.

1934 war der erste Prototyp fertig und wurde von Smetana eingeflogen. Auf dem Aérosalon 1934 in Paris erregte die E-114 internationales Aufsehen. Daraufhin ging die Maschine in Serie.

1935 erprobte man ein neues Triebwerk, den Zweizylinder Praga B mit einer Leistung von 29 kW. Das kleine Sportflugzeug erhielt den wegen seiner Leichtigkeit zutreffenden Namen «Air Baby». Zahlreiche Länder bestellten das Flugzeug. Die britische Firma Hills & Sons erwarb die Lizenz und begann mit der Produktion als «Praga Baby».

1936 konnte eine neue Serie mit dem verbesserten Triebwerk Praga D ⟨44 kW⟩ aufgelegt werden. Bis zum Jahr 1938 erflogen Piloten auf der E-114 mehrere Landesrekorde und internationale Bestleistungen. Bekannt wurden auch viele Interkontinentalflüge.

Nach dem zweiten Weltkrieg wurde die Serienproduktion bei Praga wieder aufgenommen. Im Jahre 1946 entstanden in Praha-Karlin 100 Flugzeuge der Typen E-114 D ⟨Triebwerk Praga D⟩ und E-114 M ⟨Triebwerk Mikron III⟩. Weitere 26 Maschinen wurden bei Rudý Letov gebaut. Als Weiterentwicklung flog auch eine E-117 mit Bugfahrwerk.

Abmessungen

Dimensions
Spannweite 11,00 m
Span
Länge 6,60 m
Length
Flügelfläche 15,2 m^2
Wing aera

Masse

Mass
Leermasse 290 kg
Emtymass
Startmasse 490 kg
T.O. mass
Flächenbelastung 32,1 kg/m^2
Wingloading

Triebwerk

Power plant
Anzahl 1
Number
Typ Praga B
Type
Leistung 29 kW
Performance

Flugleistungen

Flightperformances
Reisegeschwindigkeit 147 km/h
Travelspeed
Höchstgeschwindigkeit 175 km/h
Max. speed
Steigleistung 43,7 min/3000 m
Climb rate
Reichweite 550 km
Normal range
Dienstgipfelhöhe 3500 m
Service ceiling

Bemerkungen

Notes
Als «Air Baby» in verschiedenen Serien ⟨B und D⟩ gebaut, dabei Leistungsverbesserungen.
Lizenzbau in Großbritannien.

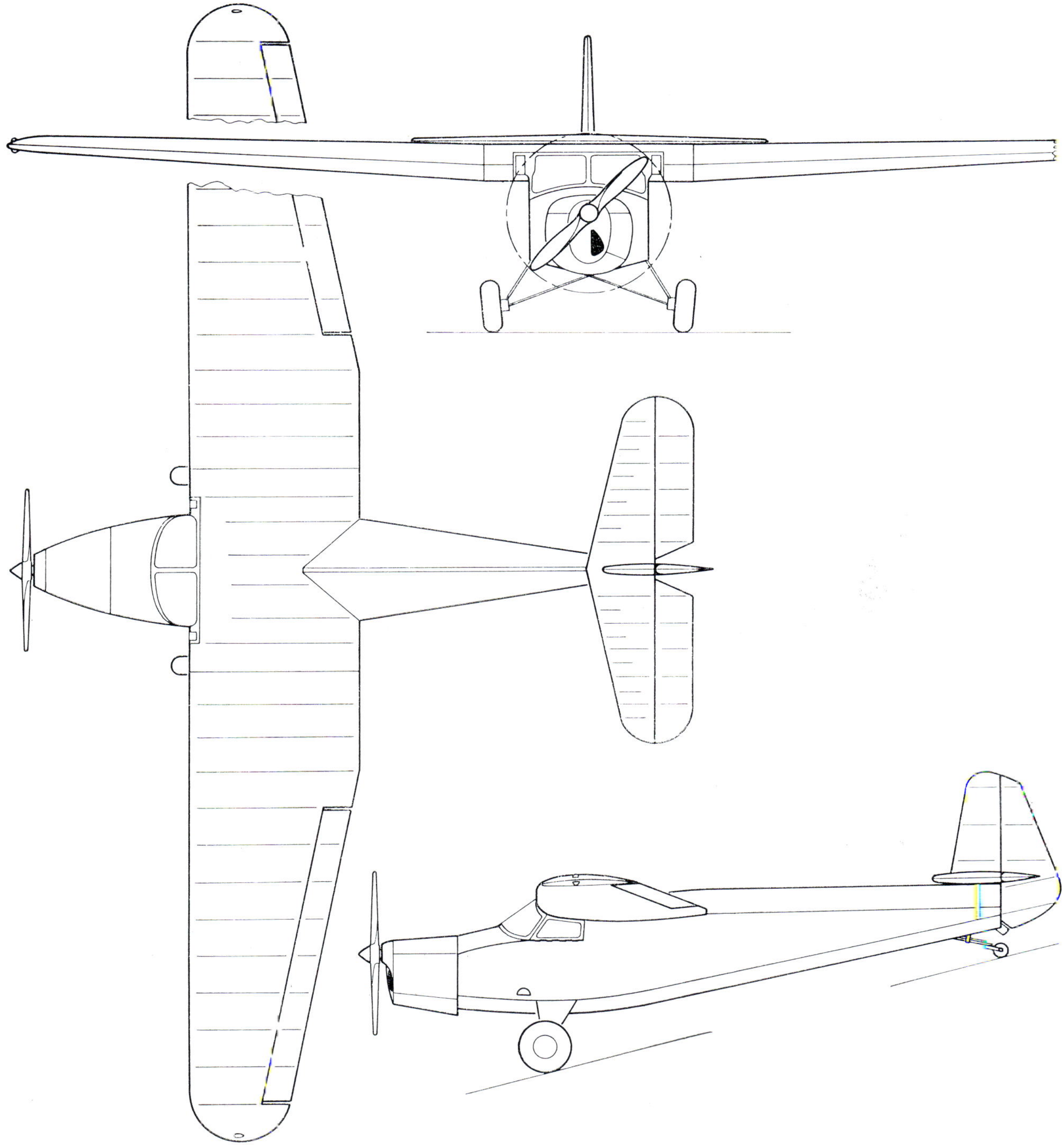

Aero

A-200

Baujahr 1934
Year of construction
Verwendung Wettkampf- und Sportflugzeug
Employment
Besatzung 2
Crew
Passagiere 2
Passengers

Die Zielstellung der A-200-Entwicklung war die Teilnahme am «Challange internationale des avions de tourisme 1934», bei der alljährlich unter der Leitung der FAI eine Flugstrecke über mehrere Länder bewältigt werden mußte.

Bei der Konstruktion entschied man sich für einen Tiefdecker in konventioneller Bauweise, dessen Fahrwerk aerodynamisch verkleidet wurde. Der Neunzylinder-Sternmotor Walter Bora verlieh der viersitzigen Maschine eine Höchstgeschwindigkeit von 225 km/h. Es war der erste Tiefdecker von Aero. Beim Bau legte man besondere Sorgfalt an den Tag, um die Maschinen für den Wettbewerb 1934 noch rechtzeitig fertigzustellen. Unter den Kennungen OK-AMA und OK-AMB wurden die Maschinen registriert.

Im Wettbewerb konnte die A-200 gegen die Konkurrenz nicht bestehen. Ambruš erreichte einen vierten und Žáček einen vierzehnten Platz. Beide gemeinsam aber konnten den ersten Gruppenplatz in der Nationenwertung erreichen.

Abmessungen

Dimensions
Spannweite 11,10 m
Span
Länge 7,80 m
Length
Flügelfläche 16,6 m^2
Wing aera

Masse

Mass
Leermasse 560 kg
Emtymass
Startmasse 950 kg
T.O. mass
Flächenbelastung 57,2 kg/m^2
Wingloading

Triebwerk

Power plant
Anzahl 1
Number
Typ Walter Bora
Type
Leistung 147 kW
Performance

Flugleistungen

Flightperformances
Reisegeschwindigkeit 220 km/h
Travelspeed
Höchstgeschwindigkeit 255 km/h
Max. speed
Steigleistung ?
Climb rate
Reichweite 750 km
Normal range
Dienstgipfelhöhe 6300 m
Service ceiling

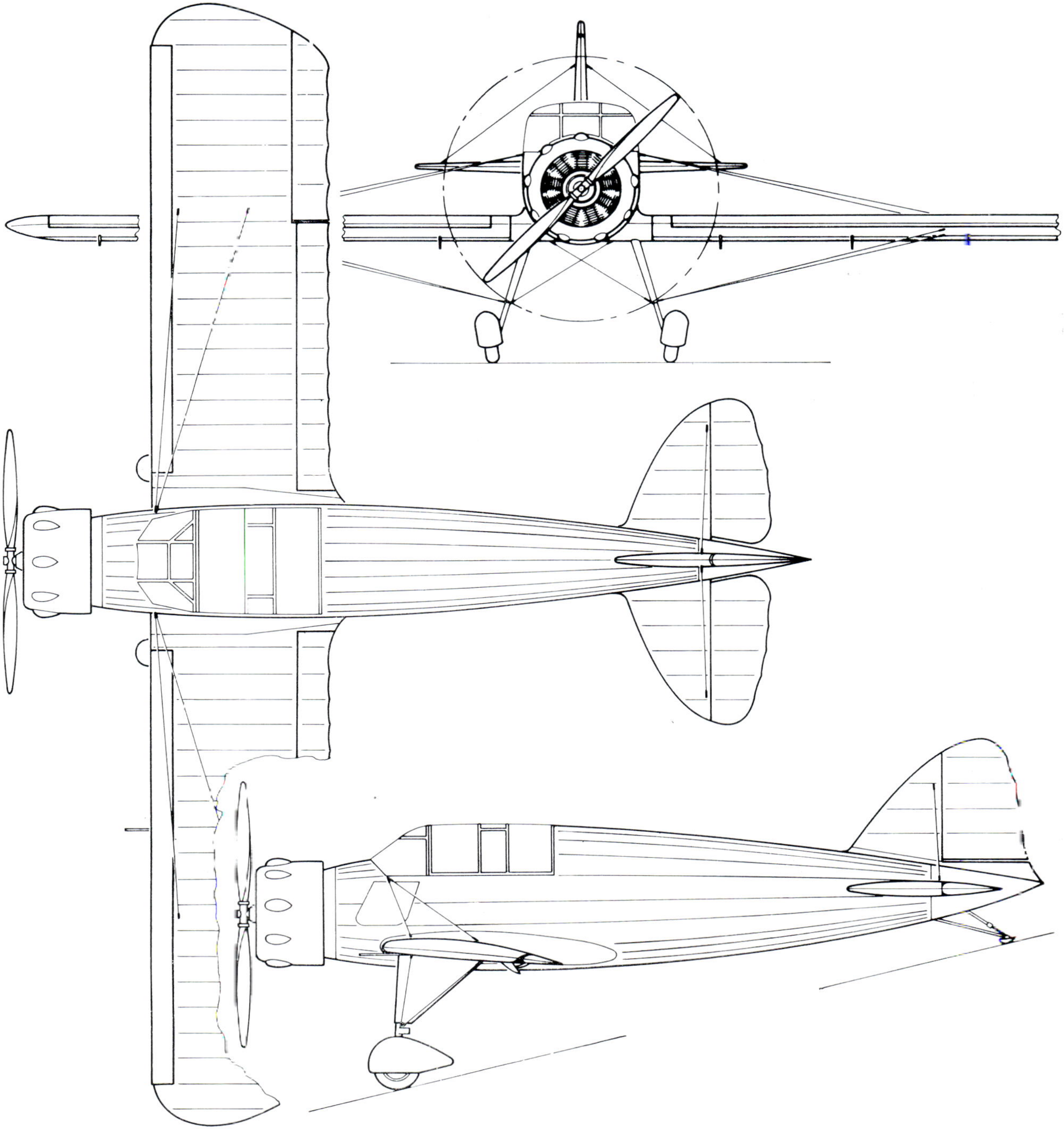

Beneš - Mráz

Be-60

„Bestiola"

Baujahr 1935
Year of construction
Verwendung Sportflugzeug
Employment
Besatzung 2
Crew
Passagiere –
Passengers

Bei der «Bestiola» handelte es sich um ein zweisitziges Sportflugzeug, das als Schulterdecker ausgelegt war und durch ein Leichttriebwerk beachtliche Flugeigenschaften aufwies. Mit dem Walter Mikron II erreichte die Maschine mit bis zu 500 kg Abflugmasse immerhin Geschwindigkeiten um 150 km/h.

Die «Bestiola» war für Aeroklubs bestimmt. Nicht zuletzt hatte die Aktion «1000 neue Piloten», die auch neue Flugzeuge für die Ausbildung forderte, zur Entwicklung dieser Maschine beigetragen. Auch Sammlungen und Erlöse aus der 17. Staatlichen Lotterie unterstützten das Vorhaben.

Zunächst wurden zwei Prototypen gebaut. Der zweite konnte bereits am 9. September 1935 unter der Kennung OK-BEC registriert werden.

Inzwischen hatte man in Choceň einen Serienbauauftrag über 20 Maschinen erhalten, insgesamt wurden 23 Be-60 gebaut.

Die letzten drei Be-60 waren noch während der Okkupation im Jahr 1940 im Einsatz.

Abmessungen

Dimensions
Spannweite 11,20 m
Span
Länge 6,65 m
Length
Flügelfläche 15,2 m^2
Wing aera

Masse

Mass
Leermasse 290 kg
Emtymass
Startmasse 490 kg
T.O. mass
Flächenbelastung 32,3 kg/m^2
Wingloading

Triebwerk

Power plant
Anzahl 1
Number
Typ Walter Mikron II
Type
Leistung 48 kW
Performance

Flugleistungen

Flightperformances
Reisegeschwindigkeit 125 km/h
Travelspeed
Höchstgeschwindigkeit 150 km/h
Max. speed
Steigleistung 21 min/2000 m
Climb rate
Reichweite 470 km
Normal range
Dienstgipfelhöhe 3400 m
Service ceiling

Bemerkungen

Notes
Serienbau.

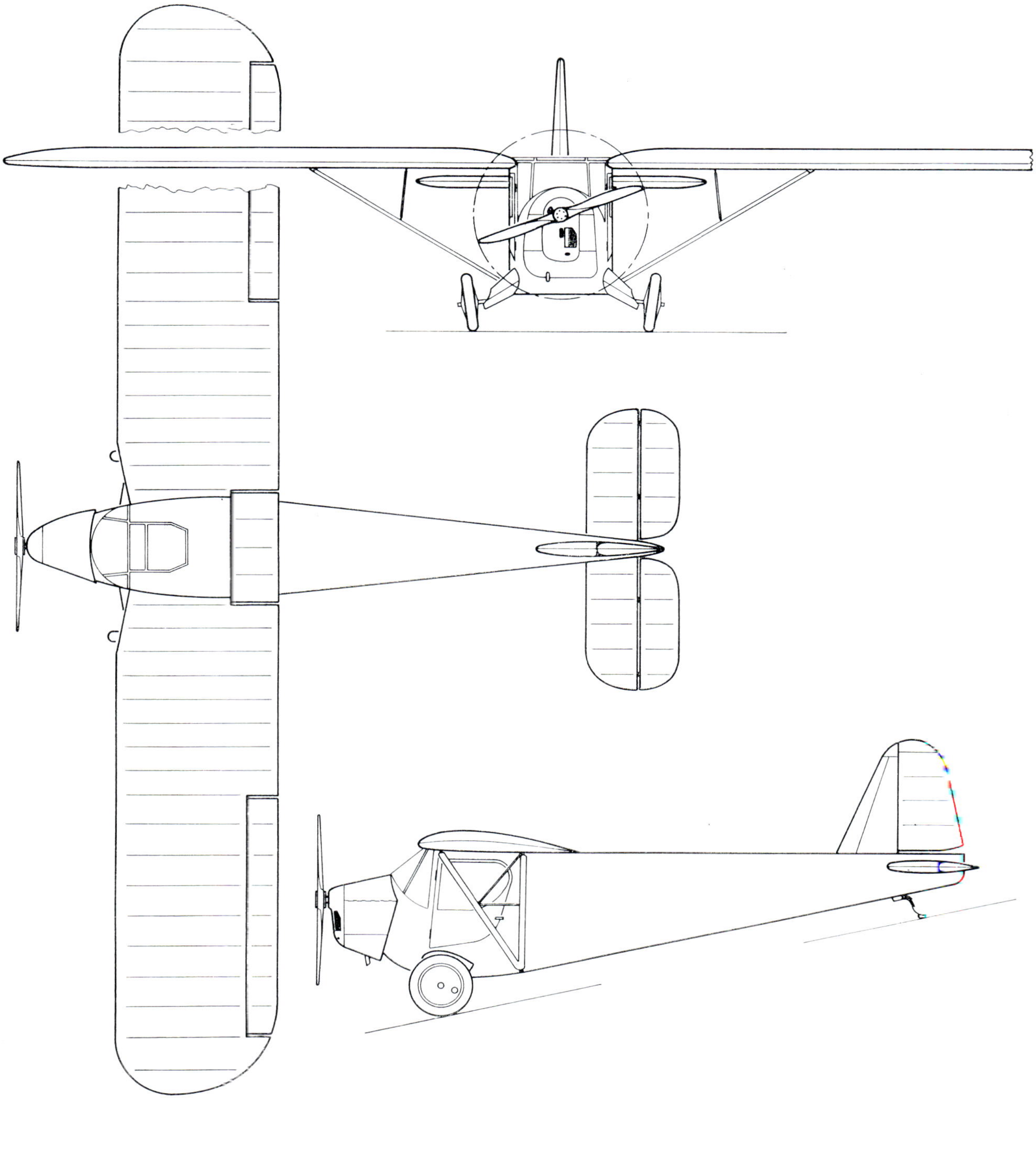

Zlin

Z-XII

Baujahr 1935
Year of construction
Verwendung Sportflugzeug
Employment
Besatzung 2
Crew
Passagiere –
Passengers

Die Zlin Z-XII gehörte in ihrer Zeit zu den populärsten Sportflugzeugen. Unter Leitung von Jaroslav Lonek arbeitete ein Kollektiv an der Entwicklung dieses Tiefdeckers.

Der Prototyp wurde im April 1935 fertig. Für seinen Antrieb hatte man zunächst ein aus den USA stammendes Triebwerk vom Typ Continental vorgesehen. Später wurde das bei der Firma Walter hergestellte Lizenztriebwerk Persy I eingebaut.

Ein zweiter Prototyp erhielt das Triebwerk Walter Mikron.

Nach erfolgreichen Tests nahmen beide Flugzeuge noch 1935 an nationalen Wettbewerben teil.

Nach über 1 000 Flugstunden der Prototypen begann man mit dem Serienbau, wobei das inzwischen leistungsmäßig verbesserte Triebwerk Persy II zum Einbau kam. Insgesamt wurden 201 Maschinen gebaut.

Der Erfolg der Exportvariante beim Aérosalon in Paris brachte der Firma Aufträge nach Frankreich, Jugoslawien, Rumänien, Italien, Ägypten, Südamerika und Japan.

In Italien existierte 1965, also 30 Jahre nach ihrem Entstehen, noch eine flugfähige Z-XII.

Abmessungen
Dimensions
Spannweite 10,00 m
Span
Länge 7,80 m
Length
Flügelfläche 12,0 m^2
Wing aera

Masse
Mass
Leermasse 290 kg
Emtymass
Startmasse 520 kg
T.O. mass
Flächebelastung 43,3 kg/m^2
Wingloading

Triebwerk
Power plant
Anzahl 1
Number
Typ Persy II
Type
Leistung 33 kW
Performance

Flugleistungen
Flightperformances
Reisegeschwindigkeit 135 km/h
Travelspeed
Höchstgeschwindigkeit 155 km/h
Max. speed
Steigleistung 3 min/370 m
Climb rate
Reichweite 300 km
Normal range
Dienstgipfelhöhe 3800 m
Service ceiling

Bemerkungen
Notes
Serienbau.
Die Weiterentwicklung Zlin Z-212 erhielt ein Triebwerk Walter Mikron ⟨44 kW⟩.

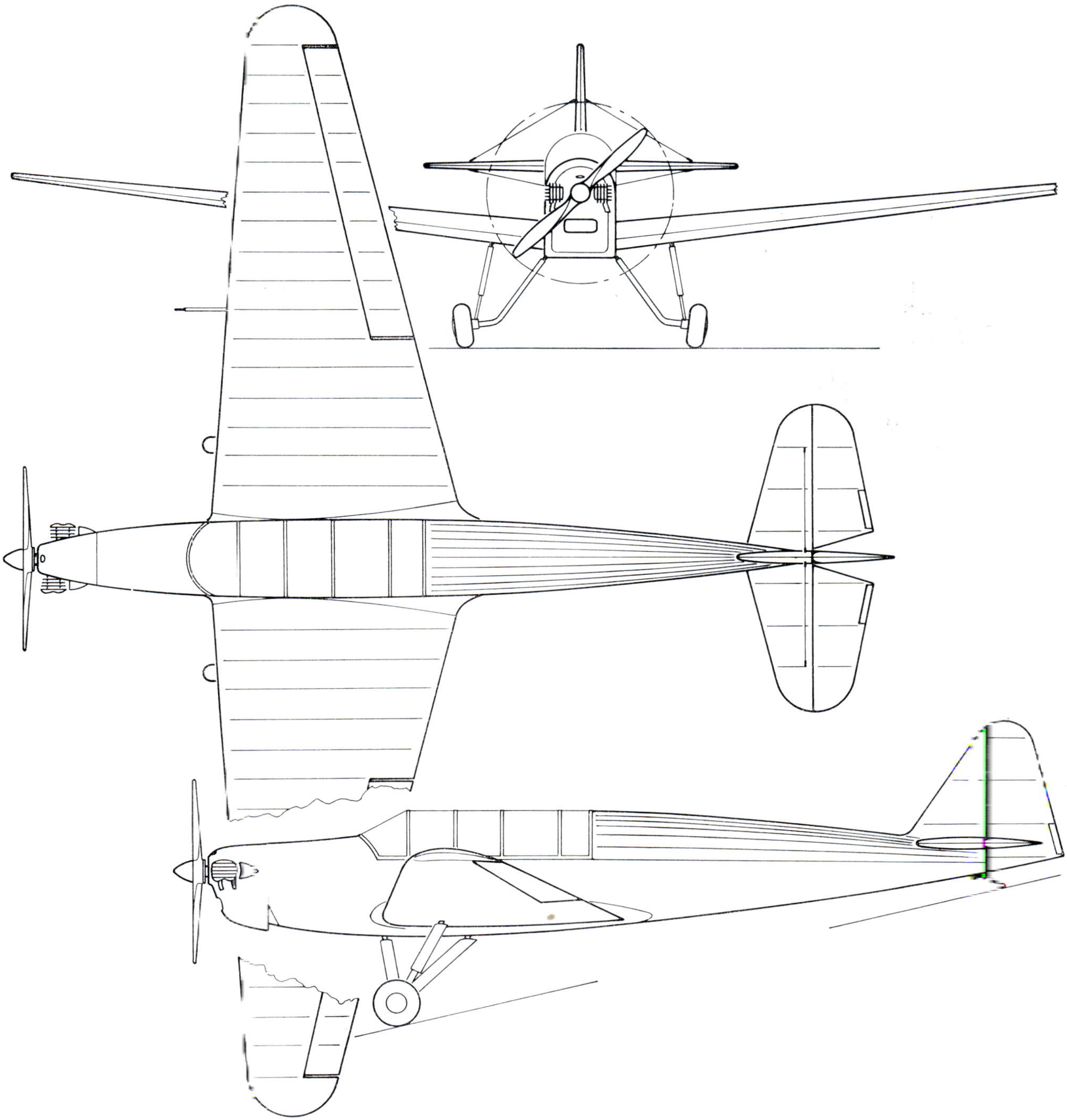

ČKD-Praga

E-39

Baujahr 1936
Year of construction
Verwendung Schulflugzeug
Employment
Besatzung 2
Crew
Passagiere –
Passengers

Das Schulflugzeug hatte zunächst die Bezeichnung BH. Der Prototyp des zweisitzigen Doppeldeckers war im Sommer 1931 fertig. Da man ein Walter-Triebwerk NZ ⟨88 kW⟩ verwendet hatte, bekam der Typ die Zusatzbezeichnung NZ ⟨E-39 NZ⟩.

Inzwischen hatte man auf Weisung des Verteidigungsministeriums die neuen Bezeichnungen für Militärflugzeuge eingeführt. Flugzeuge von ČKD «Praga» bekamen das Firmenkennzeichen E, die von Avia das B, die von Aero das A und die von Letov das Š.

Von der E-39 wurden 139 Maschinen bestellt. Davon gingen 35 Flugzeuge an die Aeroklubs und wurden dort wie bei den Luftstreitkräften zur Pilotenschulung benutzt.

Die verbesserten Versionen erhielten jeweils leistungsstärkere Triebwerke und gingen unter den Bezeichnungen E-39 M und E-39 G in Serie. 1937 folgte als letzte Baureihe die E-39 AG.

Die E-39 gehörte zu den erfolgreichsten Schulflugzeugen ihrer Zeit und begründete den guten Ruf von ČKD «Praga» im Flugzeugbau.

Abmessungen

Dimensions
Spannweite 10,00 m
Span
Länge 7,49 m
Length
Flügelfläche 23,7 m^2
Wing aera

Masse

Mass
Leermasse 610 kg
Emtymass
Startmasse 875 kg
T.O. mass
Flächenbelastung 36,9 kg/m^2
Wingloading

Triebwerk

Power plant
Anzahl 1
Number
Typ Walter Gemma
Type
Leistung 103 kW
Performance

Flugleistungen

Flightperformances
Reisegeschwindigkeit 136 km/h
Travelspeed
Höchstgeschwindigkeit 162 km/h
Max. speed
Steigleistung 28 min/3000 m
Climb rate
Reichweite ?
Normal range
Dienstgipfelhöhe 3700 m
Service ceiling

Bemerkungen

Notes
Serienbau mit Walter Triebwerk «Mars».

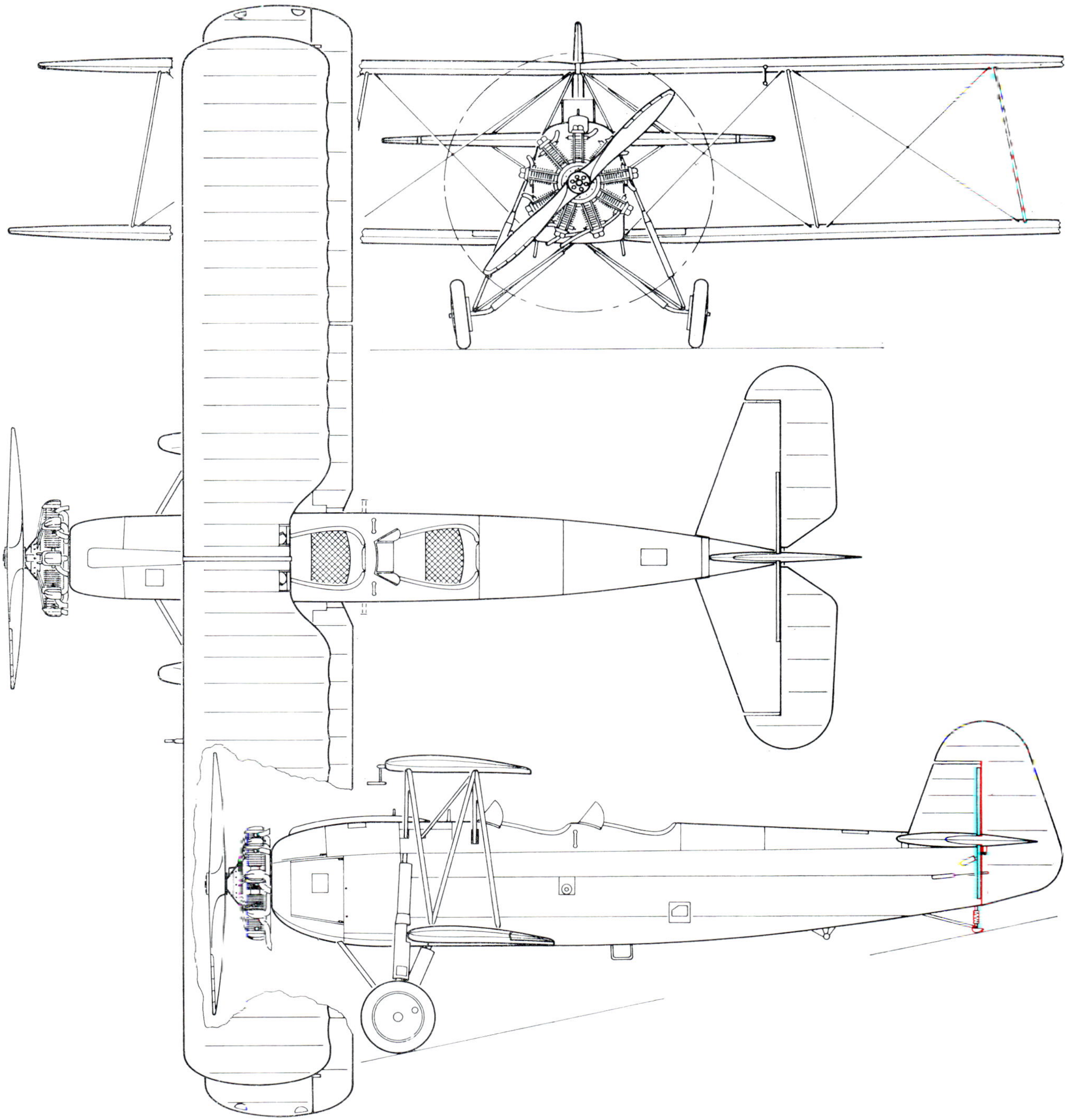

Beneš-Mráz

Be-52

„Beta Major"

Baujahr 1936
Year of construction
Verwendung Kunst- und Sportflugzeug
Employment
Besatzung 2
Crew
Passagiere –
Passengers

Gleich zu Beginn der erfolgreichen Zusammenarbeit zwischen Pavel Beneš und Ingenieur Mráz entstand eine Anzahl moderner Tiefdecker der «Beta»-Reihe.

Die Be-52 «Beta Major» setzte 1936 die «Beta»-Reihe fort. Aus der Aufgabe, ein Übungsflugzeug zu entwickeln, das auch für den Kunstflug tauglich war, entstand dieser zweisitzige Tiefdecker. Die Veränderungen gegenüber den Vormustern waren äußerlich kaum erkennbar. Dennoch verstanden es die Flugzeugbauer, durch Änderungen im Detail die Flugleistungen zu verbessern.

Noch im gleichen Jahr entstand eine einsitzige Variante mit geringerer Flächenbelastung und etwas verlängertem Rumpf. Die Maschine trug die Bezeichnung Be-56.

1937 folgte die Be-252 «Beta Scolar» mit einem Neunzylinder-Sternmotor.

Die weiter modernisierte Be-252 c hatte eine verglaste Kabine.

Anfang 1939 projektierte Beneš noch die Be-352 c. Dieses schnelle Reiseflugzeug mit Major VI-Triebwerken wurde aber nicht mehr gebaut.

Nach der Okkupation wurde die Be-252 c nach Rechlin überführt und erprobt. Danach soll diese Maschine nach Schweden verkauft worden sein.

Abmessungen

Dimensions
Spannweite 10,66 m
Span
Länge 7,06 m
Length
Flügelfläche 14,0 m^2
Wing aera

Masse

Mass
Leermasse 550 kg
Emtymass
Startmasse 820 kg
T.O. mass
Flächenbelastung 58,6 kg/m^2
Wingloading

Triebwerk

Power plant
Anzahl 1
Number
Typ Walter Major IV
Type
Leistung 96 kW
Performance

Flugleistungen

Flightperformances
Reisegeschwindigkeit 200 km/h
Travelspeed
Höchstgeschwindigkeit 235 km/h
Max. speed
Steigleistung 16 min/2000 m
Climb rate
Reichweite 600 km
Normal range
Dienstgipfelhöhe 5200 m
Service ceiling

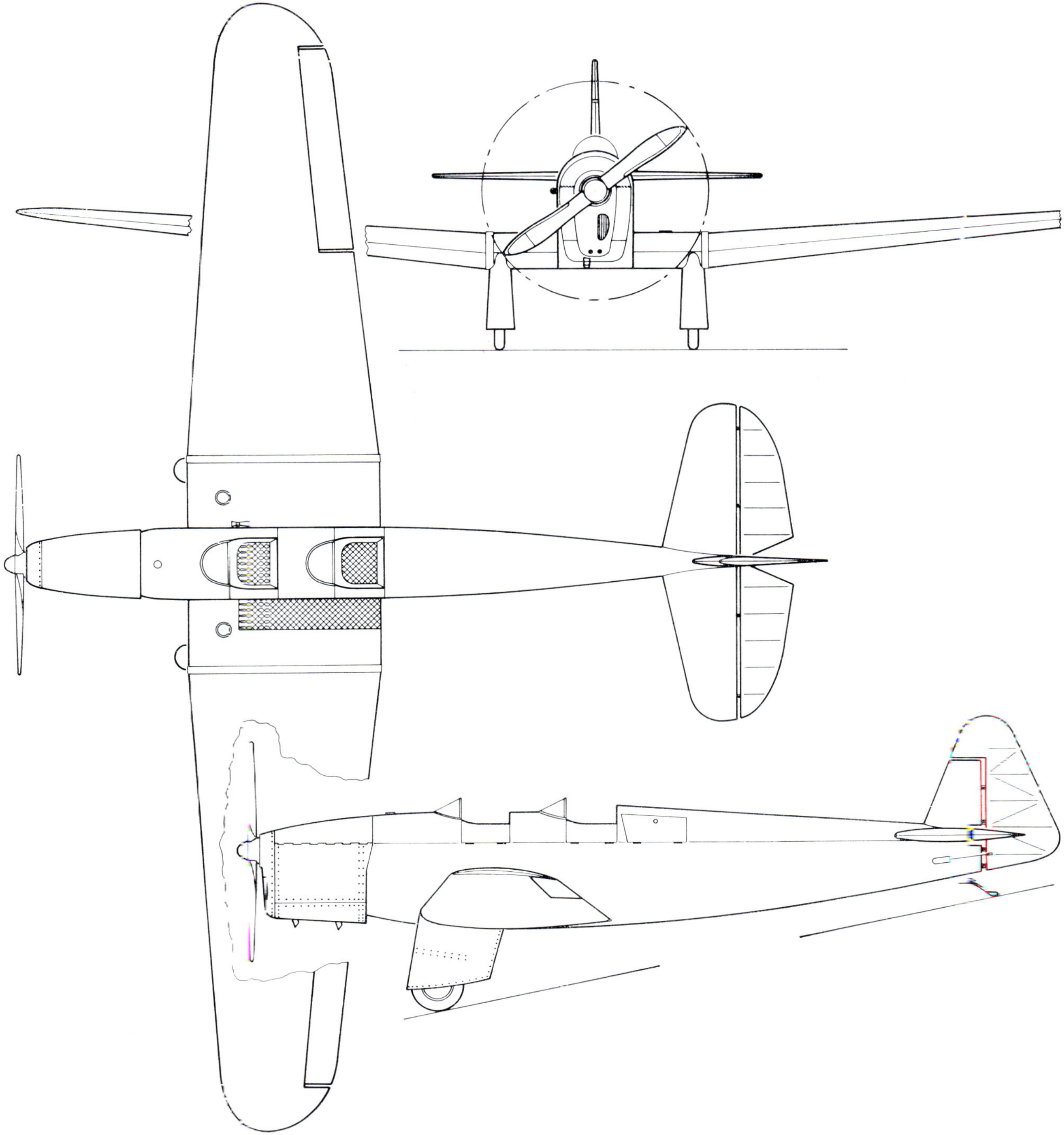

Zlin

Z-XIII

Baujahr 1937
Year of construction
Verwendung Verbindungsflugzeug
Employment
Besatzung 1
Crew
Passagiere 1
Passengers

Als Verbindungsflugzeug konzipiert, erreichte die Zlin Z-XIII einen für das Jahr 1937 beachtlichen Leistungsstand. Das Triebwerk mit einer Leistung von 96 kW verlieh der Z-XIII eine Geschwindigkeit von über 300 km/h. Der einmotorige Tiefdecker war in Holzbauweise hergestellt. Die kleine Maschine besaß eine gute aerodynamische Formgebung. Sogar das starre Fahrwerk hatte eine entsprechende Verkleidung.

Um den Übergang vom Flug in die Landephase optimal zu regeln, hatte man ein neues Landeklappensystem entwickelt und eingebaut.

Die Pilotenkabine lag relativ weit hinten. Konstruktiv war das Grundmuster als Einsitzer ausgelegt. Der anschließende Raum, durch Klappen leicht zugänglich, ließ sich als Frachtraum nutzen. Bei veränderter Verglasung sollte aber auch ein zusätzlicher Passagierplatz eingerichtet werden können.

Ein Prototyp wurde gebaut. Nach der Werkserprobung erfolgte die Immatrikulation der Z-XIII unter der Kennung OK-TBZ.

Noch heute ist die Maschine, die vom großen Können der Flugzeugbauer in Otrokovice Zeugnis gibt, im Technischen Nationalmuseum der ČSSR zu sehen.

Abmessungen

Dimensions
Spannweite 7,00 m
Span
Länge 6,81 m
Length
Flügelfläche 7,0 m^2
Wing aera

Masse

Mass
Leermasse 460 kg
Emtymass
Startmasse 635 kg
T.O. mass
Flächenbelastung 90,7 kg/m^2
Wingloading

Triebwerk

Power plant
Anzahl 1
Number
Typ Walter Major 4
Type
Leistung 96 kW
Performance

Flugleistungen

Flightperformances
Reisegeschwindigkeit 280 km/h
Travelspeed
Höchstgeschwindigkeit 350 km/h
Max. speed
Steigleistung 3 min/900 m
Climb rate
Reichweite 700 km
Normal range
Dienstgipfelhöhe 6000 m
Service ceiling

Bemerkungen

Notes
Kein Serienbau.

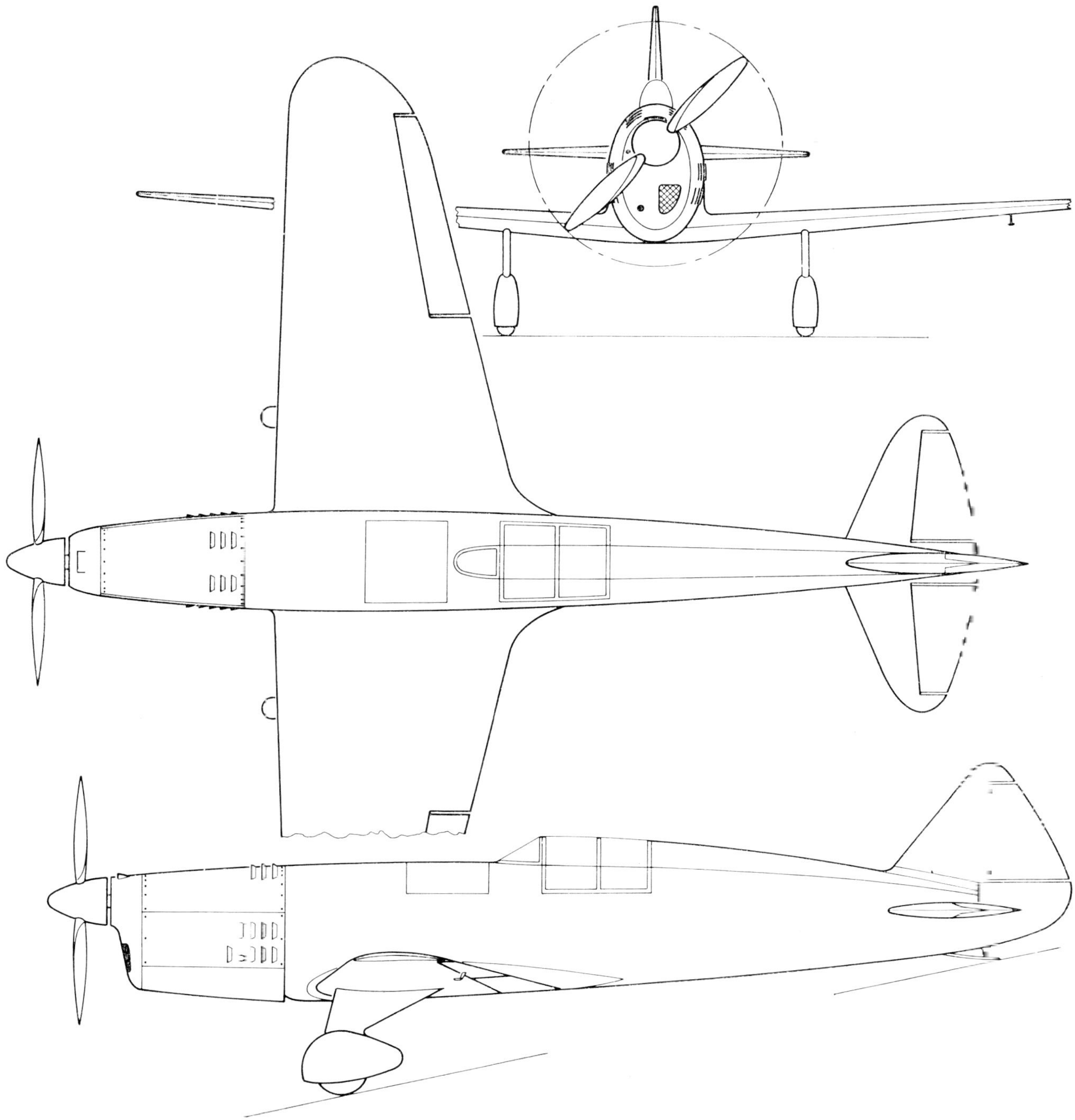

Moravan

Z-22

„Junak"

Baujahr 1946
Year of construction
Verwendung Schulflugzeug
Employment
Besatzung 2
Crew
Passagiere –
Passengers

Zu den ersten Nachkriegsneubauten gehörte die von Karel Tomaš konstruierte zweimotorige Z-20. Die Entwicklung der Z-22 «Junak» vollzog sich nach der Konzeption eines leichten Sport- und Übungsflugzeuges. Der Prototyp startete 1946 zum Erstflug.

Der einmotorige Tiefdecker war zweisitzig und kam zu den Fliegerklubs der ČSR. Dort war der Bedarf wesentlich größer als die Anzahl der verfügbaren Maschinen. Auch aus dem Ausland meldeten sich Interessenten, nachdem dort die ersten Flugzeuge dieses Typs bekannt geworden waren. Im Flugzeugwerk Let in Kunovice wurde deshalb eine weitere Serie von 170 Maschinen gebaut.

Lieferungen erfolgten vor allem nach Rumänien und dem westlichen Ausland.

Die Z-22 war die erste Konstruktion der nationalen tschechoslowakischen Flugzeugindustrie nach 1945.

Eine der letzten bis 1970 verwendeten Z-22 wurde aus Belgien zurückgeführt und steht heute im Luftfahrtmuseum Praha-Kbely.

Abmessungen

Dimensions
Spannweite 10,60 m
Span
Länge 7,25 m
Length
Flügelfläche 14,6 m^2
Wing aera

Masse

Mass
Leermasse 365 kg
Emtymass
Statmasse 580 kg
T.O. mass
Flächenbelastung 39,6 kg/m^2
Wingloading

Triebwerk

Power plant
Anzahl 1
Number
Typ Praga D
Type
Leistung 54 kW
Performance

Flugleistungen

Flightperformances
Reisegeschwindigkeit 155 km/h
Travelspeed
Höchstgeschwindigkeit 176 km/h
Max. speed
Steiggeschwindigkeit 3,3 m/s
Climb speed
Reichweite 500 km
Normal range
Dienstgipfelhöhe 4200 m
Service ceiling

Bemerkungen

Notes
Als «Junak» in Serie gebaut.

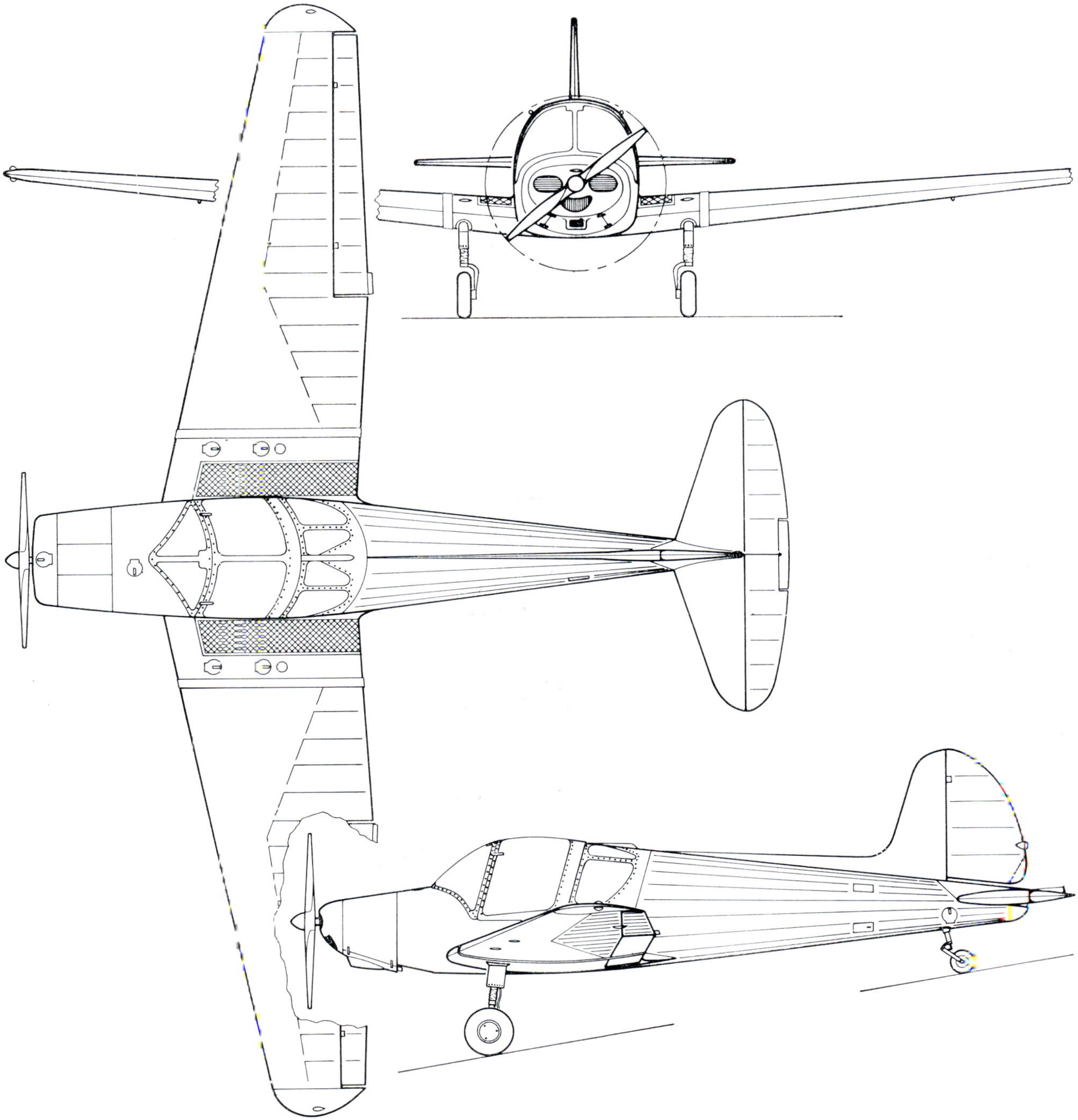

Orličan

M-3

„Bonzo"

Baujahr 1948
Year of construction
Verwendung Schul- und Reiseflugzeug
Employment
Besatzung 4
Crew
Passagiere –
Passengers

Die Geschichte dieses Flugzeuges reicht bis in das Jahr 1946 zurück. In den Automobilwerken von Choceň, den ehemaligen Flugzeugwerken Beneš-Mráz, begann man zu der Zeit mit der Entwicklung einer neuen Generation von Flugzeugen unter dem traditionsreichen Namen «Sokol» ⟨Falke⟩. Die Arbeiten wurden von Chefkonstrukteur Ingenieur Zdeněk Rublič geleitet. Die Grundforderung bestand in der Schaffung leichter Sport- und Reiseflugzeuge. Bis 1949 entstanden die ersten Maschinen der Serie «Sokol» als M-1 in den Baureihen A, C, D und E.

Auf der M-1-Konzeption basierte das Schulflugzeug M-2 «Skaut». Der zweisitzige Tiefdecker lief entwicklungsgleich mit der viersitzigen M-3, die den Namen «Bonzo» bekam. Noch im gleichen Jahr war der Prototyp fertig. Besonders bemerkenswert sind dabei die elegante Formgebung und die voll verglaste Kabine. Das Bugradfahrwerk war einziehbar. Die gesamten Konstruktionsarbeiten einschließlich der notwendigen Berechnungen erfolgten in der Rekordzeit von 10 974 Stunden.

Der Chefpilot Alfons Kobližek flog die Maschine ein. Im Mai 1949 wurde die M-3 «Bonzo» auf dem Aérosalon in Paris der Weltöffentlichkeit präsentiert.

Abmessungen

Dimensions
Spannweite 10,60 m
Span
Länge 7,72 m
Length
Flügelfläche 15,3 m^2
Wing aera

Masse

Mass
Leermasse 580 kg
Emtymass
Startmasse 1100 kg
T.O. mass
Flächenbelastung 69,2 kg/m^2
Wingloading

Triebwerk

Power plant
Anzahl 1
Number
Typ Walter Minor 6-III
Type
Leistung 118 kW
Performance

Flugleistungen

Flightperformances
Reisegeschwindigkeit 240 km/h
Travelspeed
Höchstgeschwindigkeit 266 km/h
Max. speed
Steigleistung 5,3 min/1000 m
Climb rate
Reichweite 1000 km
Normal range
Dienstgipfelhöhe 5000 m
Service ceiling

Bemerkungen

Notes
Serienbau.

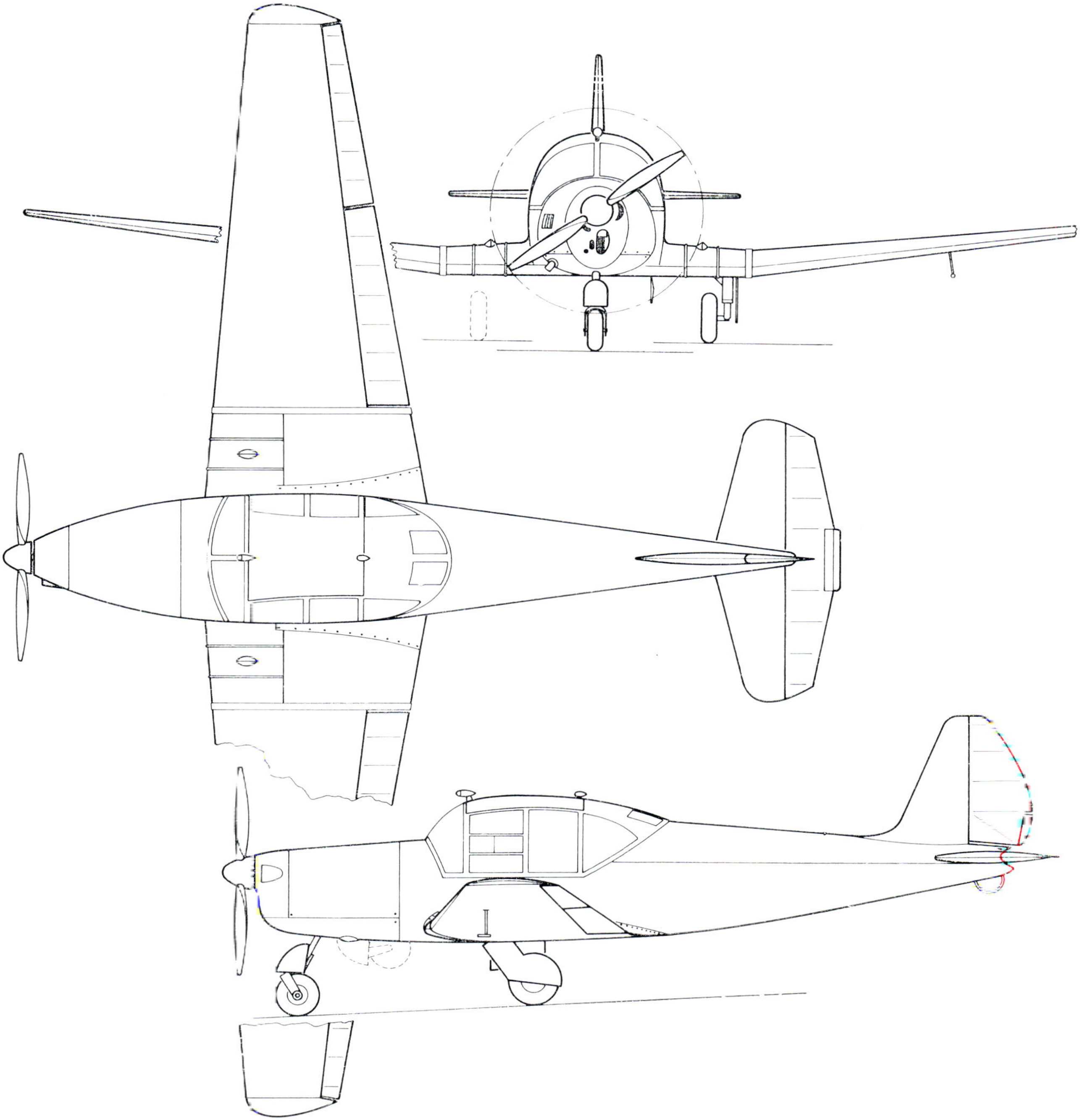

Moravan

Z-126

„Trener"

Baujahr 1953
Year of construction
Verwendung Schulflugzeug
Employment
Besatzung 2
Crew
Passagiere –
Passengers

Die erfolgreiche «Trener»-Reihe geht auf eine Ausschreibung für einen Elementartrainer zur Fliegerausbildung zurück.

Im Jahr 1946 begannen die Arbeiten am Prototyp. Die mit Z-26 bezeichnete Maschine durchlief erfolgreich die Flugtests und ging in Serie. Bis 1950 wurden 163 «Trener» gebaut. Für den Einsatz in den Streitkräften erhielt die Z-26 die Musterbezeichnung C-5.

Das Nachfolgemuster Z-126 war 1953 fertig geworden. Vor allem Tragflächen und Rumpf waren leicht überarbeitet.

Als Triebwerk wurde wie bei der Z-26 das bewährte Walter Minor 4-III eingebaut. Die weiter verbesserte Instrumentierung erlaubte eine gute Flugkontrolle.

Als «Trener-2»-Serie wurden 166 Maschinen gebaut.

Anzumerken sei noch, daß Ingenieur Karel Tomaš bereits im November 1946 nach Praha übersiedelt war und dort die Stelle des verstorbenen Chefkonstrukteurs von Avia Ingenieur Novotny antrat. Alle Arbeiten an der «126» leitete er von seinem neuen Arbeitsort.

Abmessungen

Dimensions
Spannweite 10,28 m
Span
Länge 7,42 m
Length
Flügelfläche 14,9 m²
Wing aera

Masse

Mass
Leermasse 510 kg
Emtymass
Startmasse 765 kg
T.O. mass
Flächenbelastung 51,5 kg/m²
Wingloading

Triebwerk

Power plant
Anzahl 1
Number
Typ Walter Minor 4-III
Type
Leistung 77 kW
Performance

Flugleistungen

Flightperformances
Reisegeschwindigkeit 180 km/h
Travelspeed
Höchstgeschwindigkeit 205 km/h
Max. speed
Steiggeschwindigkeit 3,3 m/s
Climb speed
Reichweite 600 km
Normal range
Dienstgipfelhöhe 4800 m
Service ceiling

Bemerkungen

Notes
Serienbau als «Trener 2».

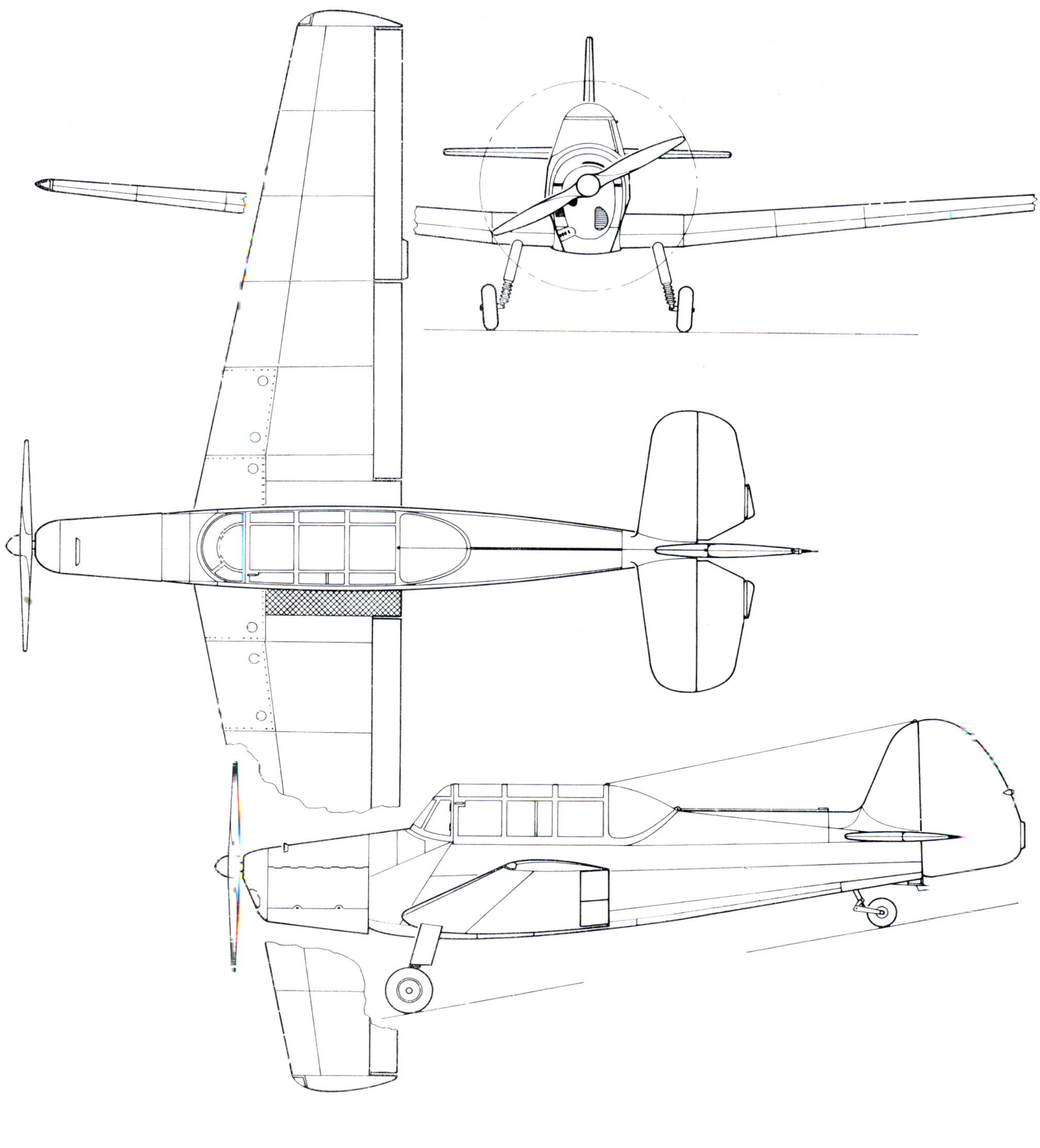

Moravan

Z-326

„Trener Master"

Baujahr 1957
Year of construction
Verwendung Schul-, Übungs- und Kunstflugzeug
Employment
Besatzung 2 (Kunstflug 1)
Crew
Passagiere –
Passengers

Die Entwicklung der Z-326 basierte auf dem Vorgängermuster Z-226. Bereits 1955 war der Prototyp der Z-226 B für den Serienbau fertig. Verschiedene Versionen, wie die Z-226 T «Trener» oder die Z-226 A «Akrobat» verließen das Werk (siehe Foto). 1956 flog der Prototyp der Z-326, der eine neue Grundserie einleitete. Drei Jahre später begann man mit dem Serienbau. Die Maschine erhielt den Beinamen «Trener Master». Wesentliche Veränderungen gegenüber dem Vorgänger waren das Einziehfahrwerk, die Verlängerung der Spannweite um 30 cm und der serienmäßige Einbau eines Funkgerätes. Eine Schleppeinrichtung für Segelflugzeuge erhöhte die vielseitige Verwendbarkeit.

Um die Reichweite zu verbessern, kann man an den Tragflügelenden 35-l-Zusatztanks anbringen.

Die als Trainingsflugzeug zweisitzig ausgelegte Maschine wurde auch in einer Kunstflugvariante für nur einen Piloten als Z-326 «Akrobat» gebaut.

Insgesamt verließen 436 Maschinen der Z-326 (beide Varianten) die Werkhallen in Otrokovice.

Abmessungen

Dimensions
Spannweite 10,58 m
Span
Länge 7,83 m
Length
Flügelfläche 15,5 m^2
Wing aera

Masse

Mass
Leermasse 637 kg
Emtymass
Startmasse 900 kg
T.O. mass
Flächenbelastung 58,7 kg/m^2
Wingloading

Triebwerk

Power plant
Anzahl 1
Number
Typ Walter Minor 6-III
Type
Leistung 118 kW
Performance

Flugleistungen

Flightperformances
Reisegeschwindigkeit 215 km/h
Travelspeed
Höchstgeschwindigkeit 245 km/h
Max. speed
Steiggeschwindigkeit 4,4 m/s
Climb speed
Reichweite 580 km
Normal range
Dienstgipfelhöhe 4800 m
Service ceiling

Bemerkungen

Notes
Serienbau.

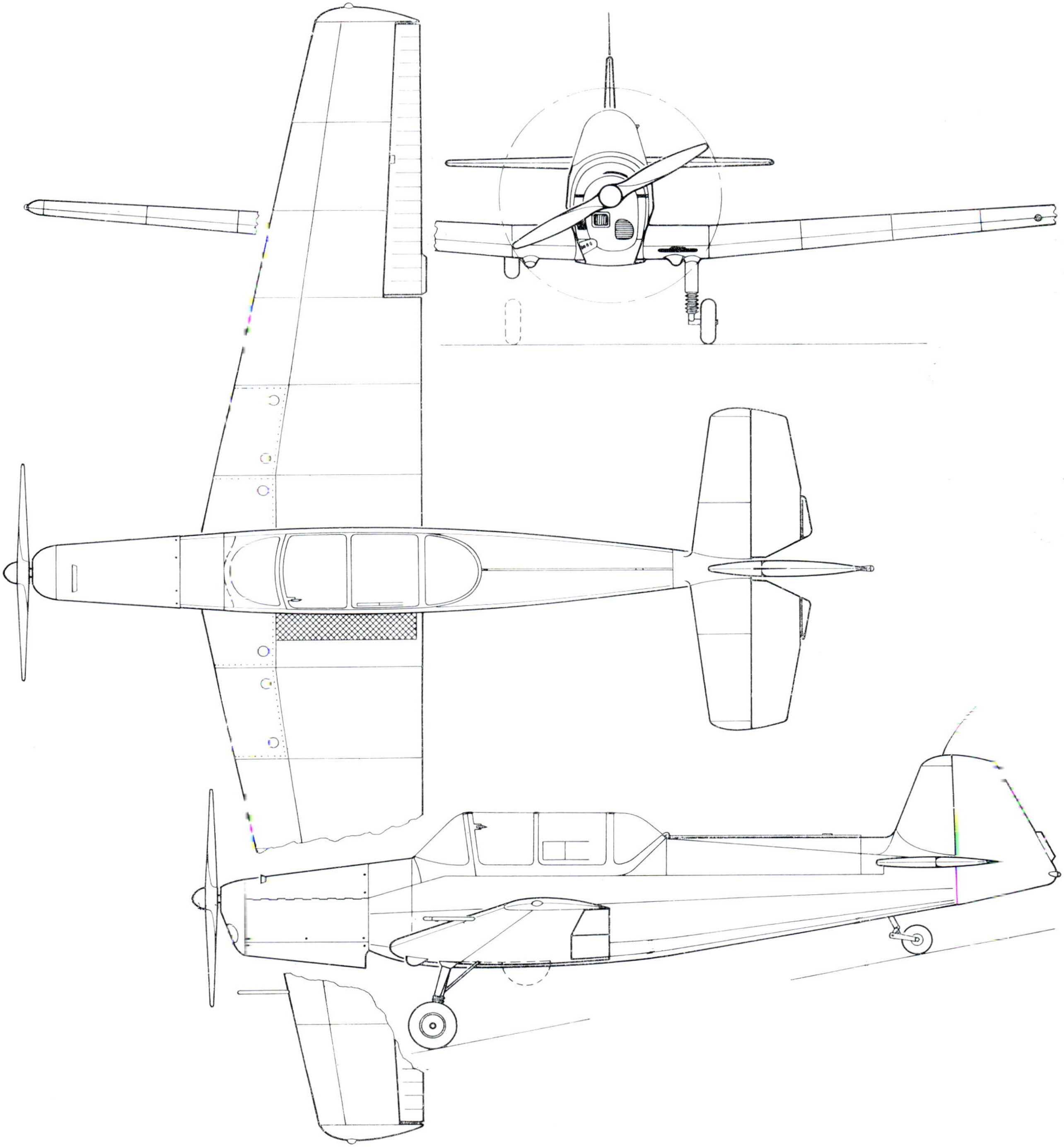

Orličan

L-40

„Meta Sokol"

Baujahr 1957
Year of construction
Verwendung Sport- und Reiseflugzeug
Employment
Besatzung 1
Crew
Passagiere 2 ⟨3⟩
Passengers

Die Entwicklungsarbeiten an dem Sportflugzeug M-1 A «Sokol» begannen bereits während des zweiten Weltkrieges. Der Entwurf stammt von Zdenek Rublič. Nach dem Kriegsende wurde das Flugzeug in mehreren Varianten in Serie gebaut. Bald schon kannte man auf den Sportflugplätzen der Welt die «Sokol». Der Flug der Schweizer Dr. Brunschweiler und Hegeschweiler von Choceň über Praha, Zürich, Athen und den Fernen Osten nach Australien machte das Flugzeug legendär. F. Novak erflog damit mehrere Rekorde.

Die M-1 war in Holzbauweise gefertigt, was schon bald als ein Mangel angesehen wurde. Schwierigkeiten traten auch während der Landephase auf, die allgemein als «Schwimmen» definiert wurde.

Um all diese Probleme zu lösen, ging man an die Überarbeitung der «Sokol»-Konstruktion. Es entstand die L-40 in Ganzmetallbauweise. Dabei wich man erheblich von der ursprünglichen Variante der «Sokol» ab. Nach mehreren Entwicklungsvarianten näherte man sich jedoch wieder der ehemaligen Form.

Die L-40 wurde von vornherein für den Einbau unterschiedlicher Triebwerke ausgelegt. In der Regel war die für den Sportbetrieb vorgesehene Maschine drei- oder viersitzig zu fliegen. Eine konstruktive Besonderheit bestand in der Austauschbarkeit der Querruder von Backbord- und Steuerbordfläche.

Nach umfangreichen Erprobungen und verschiedensten technischen Veränderungen der Prototypen wurde der Serienbau begonnen.

Abmessungen

Dimensions
Spannweite 10,05 m
Span
Länge 7,54 m
Length
Flügelfläche 14,6 m²
Wing aera

Masse

Mass
Leermasse 534 kg
Emtymass
Startmasse 935 kg
T.O. mass
Flächenbelastung 64,5 kg/m²
Wingloading

Triebwerk

Power plant
Anzahl 1
Number
Typ M 332
Type
Leistung 103 kW
Performance

Flugleistungen

Flightperformances
Reisegeschwindigkeit 205 km/h
Travelspeed
Höchstgeschwindigkeit 240 km/h
Max. speed
Steiggeschwindigkeit 4,5 m/s
Climb speed
Reichweite 1100 km
Normal range
Dienstgipfelhöhe 5000 m
Service ceiling

Bemerkungen

Notes
Serienbau als «Meta Sokol».

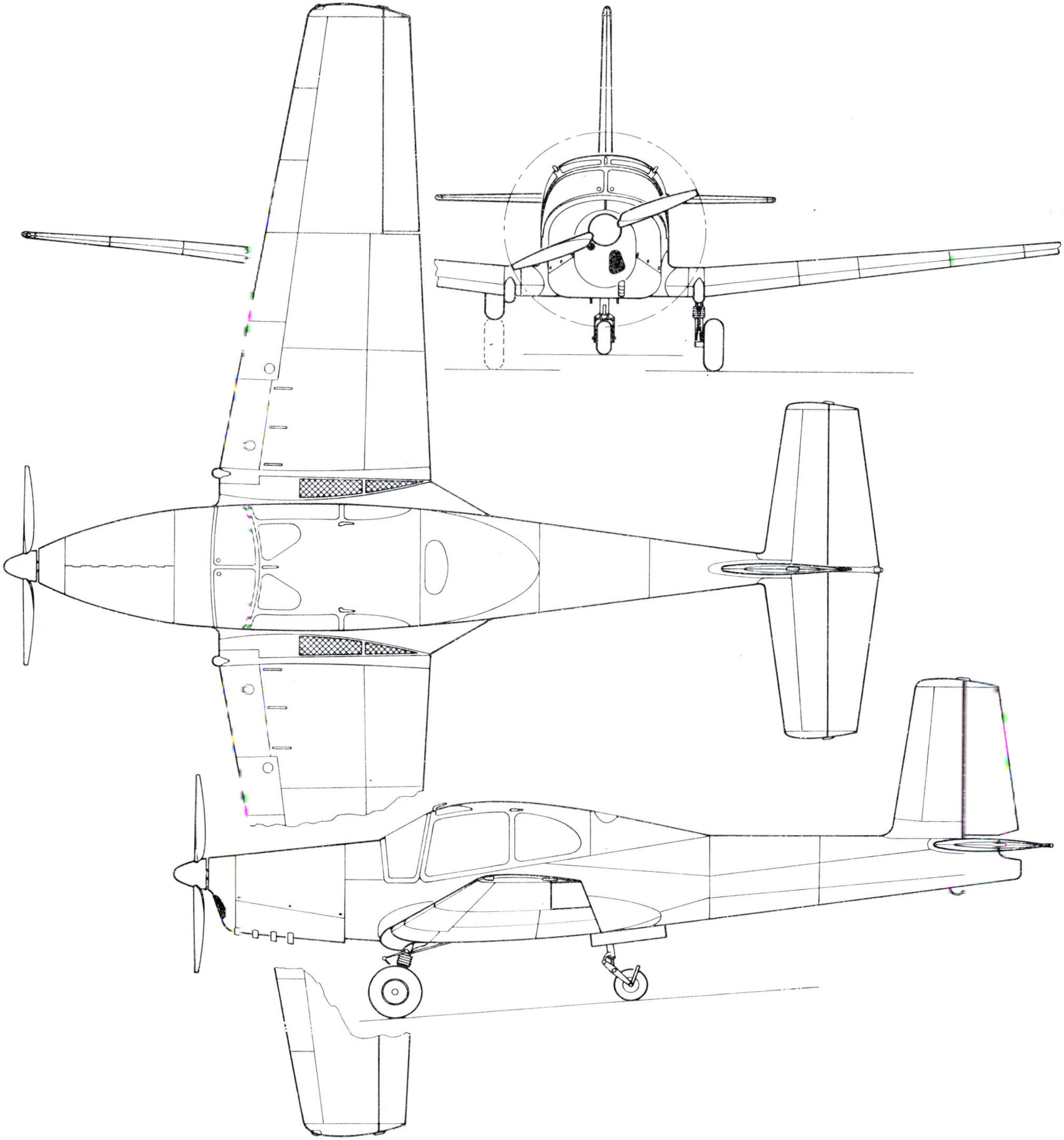

VPS Svazarmu

R-7

„Raček“

Baujahr 1964
Year of construction
Verwendung Kunstflugzeug
Employment
Besatzung 1
Crew
Passagiere –
Passengers

Obwohl man mit den vielseitigen, im Sport- und Kunstflug verwendeten Varianten der «Trener»-Reihe über eine gute Basis an Fluggerät verfügte, gab es immer wieder beachtliche Neuentwicklungen von Leichtflugzeugen.

Anfang der 60er Jahre beschäftigte sich Zdeněk Rublič mit der Entwicklung eines kleinen Kunstflugzeuges. Seine wesentliche Grundidee war, ein leichtes, in konventioneller Holzbauweise hergestelltes Kunstflugzeug für die Fliegerklubs zu schaffen, das anspruchslos in jeder Klubwerkstatt instandgehalten und repariert werden konnte. Die Konstruktion erfolgte im Segelflug-Entwicklungszentrum der Wehrorganisation SVAZARM der ČSSR in Medlánky. Noch während der Arbeiten verstarb Rublič, und Ingenieur Zdeněk Hlavka setzte dessen Pläne fort.

Die kleine Maschine erhielt ein verhältnismäßig schweres Triebwerk, ein Walter-Minor 6-III ⟨118 kW⟩. Der gesamte Triebwerkbereich bekam eine Dural-Verkleidung.

1964 fand die Flugerprobung statt. Dabei erreichte man eine Steiggeschwindigkeit von 11 m/s. Die R-7 erhielt den Beinamen «Raček» ⟨Möwe⟩.

Dieser Typ ging nicht in Serie, da er insgesamt nur ungenügende Leistungen erreichte.

Abmessungen

Dimensions
Spannweite 7,65 m
Span
Länge 6,70 m
Length
Flügelfläche 9,0 m^2
Wing aera

Masse

Mass
Leermasse 510 kg
Emtymass
Startmasse 660 kg
T.O. mass
Flächenbelastung 73,5 kg/m^2
Wingloading

Triebwerk

Power plant
Anzahl 1
Number
Typ Walter Minor 6-III
Type
Leistung 118 kW
Performance

Flugleistungen

Flightperformances
Reisegeschwindigkeit 260 km/h
Travelspeed
Höchstgeschwindigkeit 310 km/h
Max. speed
Steiggeschwindigkeit 11 m/s
Climb speed
Reichweite 350 km
Normal range
Dienstgipfelhöhe 8000 m
Service ceiling

Bemerkungen

Notes
Kein Serienbau.

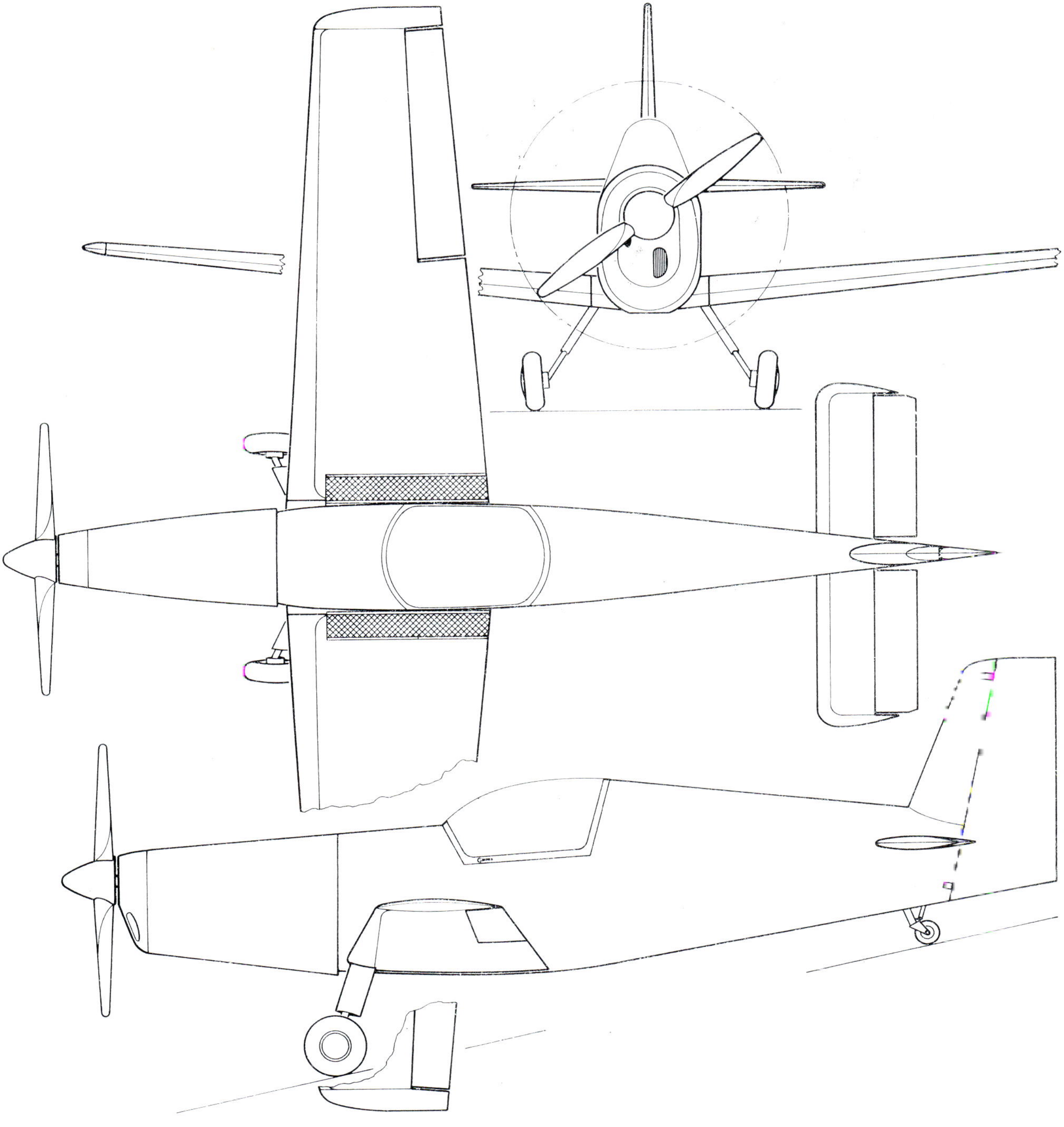

Moravan
Z-526
„Trener Master"

Baujahr 1965
Year of construction
Verwendung Schulflugzeug
Employment
Besatzung 2 ⟨AFS = 1⟩
Crew
Passagiere –
Passengers

Beim internationalen Kunstflugwettbewerb um die «Lockheed-Trophy» 1965 in Großbritannien erweckte die Z-526 Aufmerksamkeit. Ladislav Bezák, bereits 1960 und 1964 Weltmeister, konnte mit dem neuen Übungsflugzeug einen beachtlichen dritten Platz belegen.

Die Z-526 setzte die Traditionen im Leichtflugzeugbau fort. Bei der Konstruktion des Tiefdeckers kam es vor allem darauf an, die Zelle gegenüber dem Vormuster Z-326 etwas zu verstärken. Das bewährte Triebwerk Walter-Minor 6-III bekam ein spezielles Kraftstoffsystem für alle Fluglagen. Die Maschine ist für zwei Piloten ausgelegt und besonders für das Kunstflugtraining geeignet. Für den angewandten Kunstflug läßt sich die Z-526 auch einsitzig, vom hinteren Pilotensitz aus, fliegen.

Als eine wesentliche Verbesserung muß die Ausrüstung der Z-526 mit einem neuen Triebwerk Avia M-137 und einer vollautomatischen Ganzmetall-Zweiblattluftschraube Avia V. 503 angesehen werden. Diese Serie wurde mit Z-526 F bezeichnet. Eine Exportvariante Z-526 L erhielt den Motor Lycoming AIO-360-B1B, um den Absatz in solche Länder zu garantieren, die über ein entsprechendes Servicesystem verfügen.

Im Oktober 1971 fand der Erstflug der einsitzigen Variante Z-526 AFS «Akrobat Spezial» statt. Diese unterscheidet sich vom Grundmuster Z-526 F durch eine geringere Spannweite und eine kleinere Flügelfläche. Infolgedessen ist die Ausführung AFS im Kunstflug wendiger und verfügt über eine höhere Steiggeschwindigkeit.

Nebenstehender Dreiseitenriß zeigt die Z-526 AFS.

Abmessungen
Dimensions
Spannweite 10,58 m ⟨AFS 8,84 m⟩
Span
Länge 8,00 m ⟨AFS 7,73 m⟩
Length
Flügelfläche 15,5 m² ⟨AFS 13,81 m²⟩
Wing aera

Masse
Mass
Leermasse 637 kg ⟨AFS 605 kg⟩
Emtymass
Startmasse 975 kg ⟨AFS 740 kg⟩
T.O. mass
Flächenbelastung 62,9 kg/m² ⟨AFS 53,6 kg/m²⟩
Wingloading

Triebwerk
Power plant
Anzahl 1 ⟨AFS 1⟩
Number
Typ Walter Minor 6-III M-137
Type
Lesitung 118 kW ⟨AFS 132 kW⟩
Performance

Flugleistungen
Flightperformances
Reisegeschwindigkeit 215 km/h
Travelspeed
Höchstgeschwindigkeit 245 km/h
Max. speed
Steiggeschwindigkeit 5,5 m/s ⟨AFS 8 m/s⟩
Climb speed
Reichweite 650 km ⟨AFS 780 km⟩
Normal range
Dienstgipfelhöhe 5100 m
Service ceiling

Bemerkungen
Notes
Serienbau; verschiedene Versionen, so eine einsitzige für den Kunstflug.

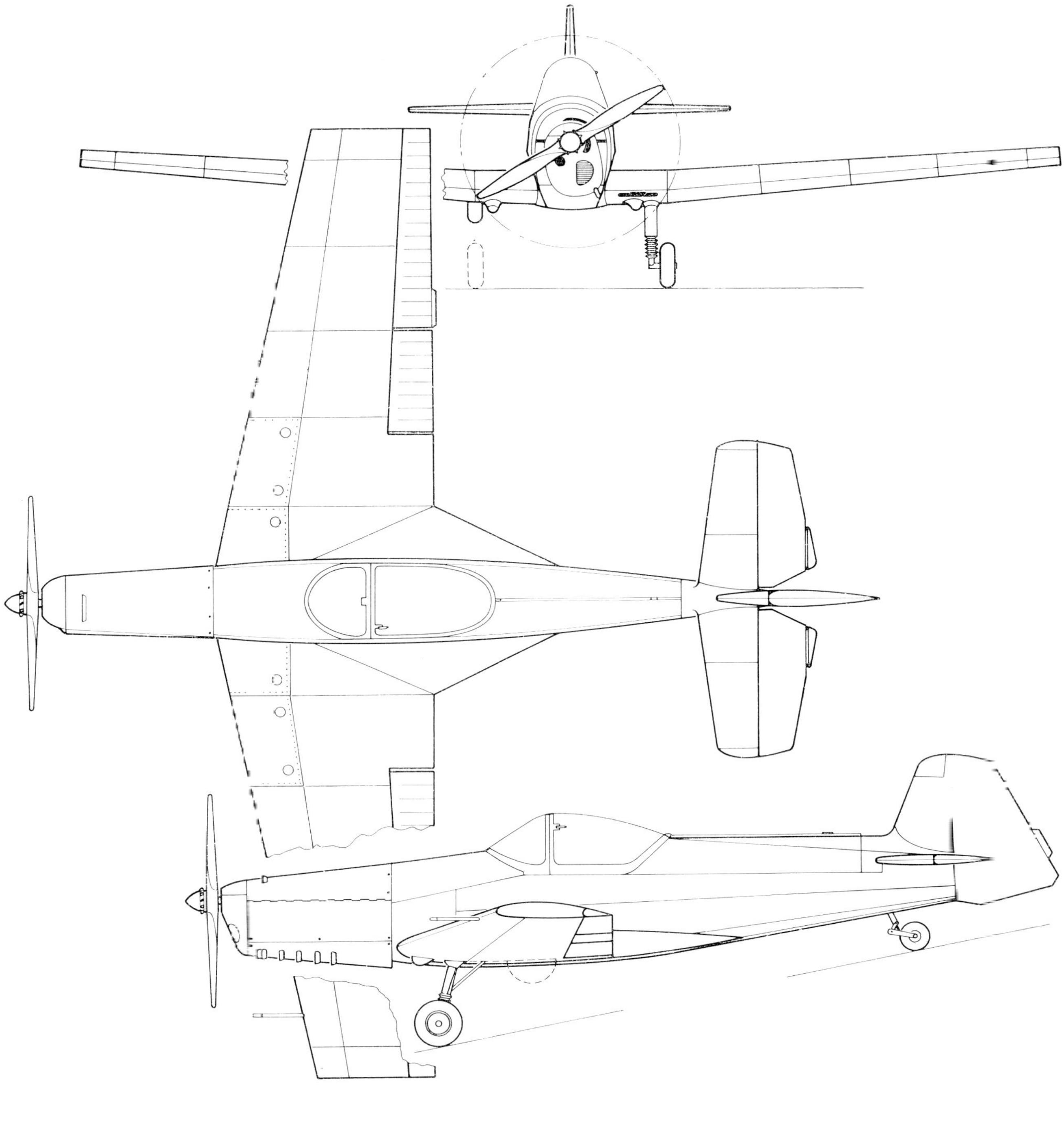

Moravan

Z-42

Baujahr 1967
Year of construction
Verwendung Schul- und Sportflugzeug
Employment
Besatzung 2
Crew
Passagiere –
Passengers

Die Fortsetzung der berühmten «Trener»-Reihe stellt die Baureihe mit Z ⟨Zlin⟩-Bezeichnungen dar. Als ihr Grundmuster muß die Z-41 angesehen werden. Dieser zweisitzige Tiefdecker mit einem M 332-Triebwerk war der Ausgangspunkt für eine Reihe unterschiedlicher Versionen eines Grundtyps. Die Serienausführung für das Schul-, Sport-, Kunst- und Schleppflugzeug bekam die Bezeichnung Z-42.

Entsprechend den verschiedenen Aufgaben werden folgende Unterversionen gefertigt: Z-42 M, Z-42 MU und Z-42 D.

Als besonders günstig hat sich der Einbau des Triebwerks M 137 AZ erwiesen. Die Maschine wird vorrangig zur Pilotenausbildung bei den Fliegerklubs verwendet. Auch im militärischen Bereich wird dieser Typ für Kurierzwecke eingesetzt.

Neben der viersitzigen Variante Z-43 entstand das Projekt eines einsitzigen Flugzeuges für den Kunstflug unter der Bezeichnung Z-44. Auch hier wollte man möglichst viele Bauteile der Z-42 beibehalten.

Mit weiter veränderter Tragflügelgeometrie blieb eine Z-45, die ebenfalls als einsitziges Kunstflugmuster vorgesehen war, auch nur Projekt.

Eine direkte Anlehnung an die Z-42 ist das Projekt Z-46 für ein zweimotoriges Reiseflugzeug.

Abmessungen
Dimensions
Spannweite 8,60 m
Span
Länge 7,09 m
Length
Flügelfläche 12,5 m^2
Wing aera

Masse
Mass
Leermasse 650 kg
Emtymass
Startmasse 920 kg
T.O. mass
Flächenbelastung 73,6 kg/m^2
Wingloading

Triebwerk
Power plant
Anzahl 1
Number
Typ M 137
Type
Leistung 132 kW
Performance

Flugleistungen
Flightperformances
Reisegeschwindigkeit 200 km/h
Travelspeed
Höchstgeschwindigkeit 230 km/h
Max. speed
Steiggeschwindigkeit 4,8 m/s
Climb speed
Reichweite 800 km
Normal range
Dienstgipfelhöhe 5500 m
Service ceiling

Bemerkungen
Notes
Serienbau.

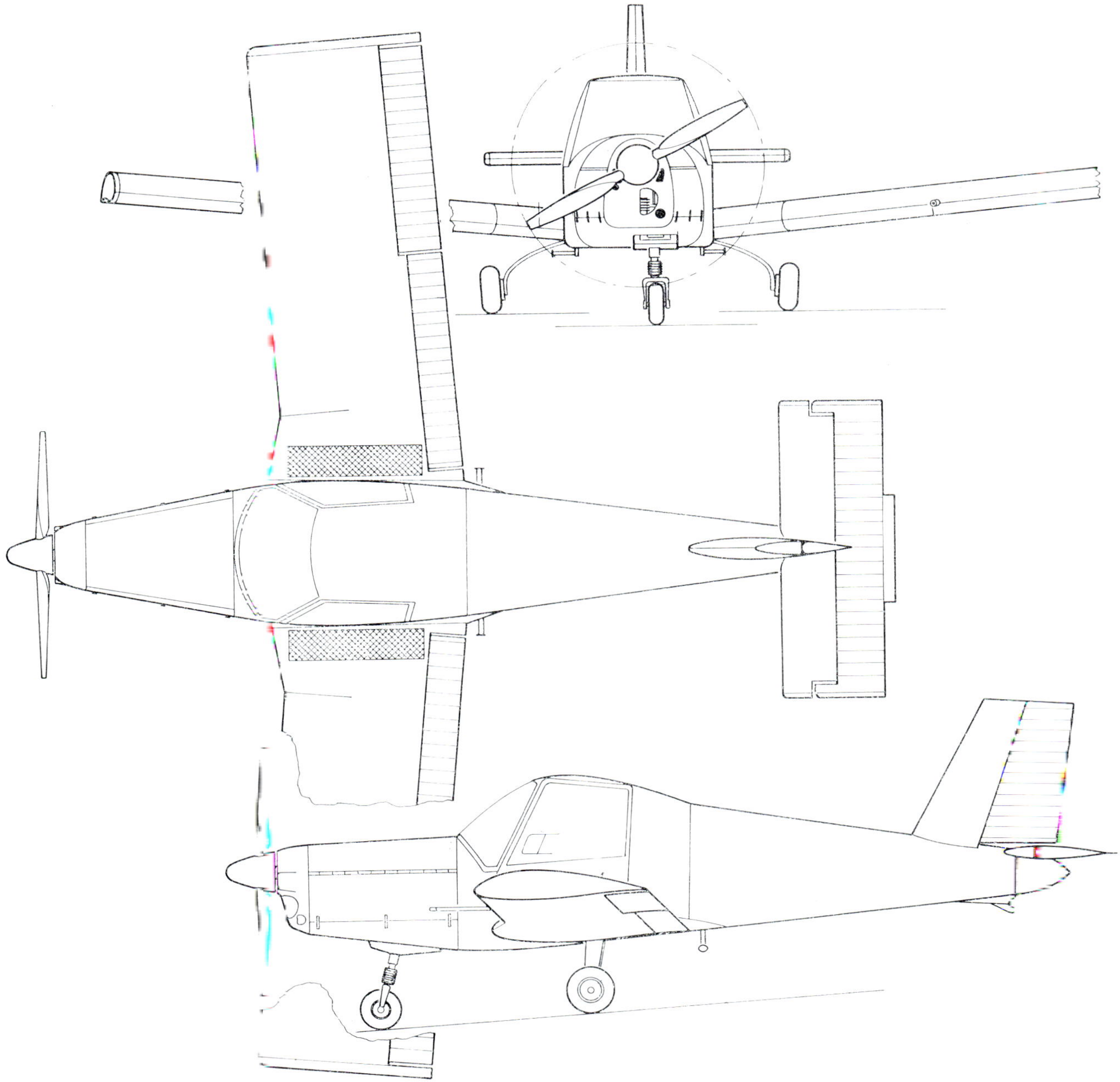

Moravan

Z-726

„Universal"

Baujahr 1973
Year of construction
Verwendung Übungs- und Kunstflugzeug
Employment
Besatzung 2 ⟨1⟩
Crew
Passagiere –
Passengers

Mit der Z-726 «Universal» endete die bewährte «Trener»-Reihe.
Im Frühjahr 1973 waren zwei Prototypen der Z-726 fertiggestellt. Nach ihrem Erstflug im Mai begann eine umfangreiche Erprobung. Bald darauf konnte das neue Muster in den Serienbau überführt werden.
Die Maschine ist wiederum, wie ihre Vorgängerinnen, universell einsetzbar.
Der aerodynamisch gut durchgebildete Tiefdecker hat zwei Sitze, kann aber auch einsitzig geflogen werden.
Das Triebwerk M 137 wurde auch für diese Serie übernommen.
Eine Version der Z-726 ist die Ausführung «K». Um die Leistung nochmals zu verbessern, verwendete man dazu das Triebwerk M 337 mit einer um 23 kW höheren Leistung.
Die Z-726 ist vorrangig für Fliegerklubs bestimmt.

Abmessungen
Dimensions
Spannweite 9,87 m
Span
Länge 7,79 m
Length
Flügelfläche 15,0 m^2
Wing aera

Masse
Mass
Leermasse 690 kg
Emtymass
Startmasse 946 kg
T.O. mass
Flächenbelastung 67,2 kg/m^2
Wingloading

Triebwerk

Power plant

Anzahl 1
Number
Typ M 137
Type
Leistung 132 kW
Performance

Flugleistungen

Flightperformances

Reisegeschwindigkeit 245 km/h
Travelspeed
Höchstgeschwindigkeit 270 km/h
Max. speed
Steigleistung 3,3 min/1000 m
Climb rate
Reichweite 900 km
Normal range
Dienstgipfelhöhe 5500 m
Service ceiling

Bemerkungen

Notes

Z-726 K: Triebwerk
1 × M 337 mit 155 kW.

Moravan

Z-50 L

Baujahr 1975
Year of construction
Verwendung Kunstflugzeug
Employment
Besatzung 1
Crew
Passagiere –
Passengers

Die nach dem zweiten Weltkrieg begonnene Entwicklung der «Trener»-Reihe mit ihren speziellen Varianten für den Kunstflug war wiederum die Basis für ein neues Muster.

Im Jahr 1975 auf der XVII. Internationalen Maschinenbaumesse in Brno erstmals vorgestellt, zählt die Z-50 heute schon zu den Standardflugzeugen für den Kunstflug und wird in vielen Ländern der Welt geflogen.

Entwurf, Konstruktion und Bau der Z-50 konnten in einem Jahr realisiert werden.

Am 18. Juli 1975 fand der Erstflug statt. Alle Erfahrungen im Kunstflug wurden bei der Konstruktion berücksichtigt. Die Zelle ist nach neuesten aerodynamischen Erkenntnissen entwickelt und das 190 kW leistende Triebwerk Lycoming AE-10 ermöglicht eine Höchstgeschwindigkeit zwischen 200 und 250 km/h.

Heute sind Z-50 L bei allen Kunstflugwettbewerben, ob national oder international, anzutreffen und oft auf den ersten und vorderen Plätzen zu finden.

Abmessungen

Dimensions
Spannweite 8,58 m
Span
Länge 6,62 m
Length
Flügelfläche 12,5 m²
Wing aera

Masse

Mass
Leermasse 510 kg
Emtymass
Startmasse 650 kg
T.O. mass
Flächenbelastung 52,0 kg/m²
Wingloading

Triebwerk

Power plant
Anzahl 1
Number
Typ Lycoming AEIO 540 D 4-85
Type
Leistung 191 kW
Performance

Flugleistungen

Flightperformances
Reisegeschwindigkeit 240 km/h
Travelspeed
Höchstgeschwindigkeit 293 km/h
Max. speed
Steiggeschwindigkeit 15 m/s
Climb speed
Reichweite 250 km
Normal range
Dienstgipfelhöhe 8000 m
Service ceiling

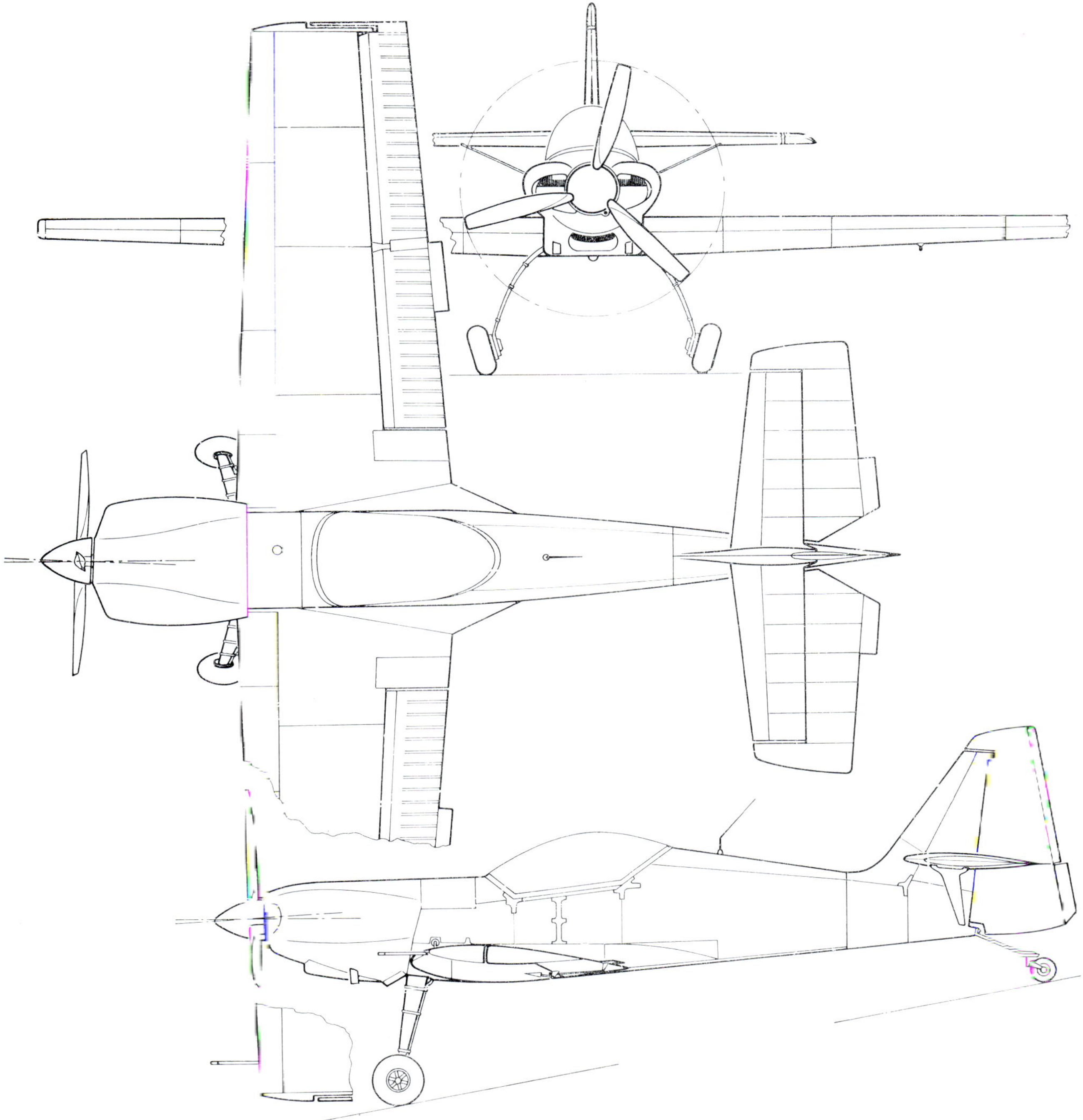

Moravan

Z-142

Baujahr 1978
Year of construction
Verwendung Schul- und Übungsflugzeug
Employment
Besatzung 2
Crew
Passagiere –
Passengers

Nur wenige Jahre nach dem Produktionsbeginn der «Vierziger»-Reihe wurde eine weitere Version dieses bereits bewährten Schul- und Übungsflugzeuges vorgestellt. Die Zlin Z-142 absolvierte am 28. Dezember 1978 ihren Erstflug.

Die Zelle wurde nach neuen Erkenntnissen verändert. Die Tragflügel erfuhren im Endbereich Änderungen, ohne daß die Geometrie wesentlich umgestaltet wurde. Der Rumpf wurde im Kabinen- und Leitwerksbereich verbessert und um 0,28 m verlängert. Die Kabine selbst erhielt eine neue gezogene Verglasung, die sich zum Ein- und Ausstieg leicht nach vorn schieben läßt. Durch das Triebwerk M-337 AK erhöhte sich die Leistung auf 155 kW.

Die Z-142 wird in den Fliegerklubs als Ausbildungsflugzeug genutzt. Aufgrund ihrer verbesserten Reichweite gegenüber der Z-42 erfolgt auch ein Einsatz als Kurier- und Verbindungsflugzeug im militärischen Bereich.

Die Z-142 ist ebenso wie ihre Vorgängerserien kunstflugtauglich.

Abmessungen

Dimensions
Spannweite 9,16 m
Span
Länge 7,33 m
Length
Flügelfläche 13,2 m^2
Wing aera

Masse

Mass
Leermasse 730 kg
Emtymass
Startmasse 1090 kg
T.O. mass
Flächenbelastung 82,9 kg/m^2
Wingloading

Triebwerk

Power plant
Anzahl 1
Number
Typ M-337 AK
Type
Leistung 157 kW
Performance

Flugleistungen

Flightperformances
Reisegeschwindigkeit 197 km/h
Travelspeed
Höchstgeschwindigkeit 231 km/h
Max. speed
Steiggeschwindigkeit 4,4 m/s
Climb speed
Reichweite 525 bis 900 km
Normal range
Dienstgipfelhöhe 4300 m
Service ceiling

Bemerkungen

Notes
Kunstflugtauglich.

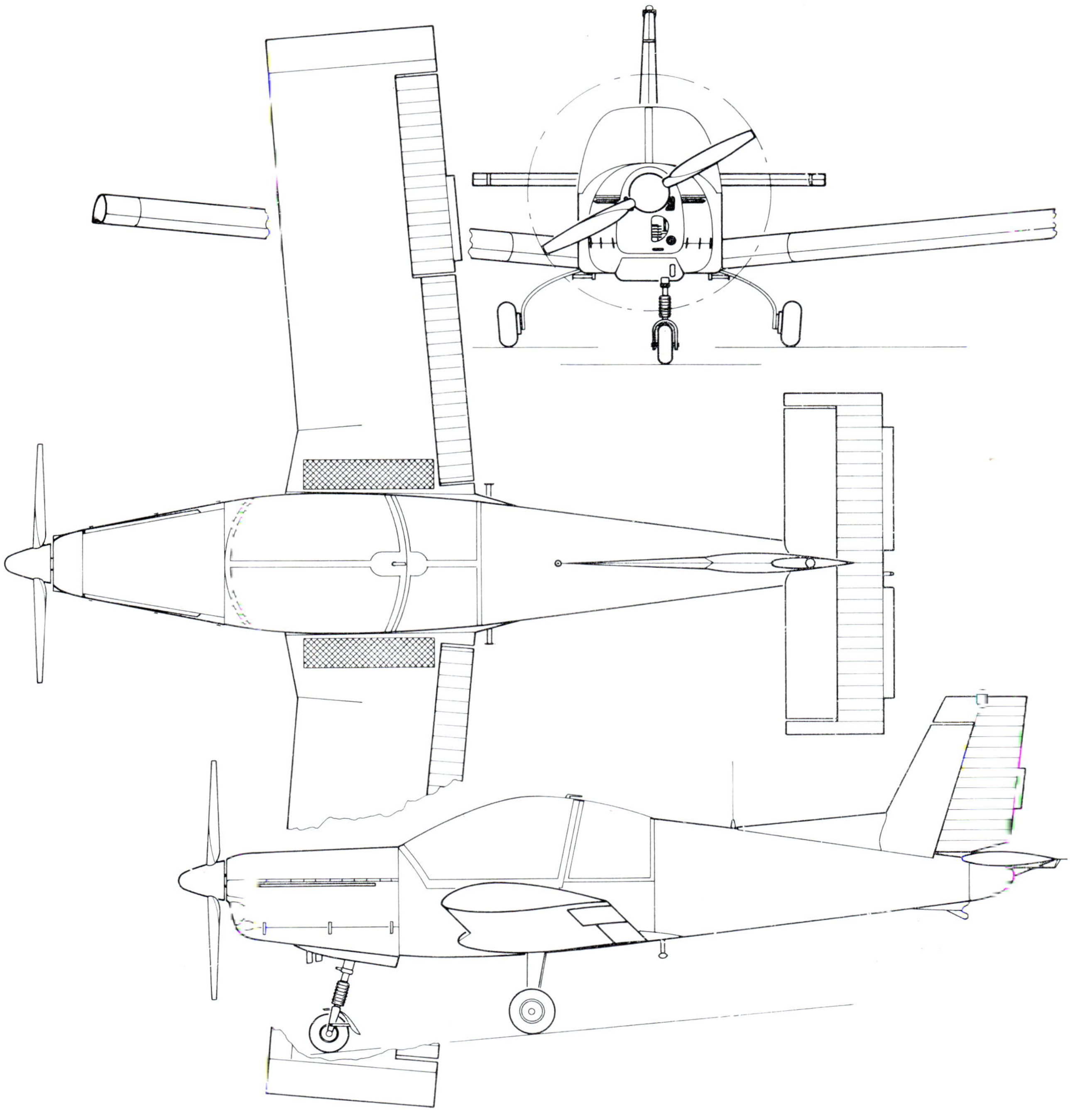

Aero

L-29

„Delfin"

Baujahr 1959
Year of construction
Verwendung Strahltrainer
Employment
Besatzung 2
Crew
Passagiere –
Passengers

Anfang der 50er Jahre entstanden neue Forderungen nach einer verbesserten, zweckmäßigen Ausbildung von Piloten auf Flugzeugen mit Strahltriebwerken. Das galt auch für die Tschechoslowakei.

Karel Tomaš und Zdeněk Rublič, zwei erfahrene Konstrukteure, wurden mit der Entwicklung beauftragt. Zu den Grundforderungen an das erste in der ČSR konstruierte Flugzeug mit Strahlturbinenantrieb gehörten neben Wirtschaftlichkeit und hoher Flugsicherheit vor allem Ausbildungsmöglichkeiten im Tag- und Nachtbetrieb, bei Allwetterbedingungen und gute Trainingsmöglichkeiten in der Handhabung der Waffen.

Nahezu fünf Jahre Entwicklungszeit, bei einem Aufwand von 2 000 Stunden pro kg Flugmasse, führten zur L-29.

Am 5. April 1959 startete Rudolf Duchon zum Erstflug. Im Verlaufe von zwei Jahren wurden acht Versuchsvarianten getestet, ehe man zur endgültigen Form fand.

Inzwischen lief in den «Jana-Šverny-Werken» in Jinonice die Entwicklung der Turbine M-701. Während die ersten beiden Prototypen noch mit Bristol-Siddeley-Triebwerken erprobt wurden, entschloß man sich, in die weiteren Muster die Turbine M-701 einzubauen.

In die Vorbereitung der umfangreichen Serienproduktion des neuen Trainers im Jahr 1960 mußte ein großer Teil der Flugzeugwerke einbezogen werden.

Die Serienmaschinen wurden in den Luftstreitkräften aller Warschauer Vertragsstaaten und anderer Länder geflogen.

Abmessungen

Dimensions
Spannweite 10,30 m
Span
Länge 10,80 m
Length
Flügelfläche 19,8 m²
Wing aera

Masse

Mass
Leermasse 2280 kg
Emtymass
Startmasse 3540 kg
T.O. mass
Flächenbelastung 178,8 kg/m²
Wingloading

Triebwerk

Power plant
Anzahl 1
Number
Typ M 701
Type
Leistung 8,73 kN
Performance

Flugleistungen

Flightperformances
Reisegeschwindigkeit 545 km/h
Travelspeed
Höchstgeschwindigkeit 655 km/h
Max. speed
Steiggeschwindigkeit 14 m/s
Climb speed
Reichweite 900 km
Normal range
Dienstgipfelhöhe 11 000 m
Service ceiling

Bemerkungen

Notes
Serienbau.

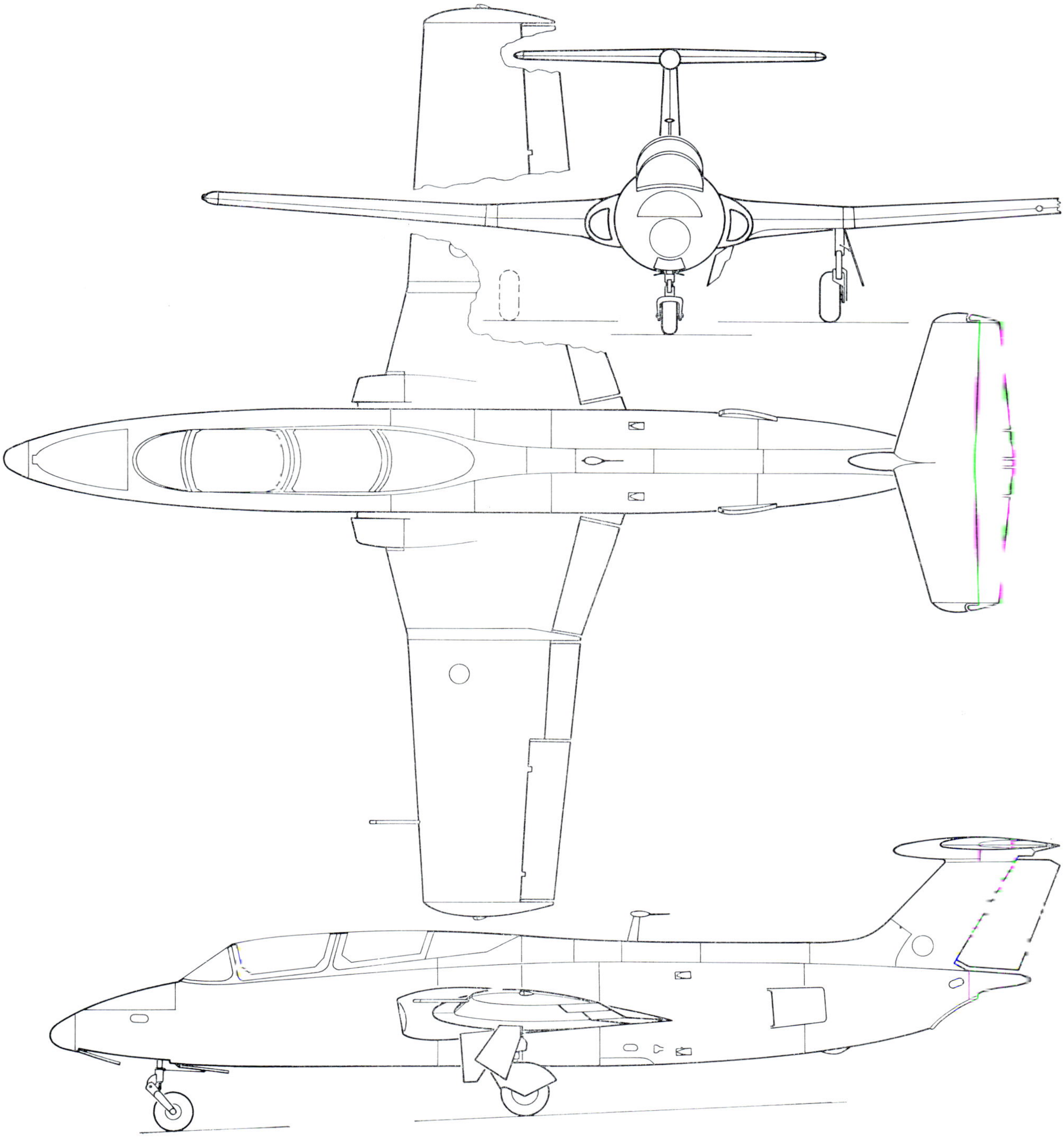

Aero

L-39

„Albatros"

Baujahr 1968
Year of construction
Verwendung Strahltrainer
Employment
Besatzung 2
Crew
Passagiere –
Passengers

Um den ständig wachsenden Anforderungen der Ausbildung an moderner Flugtechnik nachzukommen, entwickelte ein Konstruktionskollektiv unter Leitung von Jan Vlcek den Strahltrainer L-39. 1968 startete der Chefpilot des VZLÚ, Ingenieur Rudolf Duchon, zum Erstflug.

Die folgenden Flugerprobungen zeigten bereits beachtliche Ergebnisse, so daß Mitte der 70er Jahre die Serienfertigung anlaufen konnte. Die L-39 wurde zum Standardtrainer für die Luftstreitkräfte der sozialistischen Verteidigungskoalition. Aber auch andere Länder verwenden diesen Strahltrainer.

Schon bei den Konstruktionsarbeiten berücksichtigte man, das Flugzeug als Bestandteil eines ganzen Ausbildungskomplexes zu schaffen. Dazu gehören der Simultantrainer TL-39, das Ausbildungsgerät NKTL-39 für den Notfall und die Kontrollanlage KL-39. Damit wurde die Flugausbildung wesentlich kostengünstiger.

Das Triebwerk der L-39 ist sowjetischer Herkunft ⟨1 × AI-25 TL⟩ und erzeugt einen Standschub von 16,9 kN.

Die L-39 wird für die Anfänger- und Fortgeschrittenenausbildung eingesetzt.

Abmessungen

Dimensions
Spannweite 9,46 m
Span
Länge 12,32 m
Length
Flügelfläche 18,8 m^2
Wing aera

Masse

Mass
Leermasse 3452 kg
Emtymass
Startmasse 4400 kg
T.O. mass
Flächenbelastung 234,0 kg/m^2
Wingloading

Triebwerk

Power plant
Anzahl 1
Number
Typ AI-25 TL
Type
Leistung 16,87 kN
Performance

Flugleistungen

Flightperformances
Reisegeschwindigkeit 680 km/h
Travelspeed
Höchstgeschwindigkeit 755 km/h
Max. speed
Steigleistung 5 min/5000 m
Climb rate
Reichweite 800 km
Normal range
Dienstgipfelhöhe 11 500 m
Service ceiling

Bemerkungen

Notes
Seit 1974 Serienbau. Versionen sind L-39 Schleppmaschine für Luftziel KT-04; L-39 ZO = Übungsflugzeug für Luft- und Bodenziele; L-39 Z = wie ZO, aber einsitzig.

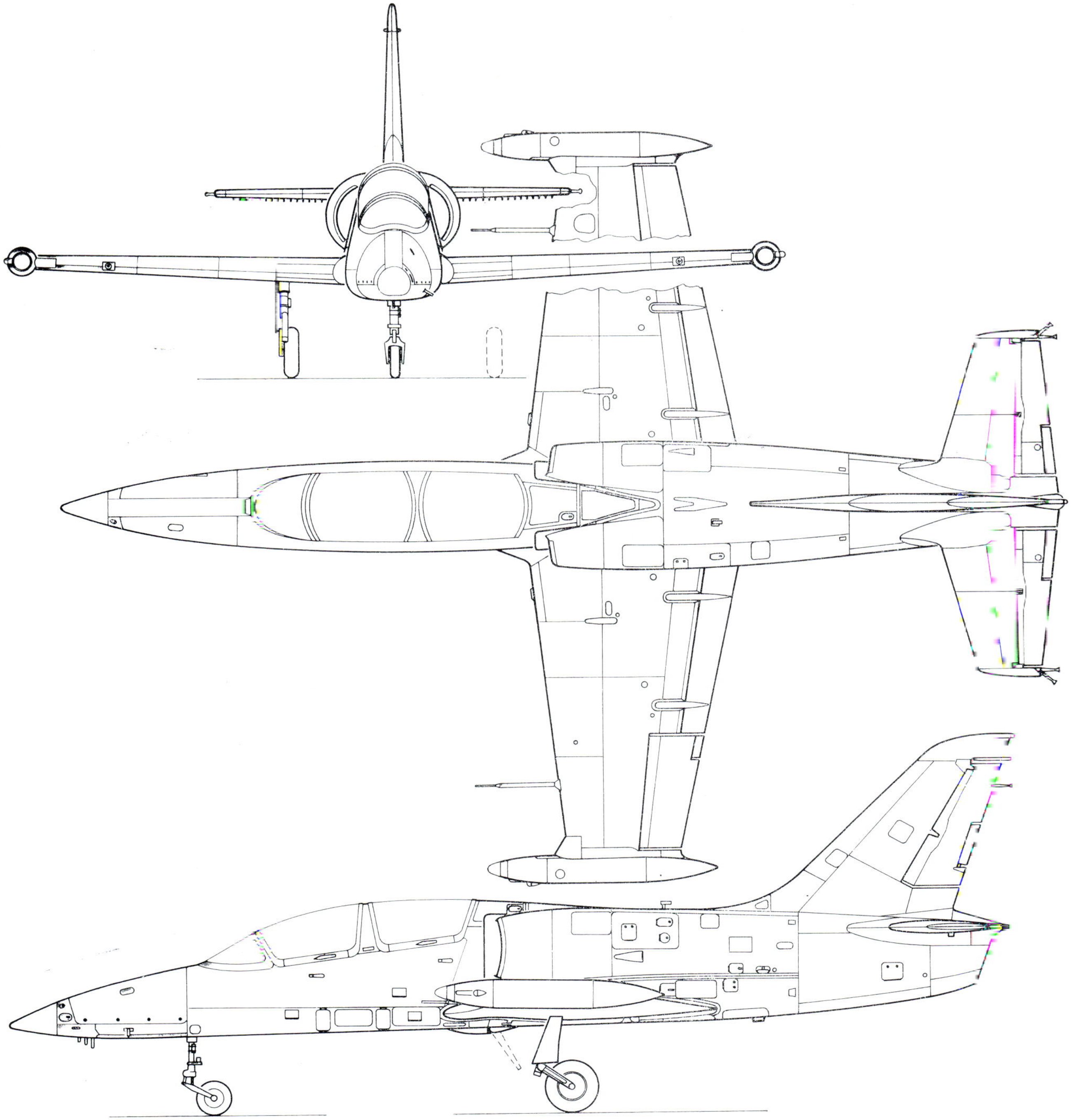

Aero

Ae-45

Baujahr 1947
Year of construction
Verwendung Reiseflugzeug
Employment
Besatzung 1
Crew
Passagiere 3
Passengers

Zu den ersten Nachkriegsentwicklungen zählte das zweimotorige Sport- und Reiseflugzeug Ae-45, ein solider Ganzmetall-Tiefdecker. Die viersitzige Maschine, die vorwiegend als Lufttaxi angeboten wurde, entstand 1946 und absolvierte am 21. Juli 1947 ihren Erstflug. Im Stammbetrieb Aero wurde bis zum Jahre 1951 eine erste Serie von 200 Maschinen gebaut. Dann wurde dort der Serienbau eingestellt.

Im Herbst 1954 war die Entwicklung des verbesserten Musters Aero-45 S »Super Aero« serienreif. Der Bau begann bei Let in Uh.-Hradište-Kunovice.

Schnell konnte das in seiner Formgebung zweckmäßige und aerodynamisch gelungene Flugzeug bei vielen Fluggesellschaften und Fliegerklubs einen festen Platz einnehmen. Mit seinen zwei Walter-Minor 4-III-Triebwerken erreichte die «Super Aero» eine Reisegeschwindigkeit von 235 km/h.

Von Aero gibt es außer einer normal instrumentierten auch eine nachtflugtaugliche Version.

Weitere Verbesserungen wurden auf der Grundlage langjähriger Flugerfahrungen bei den Nachfolgemustern Aero-145, Ae-245 und Ae-345 realisiert. Allerdings ging nur die Ae-145 bei Let in Uh.-Hradište-Kunovice in Serie.

Abmessungen

Dimensions
Spannweite 12,25 m
Span
Länge 7,54 m
Length
Flügelfläche 17,1 m^2
Wing aera

Masse

Mass
Leermasse 820 kg
Emtymass
Startmasse 1400 kg
T.O. mass
Flächenbelastung 81,9 kg/m^2
Wingloading

Triebwerk

Power plant
Anzahl 2
Number
Typ Walter Minor 4-III
Type
Leistung 77 kW
Performance

Flugleistungen

Flightperformances
Reisegeschwindigkeit 245 km/h
Travelspeed
Höchstgeschwindigkeit 280 km/h
Max. speed
Steigleistung 9 min/2000 m
Climb rate
Reichweite 1000 km
Normal range
Dienstgipfelhöhe 4700 m
Service ceiling

Bemerkungen

Notes
Serienbau.

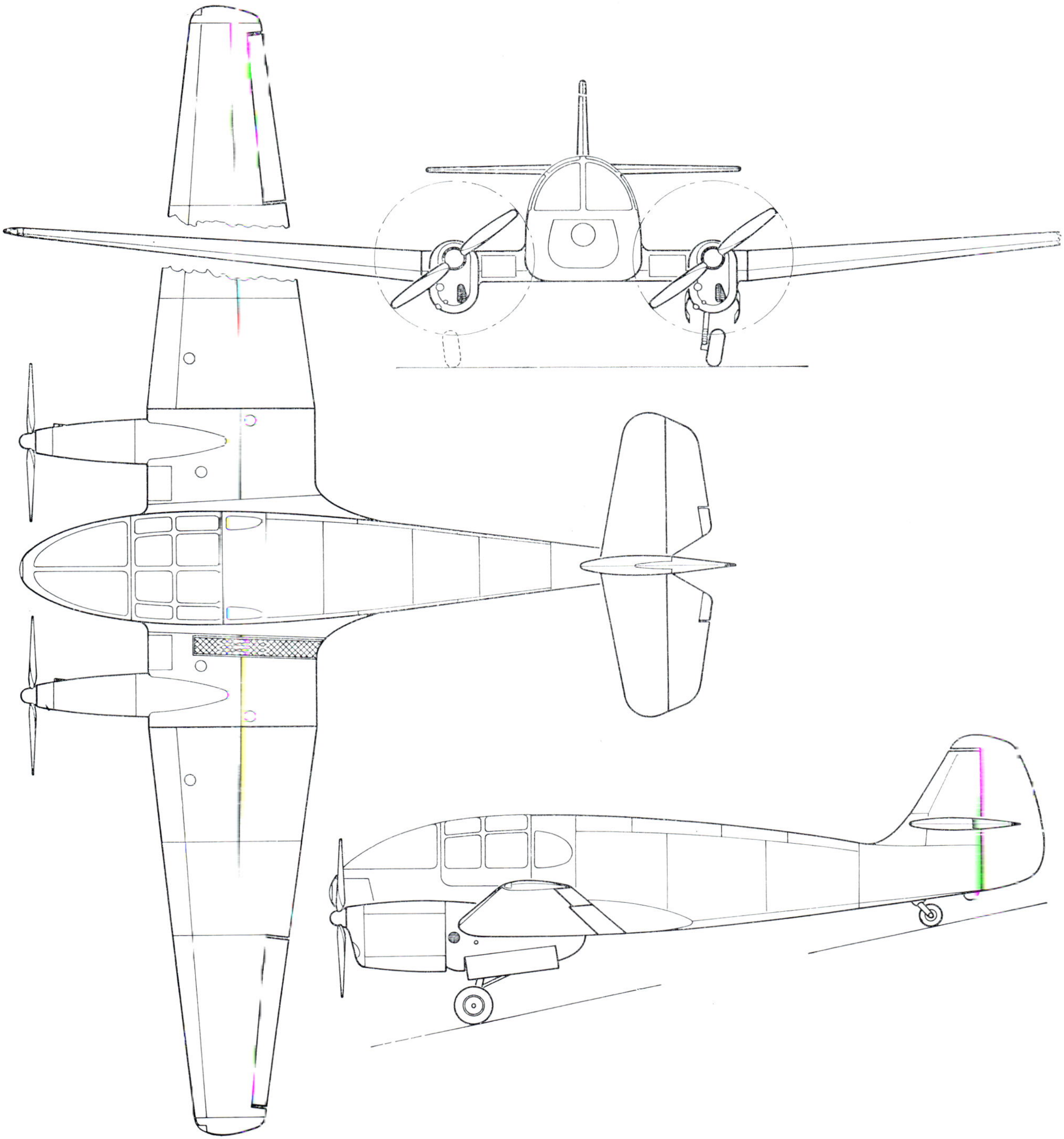

Let

L-200

„Morava"

Baujahr 1957
Year of construction
Verwendung Reiseflugzeug
Employment
Besatzung 1
Crew
Passagiere 3 ⟨4⟩
Passengers

Im Jahr 1956 begann ein Kollektiv um Ing. L. Smrček die Entwicklung eines zweimotorigen Reiseflugzeuges, das Mitte 1957 seinen Erstflug unternahm.

Mit der L-200 entstand ein Kleinflugzeug, das die erfolgreiche Reihe der bewährten «Super Aero»-45 und Aero 145 fortsetzte.

Die L-200 erhielt den Beinamen «Morava» und wurde 1959 in die Serienproduktion überführt. Seit 1961 gab es die verbesserte Variante L-200 D, die zwei Dreiblatt-Verstelluftschrauben mit hydraulischer Drehzahlreglung hatte. Sie besaß auch serienmäßig eine Enteisungsanlage und eine neue Kabinenausstattung. Das erhöhte zweifelsohne den Reisekomfort. Besonders häufig wurde die L-200 als Lufttaxi verwendet. Umrüstungen gestatteten auch den Einsatz als Sanitätsflugzeug oder mit anderer Einrichtung als Luftbildflugzeug.

Exporte gingen in alle sozialistischen Länder, in die BRD, nach Großbritannien, Frankreich, Italien und die Schweiz, nach Australien und Mali.

Abmessungen

Dimensions
Spannweite 12,31 m
Span
Länge 8,61 m
Length
Flügelfläche 17,3 m^2
Wing aera

Masse

Mass
Leermasse 1200 kg
Emtymass
Startmasse 1850 kg
T.O. mass
Flächenbelastung 107,0 kg/m^2
Wingloading

Triebwerk

Power plant
Anzahl 2
Number
Typ Walter Minor 6-III
Type
Leistung 118 kW
Performance

Flugleistungen

Flightperformances
Reisegeschwindigkeit 260 km/h
Travelspeed
Höchstgeschwindigkeit 310 km/h
Max. speed
Steiggeschwindigkeit 5 m/s
Climb speed
Reichweite 1600 km
Normal range
Dienstgipfelhöhe 5500 m
Service ceiling

Bemerkungen

Notes
Mehrere Serien gebaut: 1960 – Version A und 1961 – Version D.

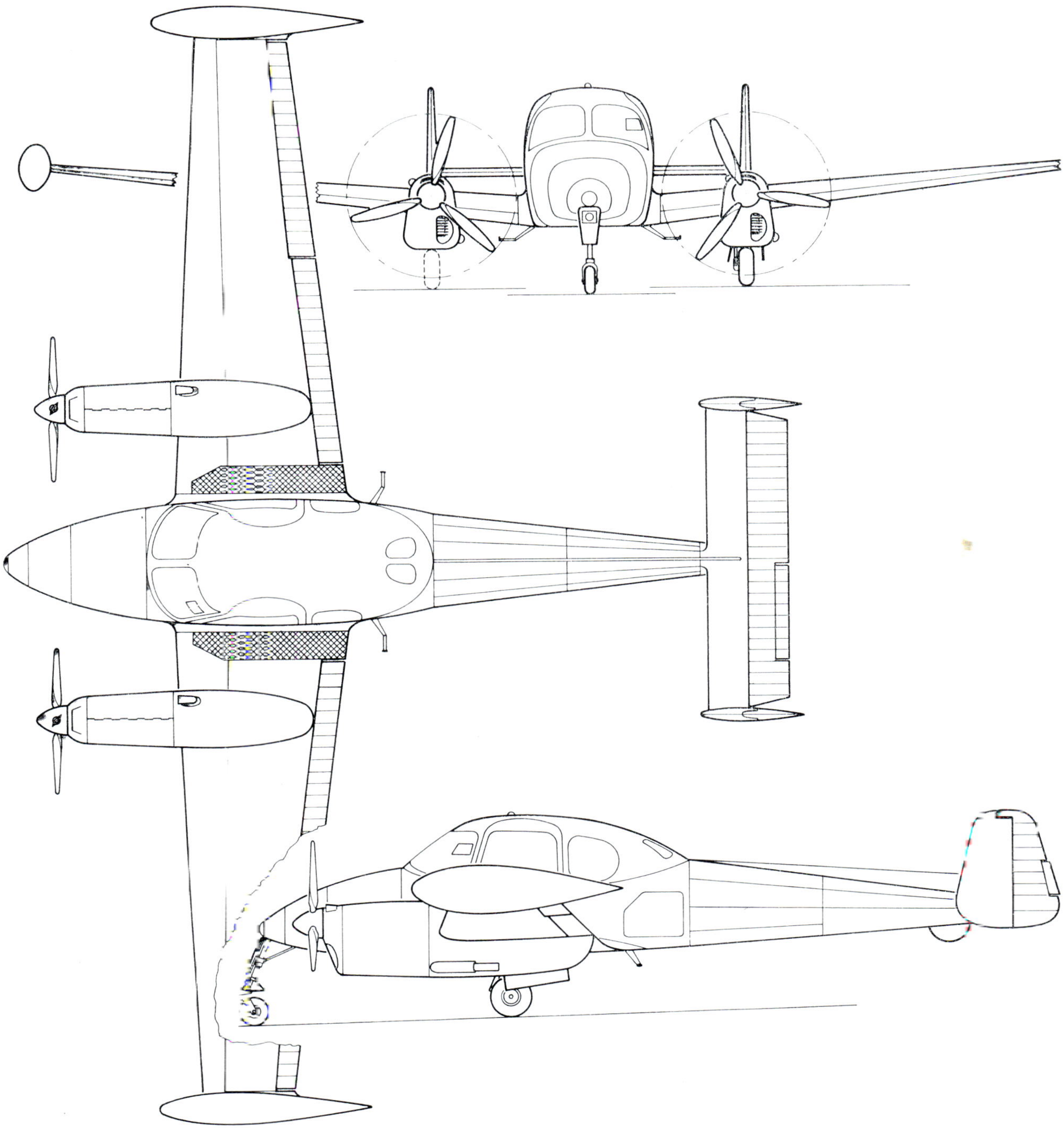

Moravan

Z-43

Baujahr 1968
Year of construction
Verwendung Reiseflugzeug (Mehrzweckflugzeug)
Employment
Besatzung 2
Crew
Passagiere 2
Passengers

Am 10. Dezember 1968 fand der Erstflug des Mehrzweckflugzeuges Z-43 statt. Basis für diese viersitzige Maschine, die sowohl als Reise- wie auch als Sportflugzeug genutzt werden kann, war die Z-42. 80 % der Bauteile der zweisitzigen Z-42 wurden übernommen. Im wesentlichen hatte man nur die Spannweite vergrößert und das Rumpfmittelteil verändert. Der Sechszylinder-Motor M 337 A hat einen Ladekompressor und treibt eine Verstelluftschraube.

Die Start-, Flug- und Landeeigenschaften entsprechen den Anforderungen an moderne Übungs- und Reisemaschinen. Insbesondere eignet sich die Z-43 für Einweisungsflüge und andere Aufgaben im Schulbetrieb.

Im Jahr 1972 begann die Serienfertigung. Bis zum Jahr 1978 wurden insgesamt 80 Maschinen gebaut und ausgeliefert. Einige Luftstreitkräfte setzten die Z-43 als Verbindungsflugzeug ein. Als Sondervariante entstand das Sanitätsflugzeug Z-43 S.

Entwürfe für eine Z-41, Z-44 und Z-45 blieben im Projektstadium.

Abmessungen

Dimensions
Spannweite 9,80 m
Span
Länge 7,80 m
Length
Flügelfläche 14,5 m^2
Wing aera

Masse

Mass
Leermasse 660 kg
Emtymass
Startmasse 950 kg
T.O. mass
Flächenbelastung 65,5 kg/m^2
Wingloading

Triebwerk

Power plant
Anzahl 1
Number
Typ M 337
Type
Leistung 155 kW
Performance

Flugleistungen

Flightperformances
Reisegeschwindigkeit 210 km/h
Travelspeed
Höchstgeschwindigkeit 250 km/h
Max. speed
Steiggeschwindigkeit 5 m/s
Climb speed
Reichweite 1200 km
Normal range
Dienstgipfelhöhe 5500 m
Service ceiling

Bemerkungen

Notes
Serienbau.

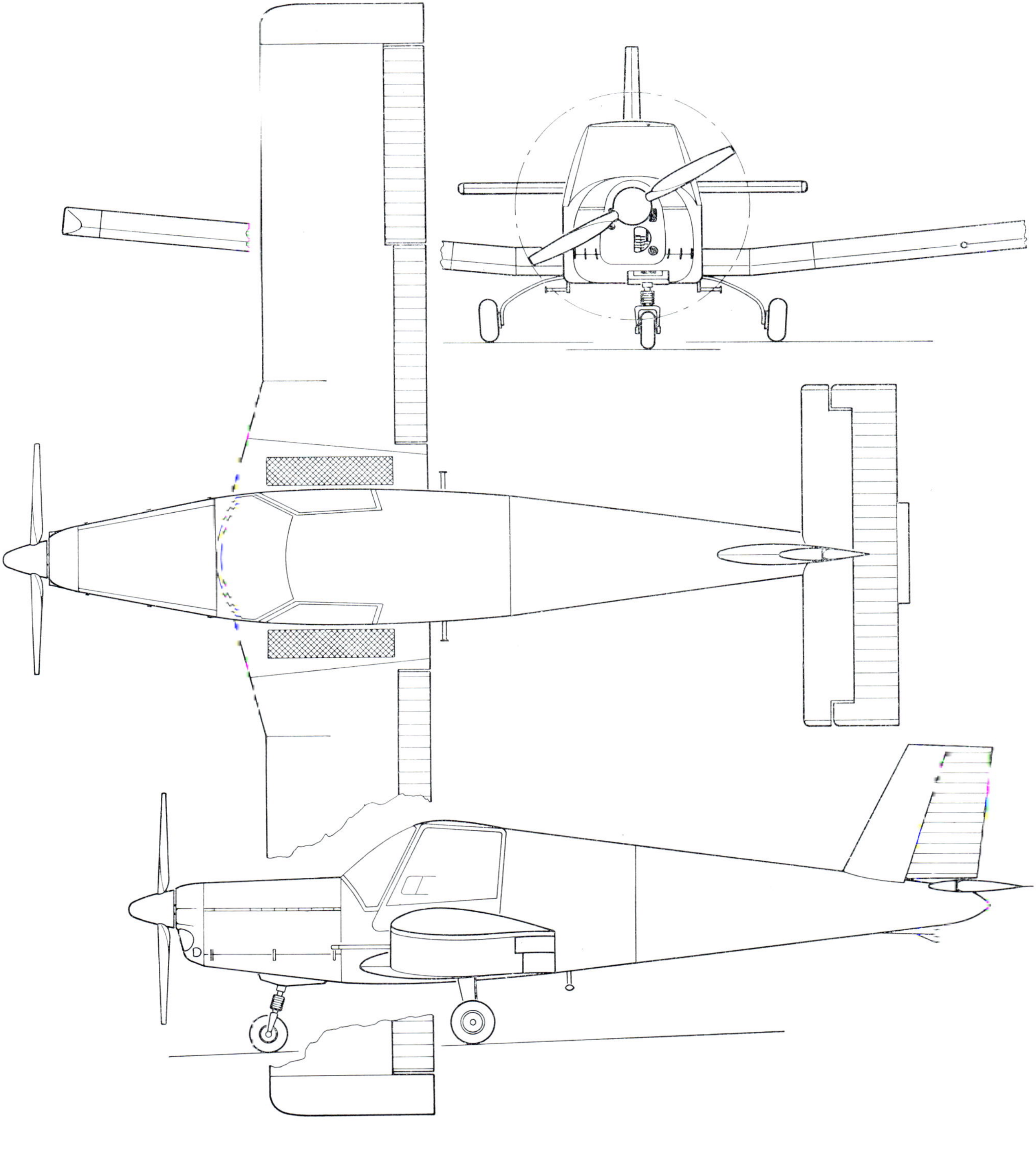

Aero

L-60

„Brigadyr"

Baujahr 1955
Year of construction
Verwendung Mehrzweckflugzeug
Employment
Besatzung 1
Crew
Passagiere 2 ⟨3⟩
Passengers

Im Jahr 1951 begann unter der Leitung von Ondřej Němec, nach seinem Tod unter der Leitung von Ing. Zdeněk Rublič weitergeführt, die Entwicklung eines viersitzigen Mehrzweckflugzeuges auf der Grundlage der K-65-Erfahrungen. Der Hochdecker entstand in Metallbauweise. Seine wesentlichen Konstruktionsmerkmale waren das vergrößerte Seitenleitwerk, die veränderte Ruderwirkung des Höhenleitwerks und der Einbau des Triebwerks Praga-M-208 B «Doris».

Die L-60 «Brigadyr» wurde in den Jahren 1955/56 erprobt und in die Serie überführt.

Die Inneneinrichtung ist der Mehrzweckvariante angepaßt.

In vielen Jahren erwies sich die L-60 als robustes Flugzeug und wurde sowohl als Reise-, Schul- und Sanitätsflugzeug als auch hauptsächlich als Agrarfluggerät für die Land- und Forstwirtschaft genutzt.

Abmessungen
Dimensions
Spannweite 13,96 m
Span
Länge 8,54 m
Length
Flügelfläche 24,3 m²
Wing aera

Masse
Mass
Leermasse 995 kg
Emtymass
Startmasse 1414 kg
T.O. mass
Flächenbelastung 58,5 kg/m²
Wingloading

Triebwerk
Power plant
Anzahl 1
Number
Typ Praga «Doris» B
Type
Leistung 162 kW
Performance

Flugleistungen
Flightperformances
Reisegeschwindigkeit 175 km/h
Travelspeed
Höchstgeschwindigkeit 193 km/h
Max. speed
Steigleistung 4,3 min/1000 m
Climb rate
Reichweite 900 km
Normal range
Dienstgipfelhöhe 4500 km
Service ceiling

Bemerkungen
Notes
Serienbau.

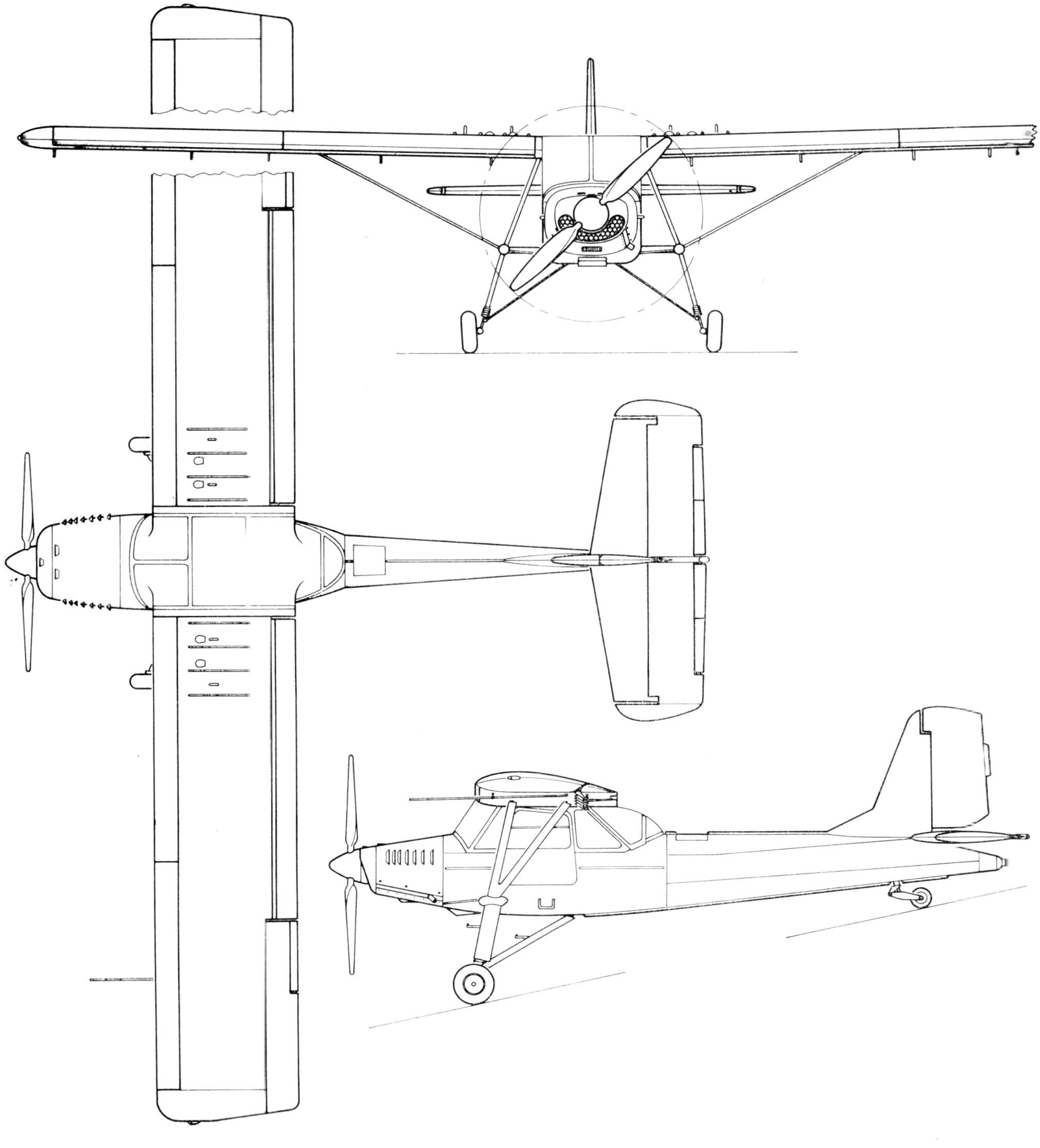

ČKD-Praga

E-55

Baujahr 1949
Year of construction
Verwendung Mehrzweckflugzeug, Beobachtungsflugzeug
Employment
Besatzung 3
Crew
Passagiere –
Passengers

Im Jahr 1947 wurde die Entwicklung eines vielseitig verwendbaren Mehrzweckflugzeuges ausgeschrieben. Als Ergebnis entstand u. a. ein einmotoriger Schulterdecker mit gondelförmiger Auslegung der Kabine, deren Heckteil voll verglast war. Der Leitwerkträger war rohrförmig weitergeführt und nahm das Höhenruder mit zwei Endscheiben auf.

Als Antrieb wählte man das Triebwerk Walter Minor 6-III ⟨118 kW⟩, obwohl in den Forderungen von 1947 der Minor 4-III vorgesehen war. Die Entwicklung konnte 1949 abgeschlossen und der Prototyp gebaut werden. 1950 begannen die Prüfungen im Luftfahrtinstitut VZLÚ. Die E-55 erhielt in dieser Testphase die Registriernummer V-11. In der Zeit von April bis Juni war der Prototyp 26 Stunden in der Luft und absolvierte 106 Testflüge.

1951 erarbeitete man einen Entwurf für das Agrarflugzeug E-55 H ⟨hospodarska = wirtschaftlich⟩. Als Zuladungsmasse wurden 250 kg Chemikalien projektiert. Dieser Entwurf blieb aber auf dem Papier.

Der Prototyp erhielt am 29. Oktober 1951 die Kennzeichnung OK-DMA. Im darauffolgenden Jahr diente die E-55 beim Fliegerklub Praha als Absetzflugzeug für Fallschirmspringer und als Schleppmaschine für Segelflugzeuge. Der letzte Flug der E-55 fand am 29. Juni 1953 am Flugplatz Mlada Boleslav statt.

Abmessungen

Dimensions
Spannweite 11,50 m
Span
Länge 8,50 m
Length
Flügelfläche 17,6 m^2
Wing aera

Masse

Mass
Leermasse 640 kg
Emtymass
Startmasse 990 kg
T.O. mass
Flächenbelastung 56,2 kg/m^2
Wingloading

Triebwerk

Power plant
Anzahl 1
Number
Typ Walter Minor 6-III
Type
Leistung 120 kW
Performance

Flugleistungen

Flightperformances
Reisegeschwindigkeit 150 km/h
Travelspeed
Höchstgeschwindigkeit 165 km/h
Max. speed
Steigleistung 5,25 min/1000 m
Climb rate
Reichweite 455 km
Normal range
Dienstgipfelhöhe 4020 m
Service ceiling

Bemerkungen

Notes
Nur Prototyp.

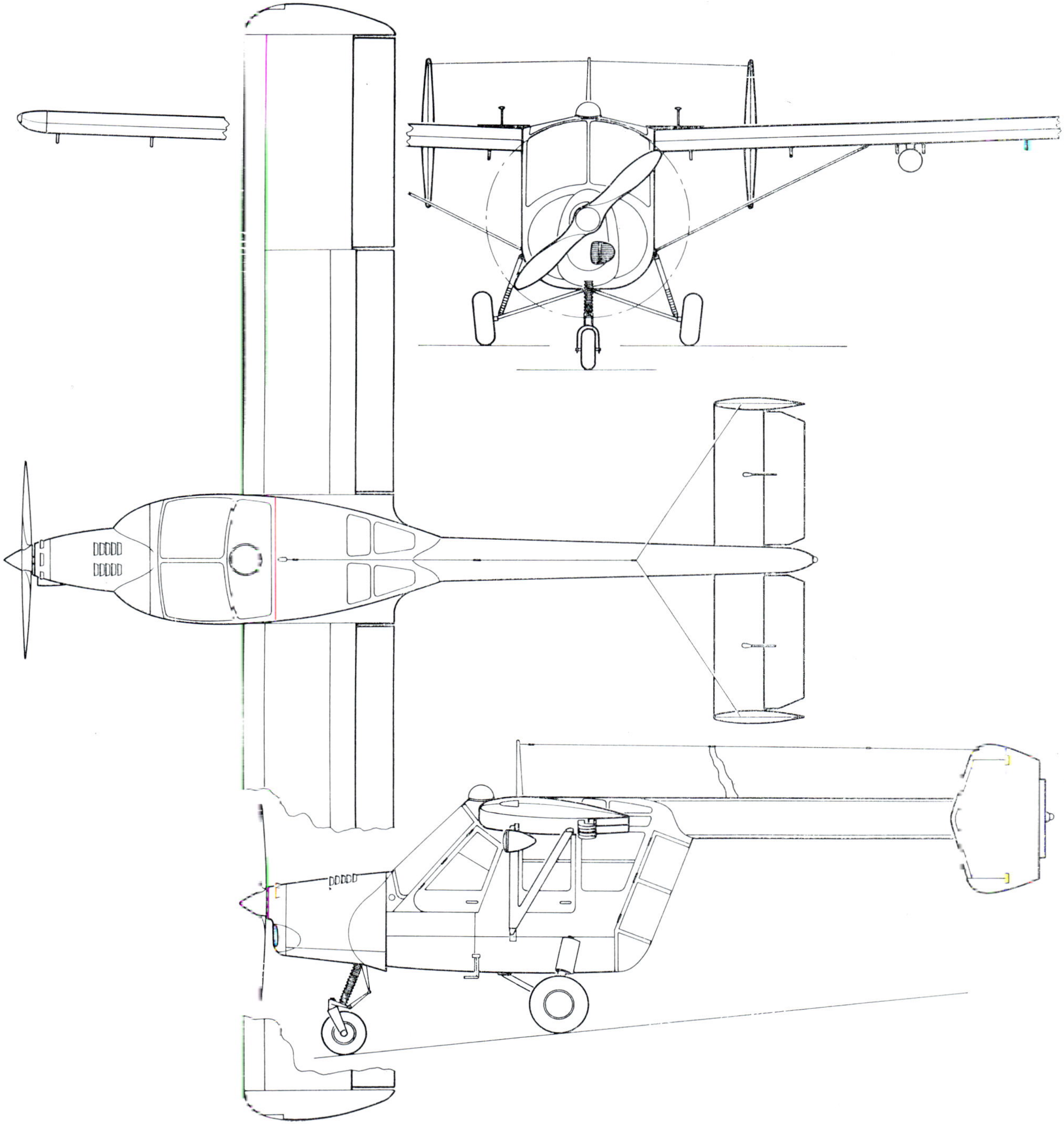

Let

Z-37

„Čmelak"

Baujahr 1963
Year of construction
Verwendung Arbeits- und Landwirtschaftsflugzeug
Employment
Besatzung 1
Crew
Passagiere ⟨1⟩
Passengers

Die Landwirtschaftskommission des Rates für Gegenseitige Wirtschaftshilfe ⟨RGW⟩ übertrug Anfang der 60er Jahre die Entwicklung eines neuen Landwirtschaftsflugzeuges der ČSSR.

Die Gesamtleitung hatte Ladislav Smrčekinne.

Am 29. Juni 1963 fand der Erstflug des ersten Prototyps XZ-37 statt. Nach der Erprobung und der staatlichen Zulassung begann man 1965 mit der Serienproduktion.

Bis Ende 1975 verließen insgesamt 631 Maschinen die Fertigungsstätten. Darunter befanden sich auch 27 zweisitzige Z-37 A 2.

Die Bezeichnung Z-37 A wurde 1971 bei Beginn der 11. Serie übernommen.

Mit der Z-37 schufen die tschechoslowakischen Konstrukteure ein hervorragendes Landwirtschaftsflugzeug.

Bereits 1976 entstand eine Studie für die Ausrüstung der Z-37 mit dem PTL-Triebwerk M-601. Die eigentlichen Entwicklungsarbeiten begannen 1981. Am 6. September 1981 flog die XZ-37 T. Inzwischen wird die Z-37 T in Serie gebaut.

Abmessungen

Dimensions
Spannweite 12,22 m
Span
Länge 8,55 m
Length
Flügelfläche 23,8 m^2
Wing aera

Masse

Mass
Leermasse 970 kg
Emtymass
Startmasse 1850 kg
T.O. mass
Flächenbelastung 77,7 kg/m^2
Wingloading

Triebwerk

Power plant
Anzahl 1
Number
Typ M 462 RF
Type
Leistung 236 kW
Performance

Flugleistungen

Flightperformances
Reisegeschwindigkeit 185 km/h
Travelspeed
Höchstgeschwindigkeit 200 km/h
Max. speed
Steiggeschwindigkeit 4 m/s
Climb speed
Reichweite 640 km
Normal range
Dienstgipfelhöhe 4050 m
Service ceiling

Bemerkungen

Notes
Als «Čmelak» in Serie gebaut. 1983 wurde die Serienproduktion nach Unterbrechung wieder aufgenommen. Der Prototyp der Z-37 T Agro-Turbo wurde erfolgreich erprobt und der Serienbau aufgenommen.

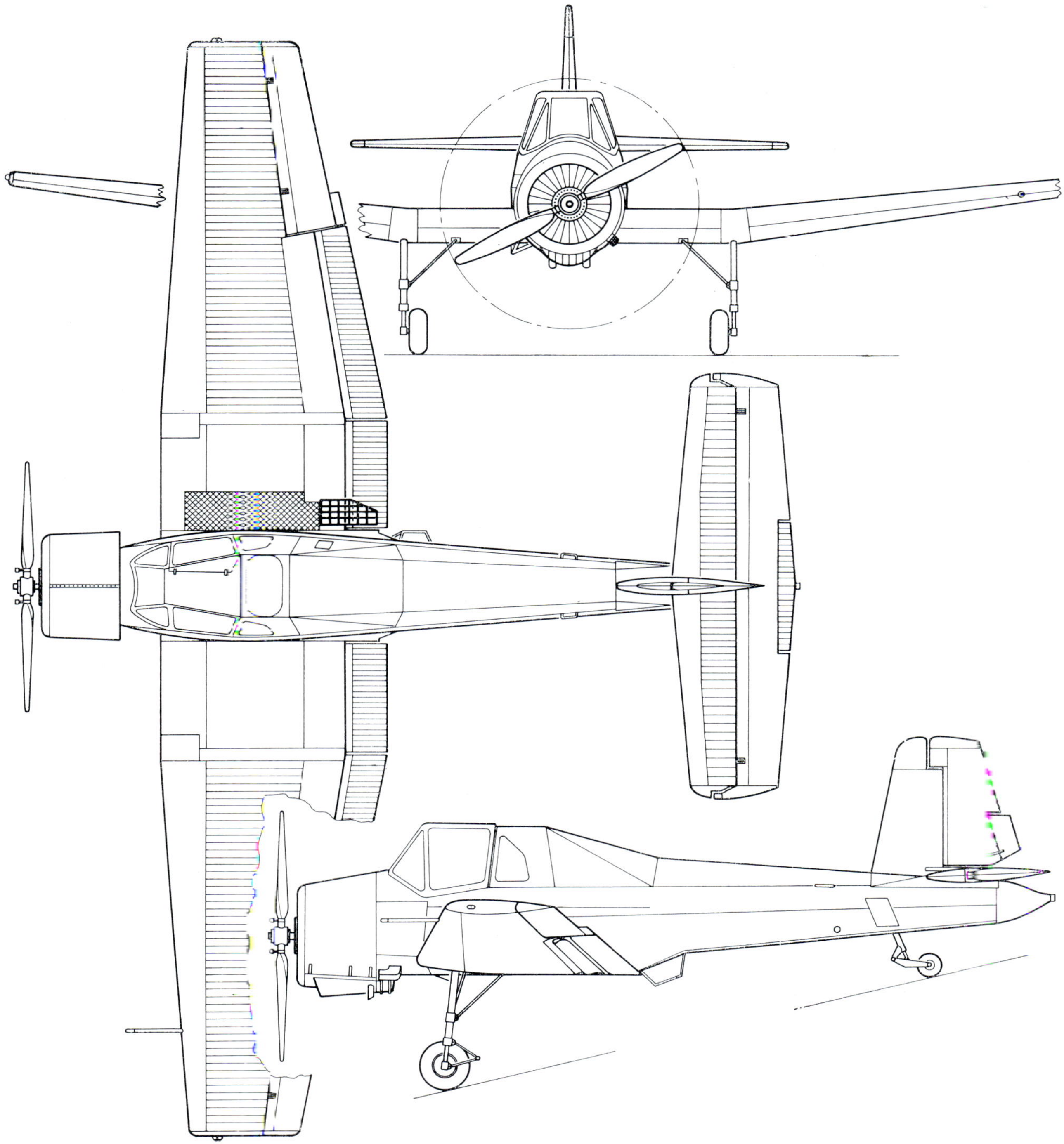

Aero

A-10

Baujahr 1922
Year of construction
Verwendung Transportflugzeug
Employment
Besatzung 2
Crew
Passagiere 3
Passengers

1921 erörterte man im Ministerium für öffentliche Arbeit den Bau eigener Passagierflugzeuge. Die Firma Aero wurde noch im gleichen Jahr mit der Entwicklung einer solchen Maschine beauftragt. Rudolf Blaser leitete die Entwicklungsarbeiten. In Anlehnung an die ersten Nachkriegsentwicklungen in Europa sollte das in Holzbauweise entworfene erste einmotorige Verkehrsflugzeug der ČSR in einer geschlossenen Kabine vier Passagiere aufnehmen. Bereits ein Jahr später konnte der Prototyp eingeflogen werden. Pilot und Mechaniker hatten ihren Platz noch in einem offenen Cockpit, das hinter dem Passagierraum lag.

Bei Aero wurden noch vier weitere Maschinen gebaut. Ab 1923 standen diese Maschinen im Dienst der tschechoslowakischen Fluggesellschaft. Sie beflogen vorrangig die Linien von Praha nach Brno und Bratislava.

Im Jahr 1922 flog Chefpilot Novák mit der A-10 einen Höhenrekord. Mit einer Nutzmasse von 500 kg erreichte er eine Höhe von 5 800 m.

Abmessungen

Dimensions
Spannweite 14,20 m
Span
Länge 10,20 m
Length
Flügelfläche 49,0 m^2
Wing aera

Masse

Mass
Leermasse 1472 kg
Emtymass
Startmasse 2260 kg
T.O. mass
Flächenbelastung 44,4 kg/m^2
Wingloading

Triebwerk

Power plant
Anzahl 1
Number
Typ Maybach Mb-IV
Type
Leistung 176 kW
Performance

Flugleistungen

Flightperformances
Reisegeschwindigkeit 130 km/h
Travelspeed
Höchstgeschwindigkeit 160 km/h
Max. speed
Steigleistung 7,4 min/1000 m
Climb rate
Reichweite 520 km
Normal range
Dienstgipfelhöhe 5800 m
Service ceiling

Bemerkungen

Notes
Serienbau.

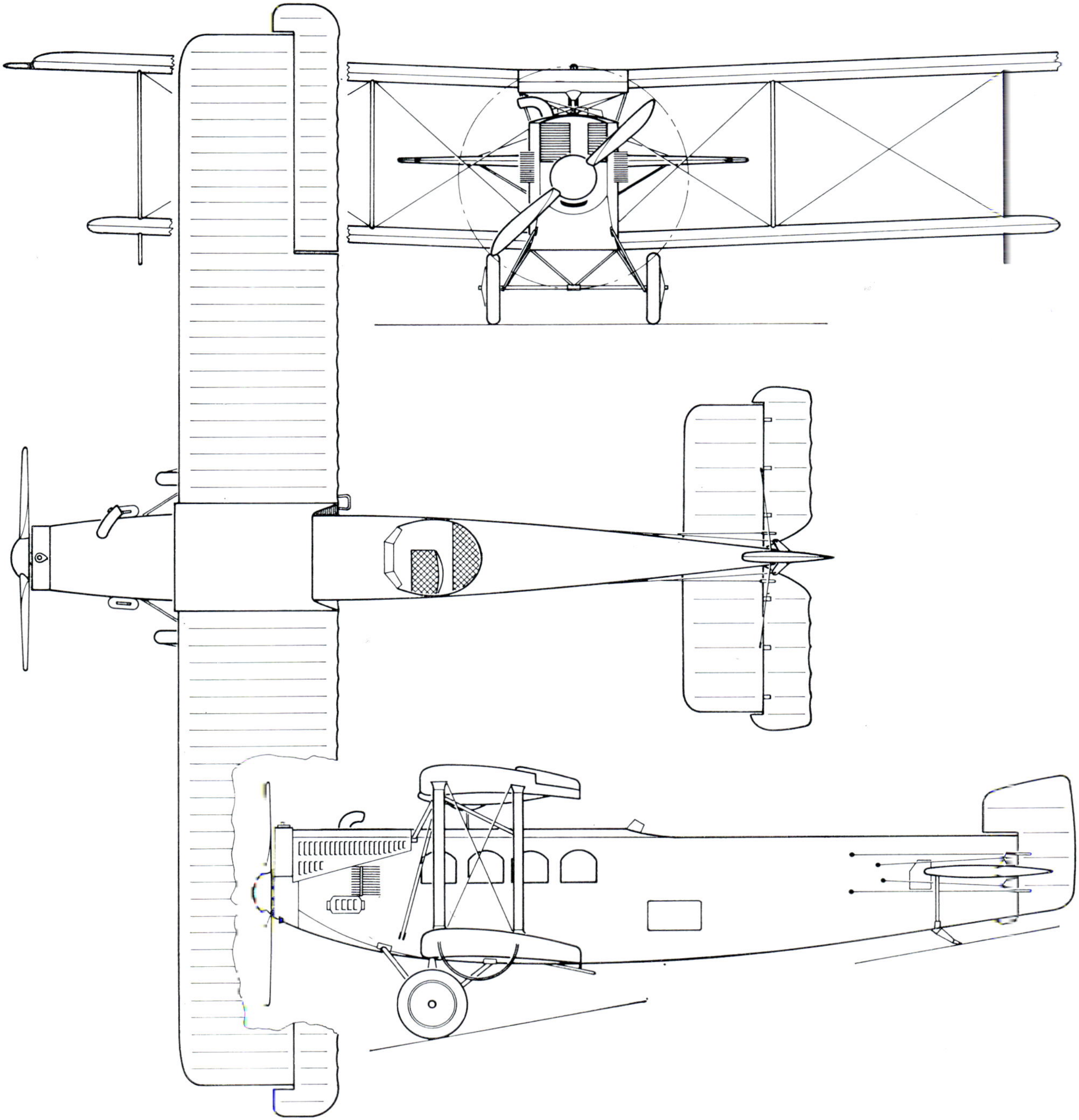

Letov

Š-19

Baujahr 1924
Year of construction
Verwendung Transportflugzeug
Employment
Besatzung 1
Crew
Passagiere 4
Passengers

Bereits ein Jahr nach der Gründung der ersten tschechoslowakischen Fluggesellschaft sollten auch die Letov-Werke ein Verkehrsflugzeug bauen. Alois Šmolik begann mit den Konstruktionsarbeiten. Er bezog sich bei dieser Arbeit auf die Entwicklung seines Bombers Š-6, der bereits in Serie gebaut wurde. Die Kabine, die vier Passagiere aufnehmen sollte, wurde zum Ausgangspunkt für die Rumpfkonstruktion. Der offene Pilotensitz wurde hinter die Kabine verlegt. Das Tragwerk übernahm man fast ohne Änderungen von der Š-6. An der linken Rumpfseite brachte man eine kleine Tür an, durch die die Passagiere über eine fest am Flugzeug installierte Treppe in die Kabine steigen konnten.

Auch der Maybach-Motor Mb IVa hatte sich bereits in dem Ausgangsmuster bewährt und wurde übernommen. Zunächst entschloß man sich, drei Maschinen zu bauen und auf den Luftfahrtstrecken des Landes einzusetzen.

Da inzwischen das neu entwickelte Walter-W-IV-Triebwerk zur Verfügung stand, wurde für den Bau weiterer vier Maschinen dieses Triebwerk verwendet. Konstruktive Veränderungen bestanden in neuen Querrudern und einer verbesserten Verspannung der Tragflächen.

In den Jahren 1925 bis 1927 flogen diese Maschinen vorrangig auf der Flugroute Praha – Košice.

Abmessungen

Dimensions
Spannweite 14,10 m
Span
Länge 8,85 m
Length
Flügelfläche 45,0 m²
Wing aera

Masse

Mass
Leermasse 1404 kg
Emtymass
Startmasse 2004 kg
T.O. mass
Flächenbelastung 53,3 kg/m²
Wingloading

Triebwerk

Power plant
Anzahl 1
Number
Typ Walter W-IV
Type
Leistung 191 kW
Performance

Flugleistungen

Flightperformances
Reisegeschwindigkeit 146 km/h
Travelspeed
Höchstgeschwindigkeit 178 km/h
Max. speed
Steigleistung 7 min/1000 m
Climb rate
Reichweite 770 km
Normal range
Dienstgipfelhöhe 4900 m
Service ceiling

Bemerkungen

Notes
In geringer Stückzahl gebaut.

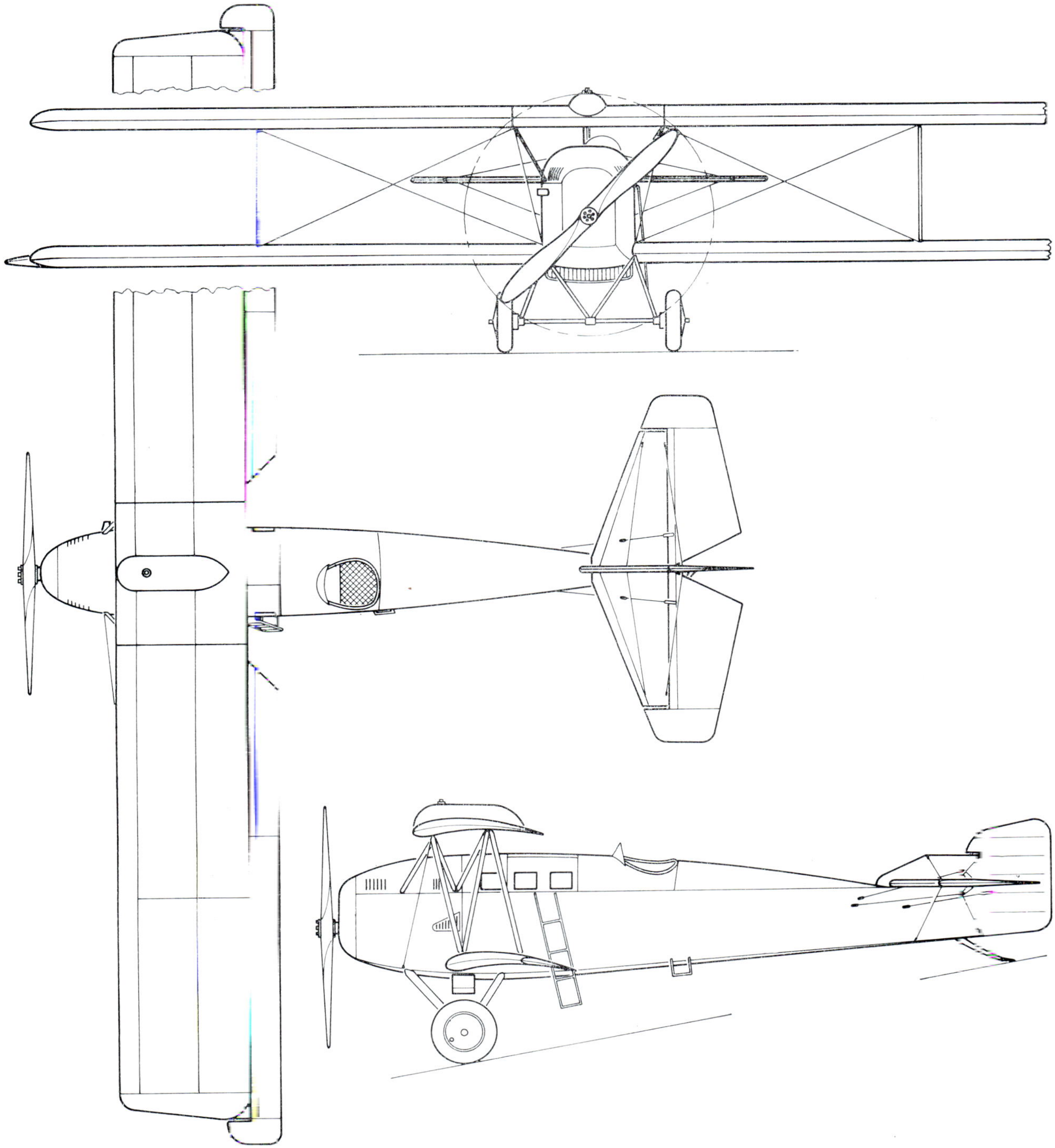

Avia

BH-25

Baujahr 1927
Year of construction
Verwendung Transportflugzeug
Employment
Besatzung 2
Crew
Passagiere 5
Passengers

An einer Ausschreibung für ein Transportflugzeug beteiligte sich auch die Firma Aero. Beneš und Hajn legten einen Entwurf vor, der wesentlich von ihren bisherigen Arbeiten abwich. Die Zelle bestand aus einer Holzkonstruktion, die weitgehend mit Sperrholz beplankt war. Lediglich die hinteren Tragwerkteile und die Steuerflächen waren mit Leinwand bespannt. Als Triebwerk sah man den Lorraine-Dietrich-Reihenmotor ⟨335 kW⟩ vor, der von den Škoda-Werken gebaut wurde. Die Kabine lag abgeschlossen in der vorderen Rumpfhälfte und war über eine Einstiegsleiter durch eine schmale Tür erreichbar. Das Cockpit befand sich mit zwei nebeneinander angeordneten Sitzen offen vor den Tragflächen. Mitte 1926 fand der Erstflug statt.

Die Erprobung der BH-25 brachte eine Vielzahl von Veränderungen, die man teilweise gleich am Prototyp ausführte und probierte. Das Triebwerk wurde mit einem bei Walter gebauten Sternmotor Bristol-Jupiter IV ausgetauscht. Die an der Unterseite der oberen Fläche angebrachten Tanks integrierte man in das Mittelstück. Der Prototyp flog dann unter der Musterzulassung L-BABA. Die so veränderte Maschine ging in den Serienbau.

Von insgesamt zwölf gebauten Maschinen wurden sechs an die rumänische Fluggesellschaft SNNA geliefert. Die fünf anderen und der Prototyp waren im Bestand der ČLS und flogen auf den Routen Praha – Berlin und Praha – Rotterdam.

Abmessungen

Dimensions
Spannweite 15,30 m
Span
Länge 12,82 m
Length
Flügelfläche 62,5 m^2
Wing aera

Masse

Mass
Leermasse 1800 kg
Emtymass
Startmasse 2900 kg
T.O. mass
Flächenbelastung 46,6 kg/m^2
Wingloading

Triebwerk

Power plant
Anzahl 1
Number
Typ Walter Jupiter
Type
Leistung 331 kW
Performance

Flugleistungen

Flightperformances
Reisegeschwindigkeit 150 km/h
Travelspeed
Höchstgeschwindigkeit 180 km/h
Max. speed
Steigleistung 20 min/2000 m
Climb rate
Reichweite 600 km
Normal range
Dienstgipfelhöhe 4000 m
Service ceiling

Bemerkungen

Notes
Serienbau.

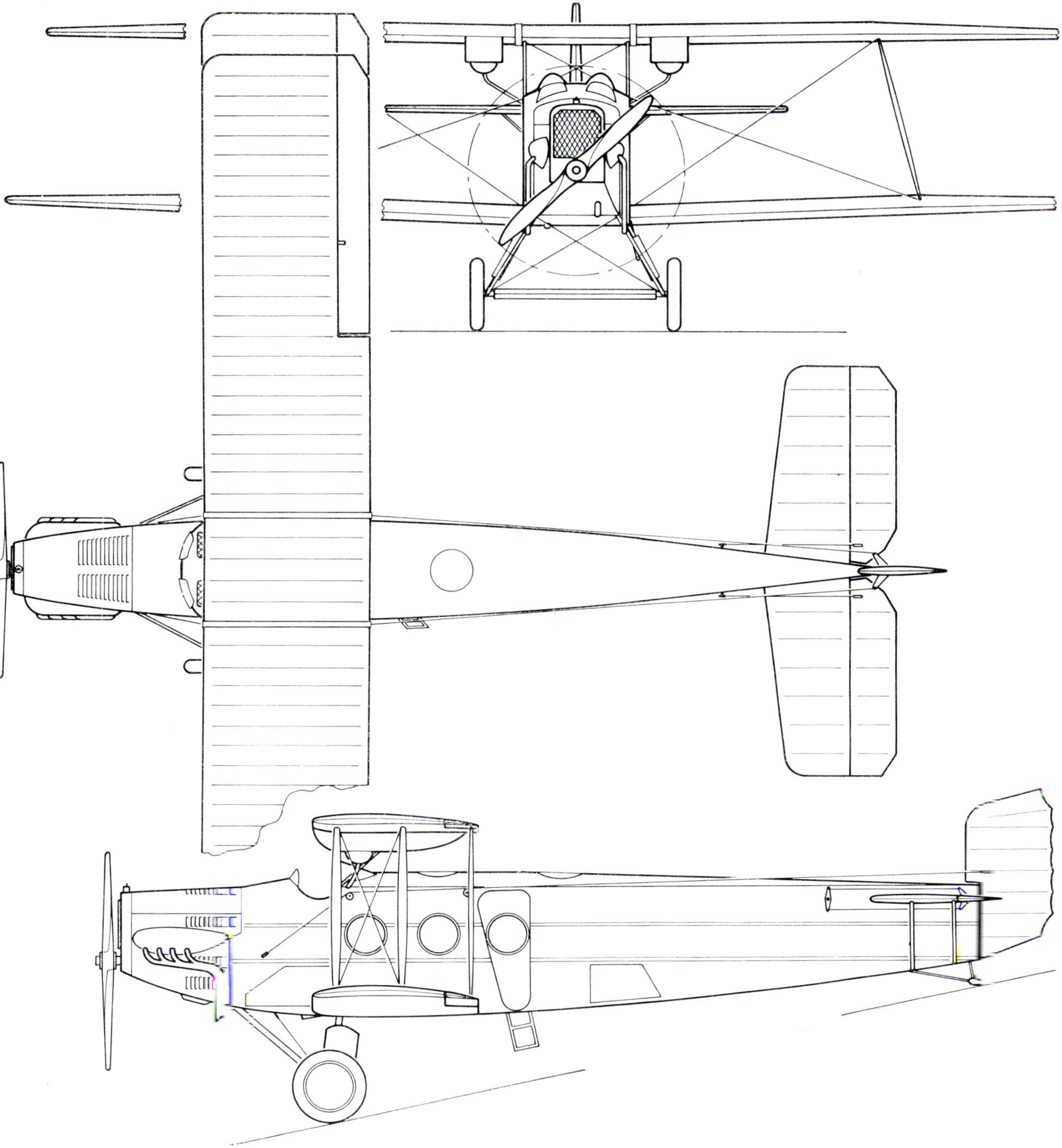

Let

L-410

Baujahr 1969
Year of construction
Verwendung Verkehrsflugzeug
Employment
Besatzung 2
Crew
Passagiere 17 ⟨15 und 19⟩
Passengers

Der zweimotorige Schulterdecker beruht auf neuesten Erkenntnissen der Leichtbautechnik. Da für diese Klasse zunächst kein geeignetes Triebwerk vorhanden war, rüstete man die ersten Maschinen mit kanadischen Triebwerken des Typs PT6A-27 aus.

Am 16. April 1969 startete der Prototyp zum Erstflug. Die ersten Serienmaschinen erhielt das slowakische Luftfahrtunternehmen SLOV-AIR.

Entsprechend den Vereinbarungen im RGW fanden Anfang der 70er Jahre umfangreiche Flugerprobungen unter extremsten Bedingungen in der Sowjetunion statt. Dabei ging es um die Eignung der L-410 für den Regionaldienst der Aeroflot.

Nachdem Mitte der 70er Jahre die Entwicklung des Walter-Triebwerks M-601 A abgeschlossen worden war, wurde die L-410 mit diesen Triebwerken ausgerüstet und als L-410 M an verschiedene Besteller ausgeliefert.

Durch konstruktive Veränderungen, insbesondere nach Übernahme der neuen sowjetischen Luftfahrzeugnorm NLGS-2 entstand 1976 die Kurzstreckenversion L-410 UVP ⟨ukorotschennoj wslet i posadka = Kurzstreckenstart und -landung⟩. Äußerliche Unterscheidungsmerkmale dieser neuen L-410 sind insbesondere der längere Rumpf und die größere Spannweite. Die V-Stellung des Höhenleitwerks wurde weiter verringert. Die Flugeigenschaften der Maschine konnten so wesentlich verbessert werden.

Als Weiterentwicklung befindet sich die L-610 in der Erprobung.

Abmessungen

Dimensions
Spannweite 17,48 m
Span
Länge 13,61 m
Length
Flügelfläche 32,8 m^2
Wing aera

Masse

Mass
Leermasse 3720 kg
Emtymass
Startmasse 5700 kg
T.O. mass
Flächenbelastung 173,5 kg/m^2
Wingloading

Triebwerk

Power plant
Anzahl 2
Number
Typ Walter M-601 A
Type
Leistung 544 kW
Performance

Flugleistungen

Flightperformances
Reisegeschwindigkeit 360 km/h
Travelspeed
Höchstgeschwindigkeit 380 km/h
Max. speed
Steiggeschwindigkeit 7,5 m/s
Climb speed
Reichweite 1160 km
Normal range
Dienstgipfelhöhe 6000 m
Service ceiling

Bemerkungen

Notes
Serie L-410 A, L-410 AS, L-410 M, L-410 UVP STOL und L-410 UVP-E. Fotoversion L-410 AF.

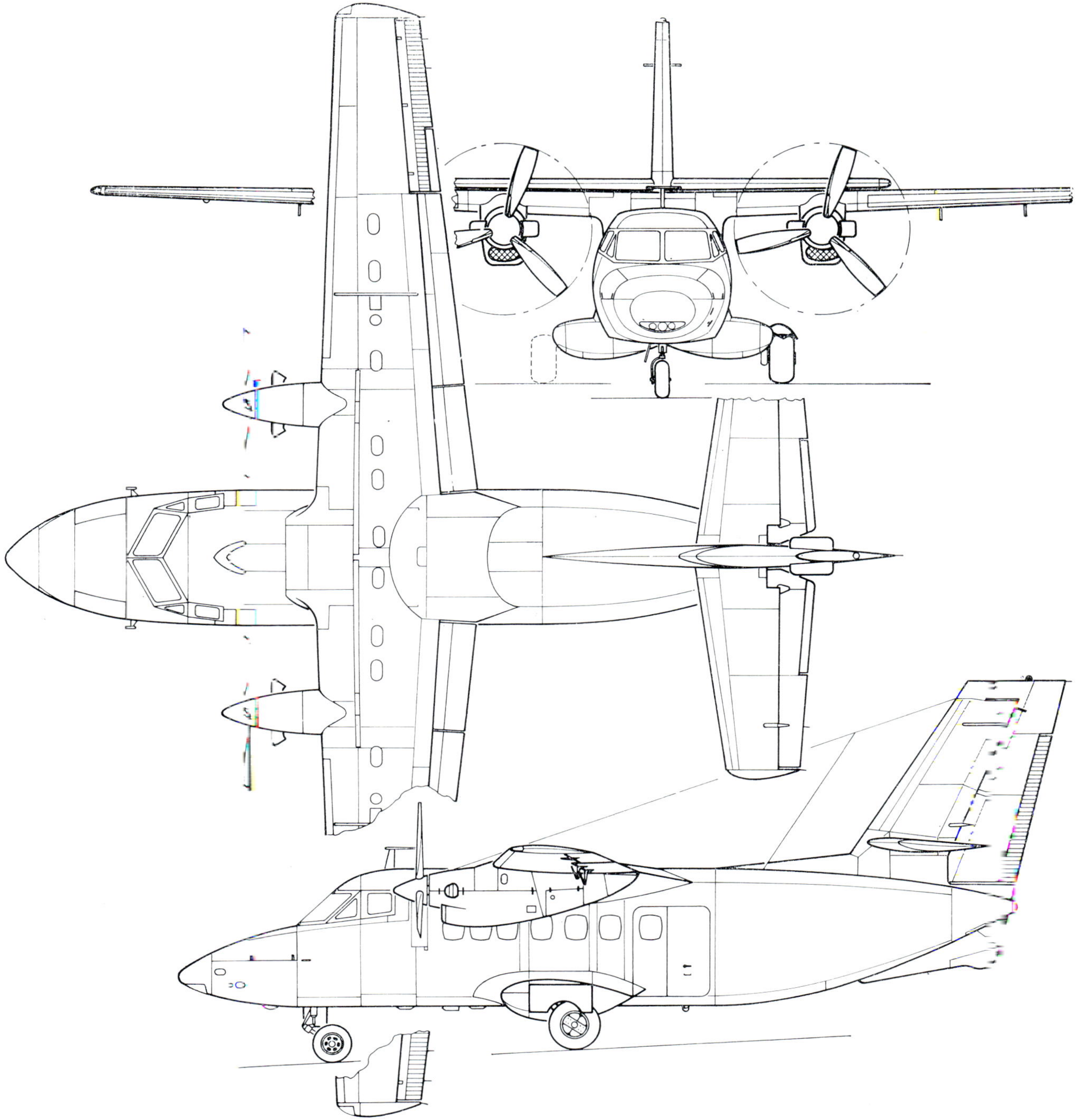

Letov

Š-8

Baujahr 1923
Year of construction
Verwendung Hochleistungsflugzeug
Employment
Besatzung 1
Crew
Passagiere –
Passengers

Der Konstruktion der Š-8 lag das Konzept eines reinen Hochleistungsflugzeuges zugrunde. Der Schulterdecker hatte schon eine aerodynamisch gut durchgestaltete Konfiguration. Die «Osmička» (das Achtchen), abgeleitet von der Typennummer, wurde mit einem starken Napier-Triebwerk vom Typ Lion ausgerüstet und erreichte so eine Geschwindigkeit von nahezu 300 km/h. Nachdem man beim Prototyp ein Ringkühlersystem eingebaut hatte, mußte man schon beim Umbau des Musters das Kühlsystem verbessern. Dadurch wurde die aerodynamische Qualität des Flugzeuges erhöht.

In den Jahren von 1923 bis 1926 nahm die Maschine ohne größere Erfolge an Geschwindigkeitswettbewerben im Lande teil.

Abmessungen

Dimensions
Spannweite 11,40 m
Span
Länge 8,30 m
Length
Flügelfläche 16,5 m^2
Wing aera

Masse

Mass
Leermasse 1030 kg
Emtymass
Startmasse 1230 kg
T.O. mass
Flächenbelastung 74,8 kg/m^2
Wingloading

Triebwerk

Power plant
Anzahl 1
Number
Typ Napier Lion
Type
Leistung 331 kW
Performance

Flugleistungen

Flightperformances
Reisegeschwindigkeit 330 km/h
Travelspeed
Höchstgeschwindigkeit 360 km/h
Max. speed
Steigleistung ?
Climb rate
Reichweite 400 km
Normal range
Dienstgipfelhöhe 7000 m
Service ceiling

Bemerkungen

Notes
Kein Serienbau.

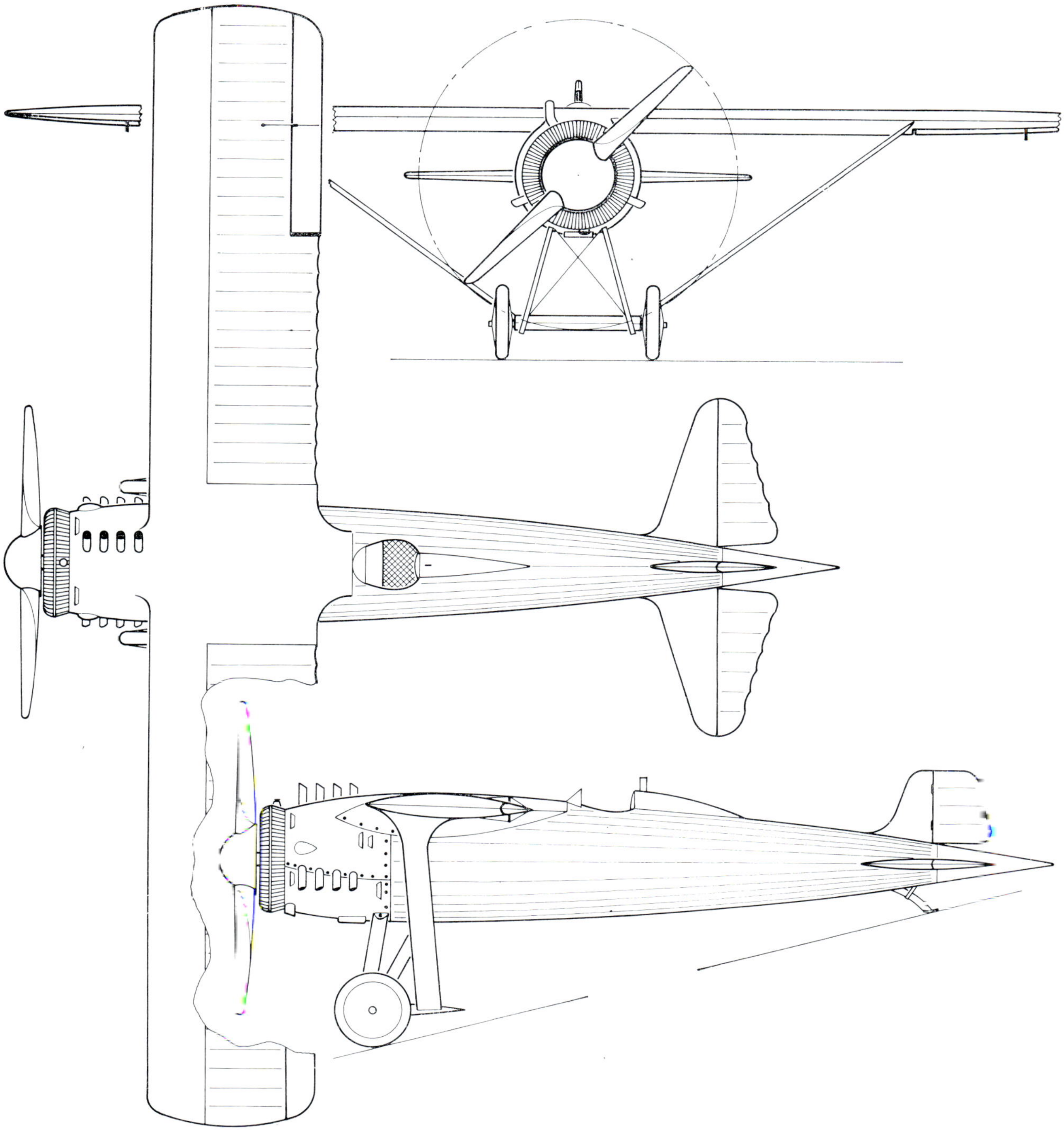

Letov

Šm-1

Baujahr 1920
Year of construction
Verwendung Beobachtungsflugzeug
Employment
Besatzung 2
Crew
Passagiere –
Passengers

Die erste Konstruktion Alois Šmoliks war ein Beobachtungsflugzeug. Die Entwürfe für diesen einmotorigen Doppeldecker entstanden noch in der Aufbauphase vom Flugzeugarsenal zum neuen Betrieb Letov in Praha. Im April 1920 fand der Erstflug statt.

Erfahrungen mit dem Prototyp führten zu einigen Veränderungen. Unter anderem wurde auch die Form des Seitenleitwerks verändert.

Der Bedarf an Passagierflugzeugen führte zu einer Auslegung der Š-1 als Limousine. Dabei fanden im aerodynamisch verkleideten Passagierraum zwei Personen Platz. Die Flugeigenschaften dieser Version waren nicht die besten, und so ging sie nicht in Serie.

Bereits ein Jahr später ⟨1921⟩ kam das Nachfolgemuster Š-2 heraus, bei dem man die geometrischen Abmessungen nur unwesentlich verändert hatte. Obwohl die Flugleistungen generell niedrig lagen, wies die Š-2 bessere Steigleistungen als die Š-1 auf und ging in Serie.

Abmessungen
Dimensions
Spannweite 13,23 m
Span
Länge 8,31 m
Length
Flügelfläche 33,9 m^2
Wing aera

Masse
Mass
Leermasse 861 kg
Emtymass
Startmasse 1375 kg
T.O. mass
Flächenbelastung 40,5 kg/m^2
Wingloading

Triebwerk
Power plant
Anzahl 1
Number
Typ Hiero L
Type
Leistung 169 kW
Performance

Flugleistungen
Flightperformances
Reisegeschwindigkeit 168 km/h
Travelspeed
Höchstgeschwindigkeit 194 km/h
Max. speed
Steigleistung 52 min/5000 m
Climb rate
Reichweite 715 km
Normal range
Dienstgipfelhöhe 6000 m
Service ceiling

Bemerkungen
Notes
Erstes Serienmuster der Firma Letov.
Š-2 mit Maybach-Triebwerk.

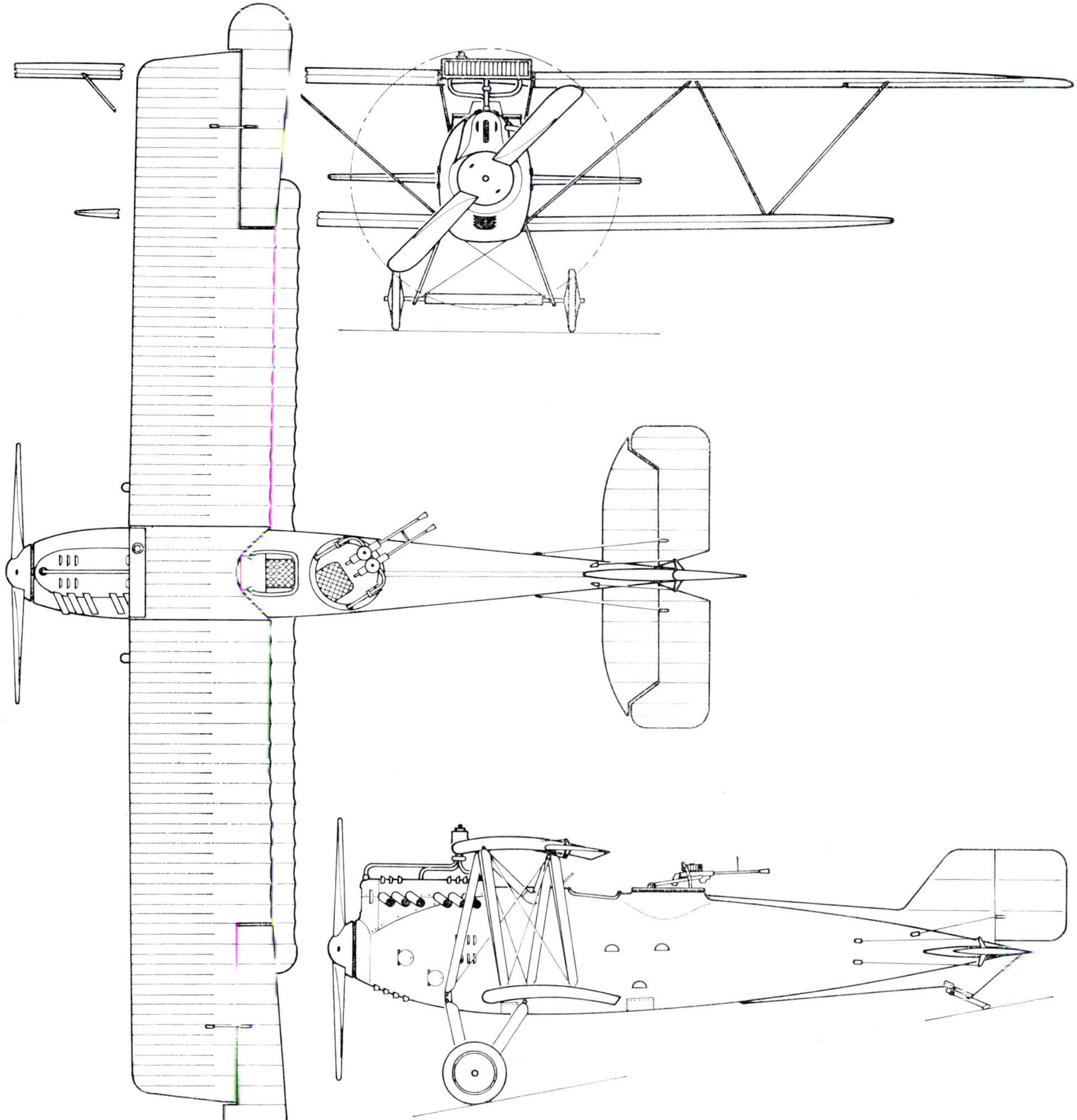

Letov

Š-328

Baujahr 1932
Year of construction
Verwendung Beobachtungsflugzeug
Employment
Besatzung 2
Crew
Passagiere –
Passengers

Die großen Erfahrungen im Bau von Doppeldeckern und weitere Verbesserungen dieser Flugzeuge führten 1932 zur Š-328, einem Bomben- und Aufklärungsflugzeug, welches dank guter Flugeigenschaften auch für andere Zwecke einsetzbar war. Der Serienbau begann mit einem Auftrag für die finnischen Luftstreitkräfte; eine Lieferung kam jedoch nicht zustande.

Inzwischen hatte die Beschaffungsabteilung der tschechischen Fliegerkräfte die Š-328 für ihre Heeresaufklärer bestellt. Die Serienproduktion war gesichert.

In den folgenden Jahren verließen insgesamt 4'2 Flugzeuge die Produktionshallen.

In relativ kleinen Serien baute man die Š-328 als Nachtjagdvariante und als Schwimmerflugzeug. Vorrangig wurden diese Maschinen zu Mehrzweckaufgaben und zur Aufklärung verwendet.

In der letzten Phase des zweiten Weltkrieges wurden zur Befreiung des Landes auch Š-328 von Fliegern der slowakischen Luftstreitkräfte gegen die Okkupanten eingesetzt.

Abmessungen

Dimensions
Spannweite 13,71 m
Span
Länge 10,36 m
Length
Flügelfläche 39,4 m^2
Wing aera

Masse

Mass
Leermasse 1680 kg
Emtymass
Startmasse 2640 kg
T.O. mass
Flächenbelastung 67,1 kg/m^2
Wingloading

Triebwerk

Power plant
Anzahl 1
Number
Typ Walter Pegasus II-M2
Type
Leistung 426 kW
Performance

Flugleistungen

Flightperformances
Reisegeschwindigkeit 250 km/h
Travelspeed
Höchstgeschindigkeit 280 km/h
Max. speed
Steigleistung 17 min/5000 m
Climb rate
Reichweite 700 km
Normal range
Dienstgipfelhöhe 7200 m
Service ceiling

Bemerkungen

Notes
Serienbau, Weiterentwicklung zur Š-528 mit Triebwerk Walter 14 Krs d.

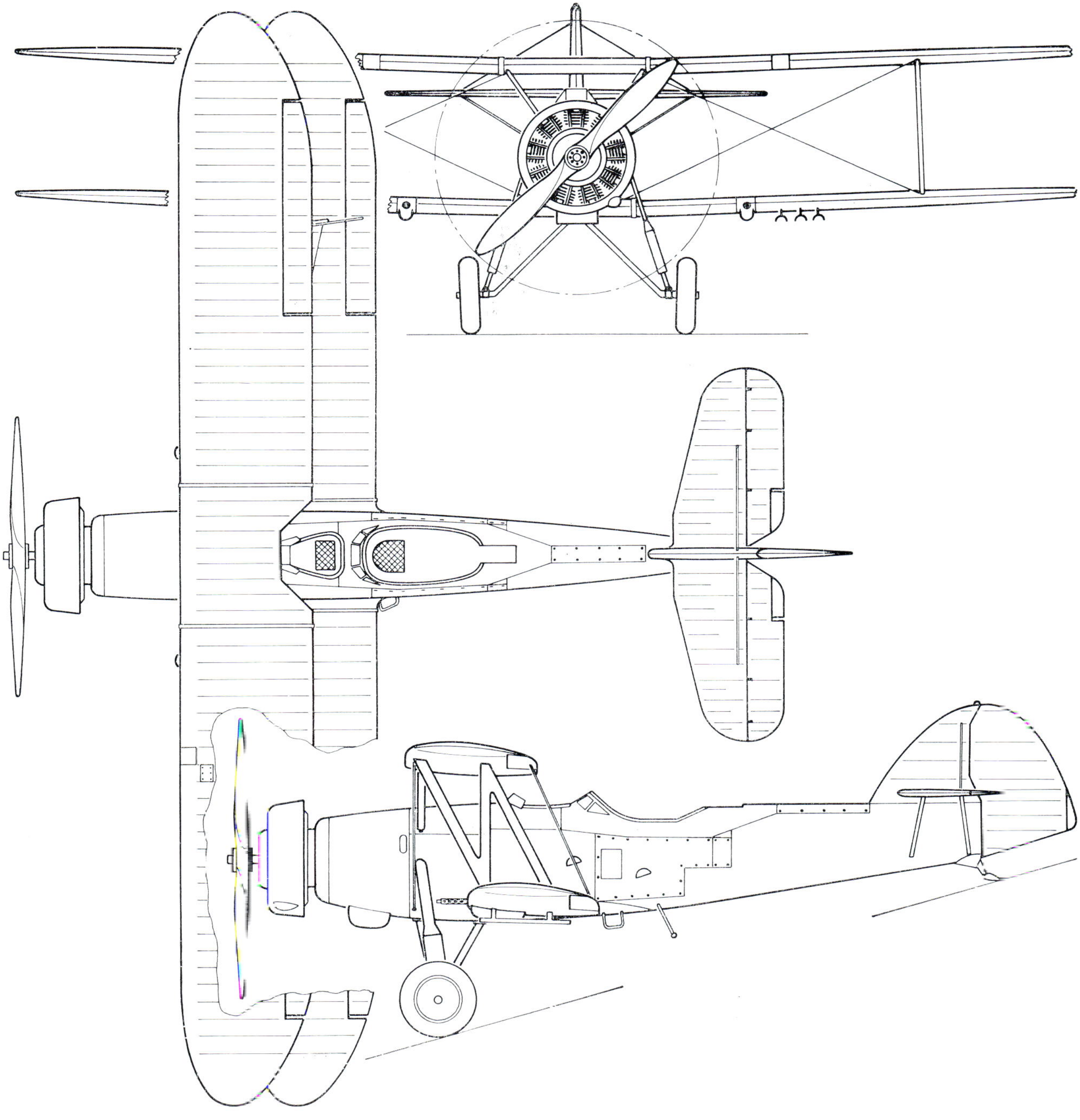

Letov

Š-50

Baujahr 1938
Year of construction
Verwendung Beobachtungsflugzeug
Employment
Besatzung 3
Crew
Passagiere –
Passengers

Auf der großen nationalen Flugzeugausstellung der Tschechoslowakei in Praha im Jahr 1937 präsentierte sich dieses zweimotorige Aufklärungsflugzeug. Ingenieur Šmolik und seine Konstruktionsgruppe hatten mit diesem Entwurf einen Durchbruch zu einer modernen Konstruktion erzielt. Die aerodynamisch gut durchgebildete Zelle bestand aus Dural. Das Höhenleitwerk hatte zu Endscheiben ausgebildete Seitenleitwerke, die mit V-Streben zum Rumpf hin verfestigt waren. Die geräumige Kabine konnte eine umfangreiche Fotoausrüstung für Aufklärungszwecke aufnehmen. Als Antrieb dienten zwei Avia Rk-17, die eine Leistung von 309 kW erbrachten.

Unterhalb der Motorgondeln war das starre Fahrwerk angesetzt, dessen Verkleidung ebenfalls eine gute Aerodynamik aufwies. Um dem Beobachter ein weites Sichtfeld zu verschaffen, hatte man den Rumpfbug entsprechend verglast.

Im Jahr 1938 konnte der Pilot Kovanda den Prototypen einfliegen. Nach der Okkupation wurde die Maschine – mit deutschen Zivilkennzeichen versehen – in Brüssel ausgestellt. Später übernahm die Luftwaffe die Š-50 und überführte sie zur Erprobung nach Rechlin.

Abmessungen

Dimensions
Spannweite 17,30 m
Span
Länge 12,60 m
Length
Flügelfläche 43,0 m²
Wing aera

Masse

Mass
Leermasse 2475 kg
Emtymass
Startmasse 5708 kg
T.O. mass
Flächenbelastung 132,8 kg/m²
Wingloading

Triebwerk

Power plant
Anzahl 2
Number
Typ Avia Rk-17
Type
Leistung 309 kW
Performance

Flugleistungen

Flightperformances
Reisegeschwindigkeit 260 km/h
Travelspeed
Höchstgeschwindigkeit 305 km/h
Max. speed
Steigleistung 9,5 min/3000 m
Climb rate
Reichweite 1300 km
Normal range
Dienstgipfelhöhe 6200 m
Service ceiling

Bemerkungen

Notes
Keine Serie.

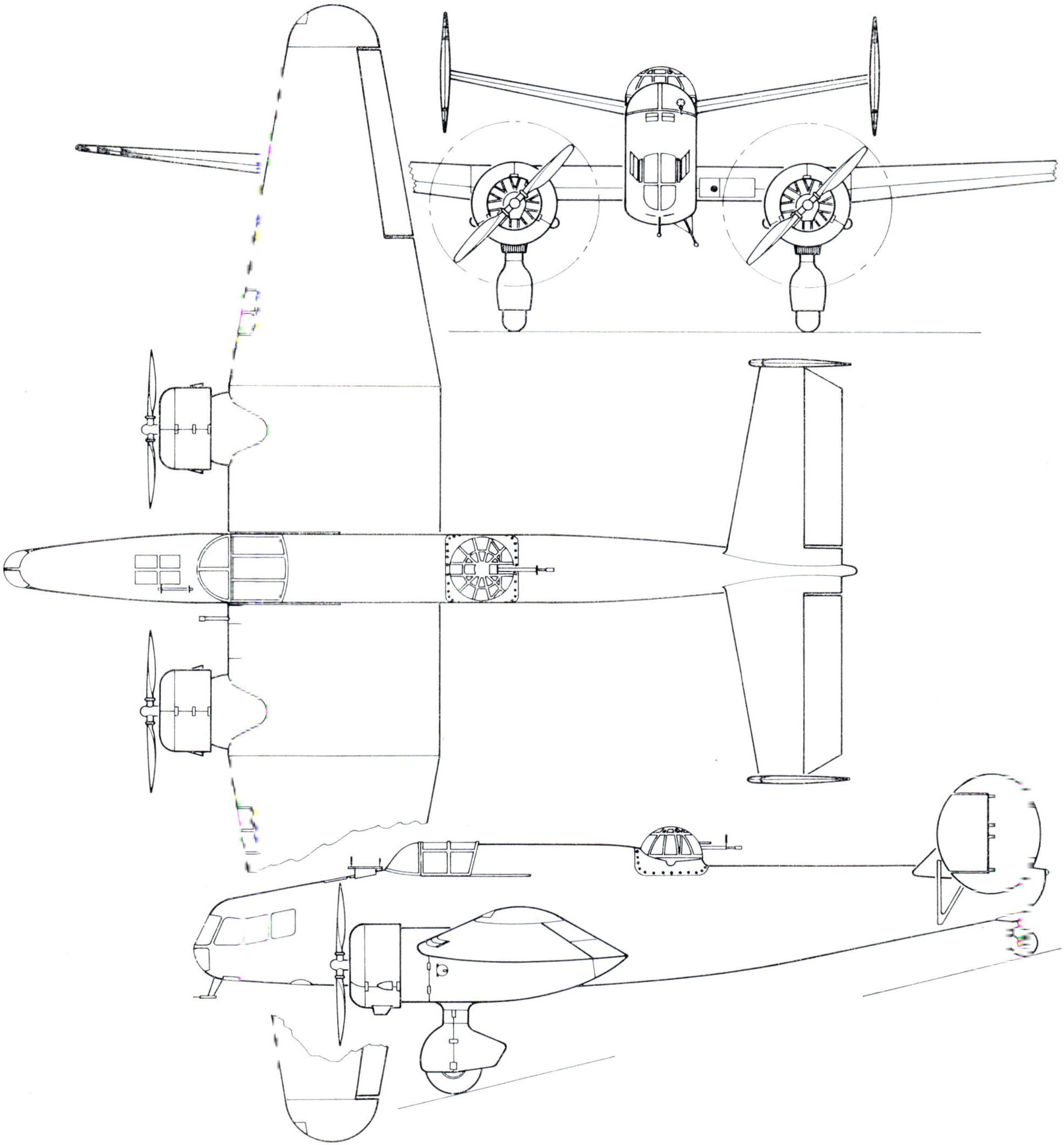

Aero

Ae-02

Baujahr 1920
Year of construction
Verwendung Jagdflugzeug
Employment
Besatzung 1
Crew
Passagiere –
Passengers

Der Bedarf an Jagdflugzeugen Anfang der 20er Jahre erforderte Entwicklungen im eigenen Land. So gingen die beiden Konstrukteure Husnik und Vlasák daran, das erste tschechoslowakische Jagdflugzeug bei Aero zu konzipieren.

Das einsitzige Flugzeug wurde konventionell als Doppeldecker ausgelegt und sollte mit seinem 162 kW leistenden Hispano-Suiza 8 Ba eine Geschwindigkeit von 225 km/h erreichen. Die Arbeiten am Prototyp konnten 1921 abgeschlossen werden. Der Chefpilot von Aero, Josef Novák, flog die neue Maschine ein; sie erreichte eine Geschwindigkeit von 219,71 km/h.

Dennoch ging die Ae-02 nicht in die Serienfertigung. Sie wurde zum Ausgangsmuster für die Folgeentwicklungen Ae-03, ein Höhenfotoaufklärer, und die Ae-04, wiederum ein Jagdflugzeug. Aber auch diese beiden Typen gingen nicht in Serie. Um die Leistung des Höhenaufklärers zu verbessern, verwendeten die Konstrukteure einen französischen Turbokompressor vom Typ Rateau.

Abmessungen
Dimensions
Spannweite 7,70 m
Span
Länge 5,45 m
Length
Flügelfläche 16,7 m^2
Wing aera

Masse
Mass
Leermasse 675 kg
Emtymass
Startmasse 945 kg
T.O. mass
Flächenbelastung 56,6 kg/m^2
Wingloading

Triebwerk
Power plant
Anzahl 1
Number
Typ Hispano-Suiza 8 Ba
Type
Leistung 162 kW
Performance

Flugleistungen
Flightperformances
Reisegeschwindigkeit 190 km/h
Travelspeed
Höchstgeschwindigkeit 225 km/h
Max. speed
Steigleistung 29 min/5000 m
Climb rate
Reichweite ?
Normal range
Dienstgipfelhöhe ?
Service ceiling

Bemerkungen
Notes
Kein Serienbau.

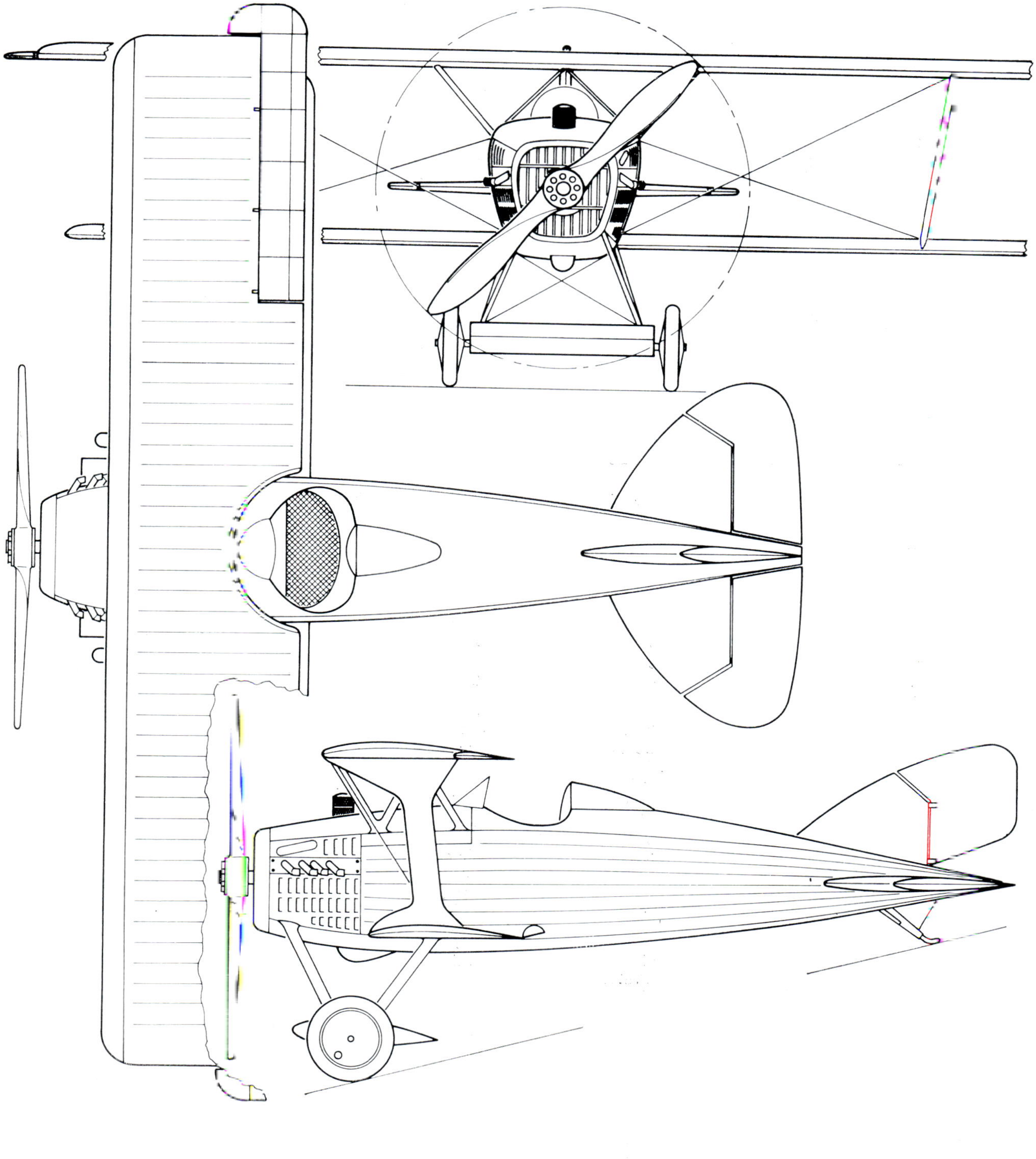

Letov

Š-3

Baujahr 1922
Year of construction
Verwendung Jagdflugzeug
Employment
Besatzung 1
Crew
Passagiere –
Passengers

In der Nacht zum 5. November 1921 brach im Betrieb Letov ein Feuer aus, dem der Prototyp der Š-3 und die fast fertige Š-4 zum Opfer fielen. Beide Jagdflugzeuge waren Neuentwicklungen und der Beitrag des Werkes für die neuen Streitkräfte. Dank dem Fleiß der Flugzeugbauer von Letov konnten aber beide Prototypen Š-3 und Š-4 Anfang des Folgejahres starten.

Obwohl die Š-3 die geforderte Geschwindigkeit erreichte, wurde sie nicht in Serie gebaut. Sehr zum Leidwesen der Militärflieger, die zum Doppeldecker größeres Vertrauen als zu den relativ modernen Eindeckern von Beneš und Hajn hatten.

Dem zweiten Prototyp, der Š-4, war ein besserer Entwicklungsweg beschieden, denn sie ging gleich in den Serienbau. Als Version Š-4a wurde ein Übungsflugzeug für die Pilotenausbildung abgeleitet. Es war eine mißlungene Kopie der französischen Spad S.13.

Ingenieur Šmolik übernahm 1924 den Oberflügel der Š-3 in die Konzeption des Hochdeckers Š-12, von dem aber nur ein Prototyp entstand.

Abmessungen
Dimensions
Spannweite 10,13 m
Span
Länge 7,08 m
Length
Flügelfläche 17,6 m^2
Wing aera

Masse
Mass
Leermasse 662 kg
Emtymass
Startmasse 928 kg
T.O. mass
Flächenbelastung 52,7 kg/m^2
Wingloading

Triebwerk
Power plant
Anzahl 1
Number
Typ BMW IIIa
Type
Leistung 136 kW
Performance

Flugleistungen
Flightperformances
Reisegeschwindigkeit 190 km/h
Travelspeed
Höchstgeschwindigkeit 225 km/h
Max. speed
Steigleistung 15,9 min/5000 m
Climb rate
Reichweite 472 km
Normal range
Dienstgipfelhöhe 8400 m
Service ceiling

Bemerkungen
Notes
Kein Serienbau.

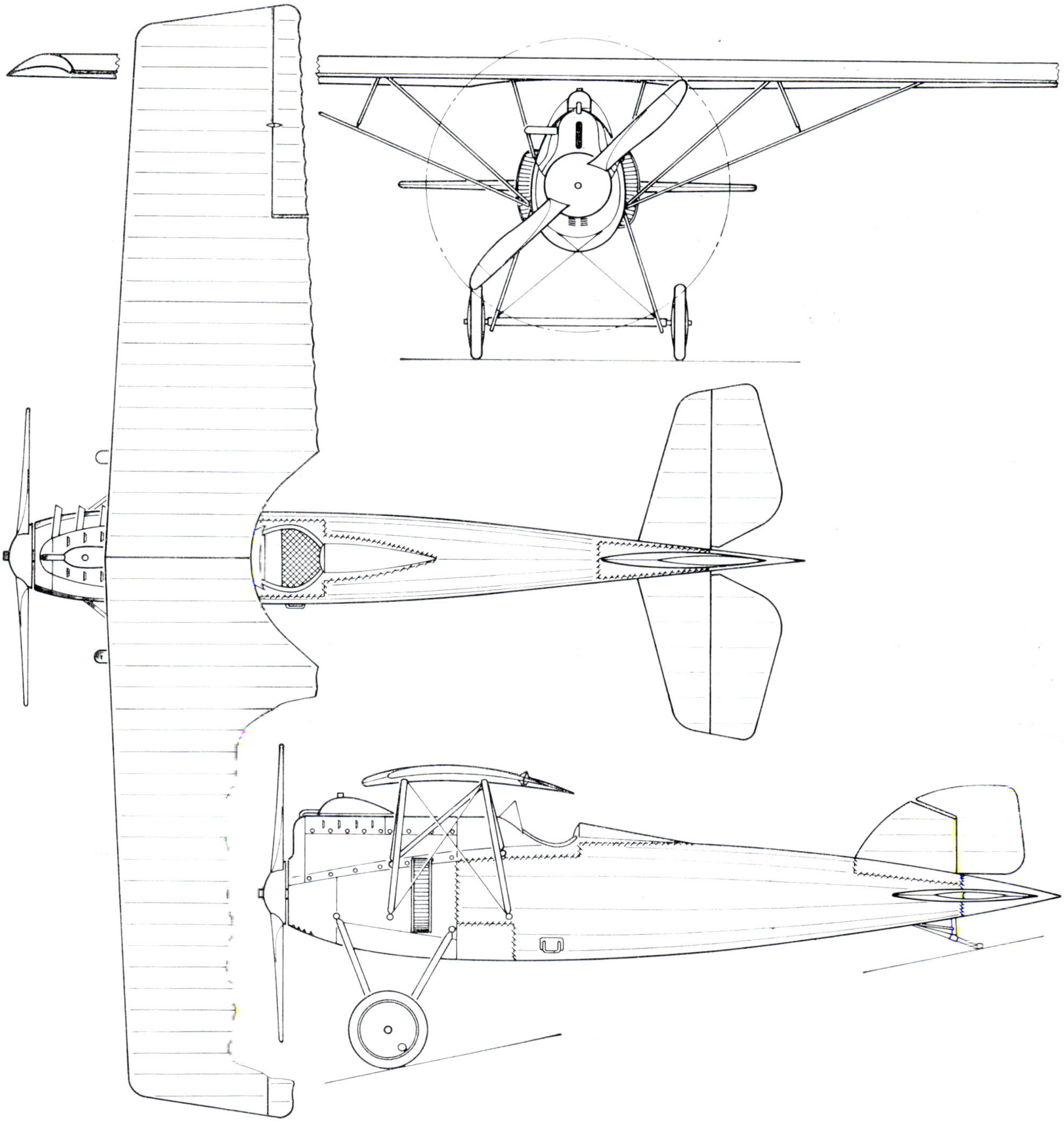

Avia

BH-3

Baujahr 1921
Year of construction
Verwendung Jagdflugzeug
Employment
Besatzung 1
Crew
Passagiere –
Passengers

Am 4. Dezember 1922 startete der Pilot Bohumil Munzar mit dem Prototyp Avia BH-3.01 zum Erstflug. Mit dieser Maschine bewiesen Beneš und Hajn die Richtigkeit ihrer Idee, daß auch Eindekker mit relativ leichten Triebwerken an die Leistungen der herkömmlichen Doppeldecker heranreichen. Nach den ersten Erfahrungen mit dem Erpobungsmuster BH-1bis und der nicht vollendeten BH-2, wandten sich die Konstrukteure der Entwicklung eines Jagdflugzeuges zu. Die Zelle wurde in Anlehnung an die BH-1bis nochmals überarbeitet. Als Antrieb wählte man ein BMW-IIIa-Triebwerk.

Schon die ersten Flüge brachten befriedigende Leistungen. Der Überführung in den Serienbau stand nun nichts mehr im Wege. Bereits 1923 konnten die ersten zehn Serienmaschinen an das Geschwader in Praha-Kbely abgeliefert werden. Die BH-3.4 wurde zunächst zur Erprobung mit einem Walter-W-IV-Triebwerk ausgerüstet. Diese Version blieb nur Prototyp und ging nie in Serie.

Die Weiterentwicklung BH-4 hatte, außer einem anderen Triebwerk, nur wenige Veränderungen an der Zelle. Dieses bereits 1922 projektierte Jagdflugzeug wurde nicht in den Serienbau überführt.

Abmessungen

Dimensions
Spannweite 10,24 m
Span
Länge 6,98 m
Length
Flügelfläche 15,8 m^2
Wing aera

Masse

Mass
Leermasse 778 kg
Emtymass
Startmasse 1025 kg
T.O. mass
Flächenbelastung 65,0 kg/m^2
Wingloading

Triebwerk

Power plant
Anzahl 1
Number
Typ BMW IIIa
Type
Leistung 136 kW
Performance

Flugleistungen

Flightperformances
Reisegeschwindigkeit 190 km/h
Travelspeed
Höchstgeschwindigkeit 225 km/h
Max. speed
Steigleistung 10,5 min/5000 m
Climb rate
Reichweite 500 km
Normal range
Dienstgipfelhöhe 7800 m
Service ceiling

Bemerkungen

Notes
Serienbau. Bei dem Triebwerk Walter W-IV ⟨162 kW⟩ erhöhte sich die Masse um 17 kg.

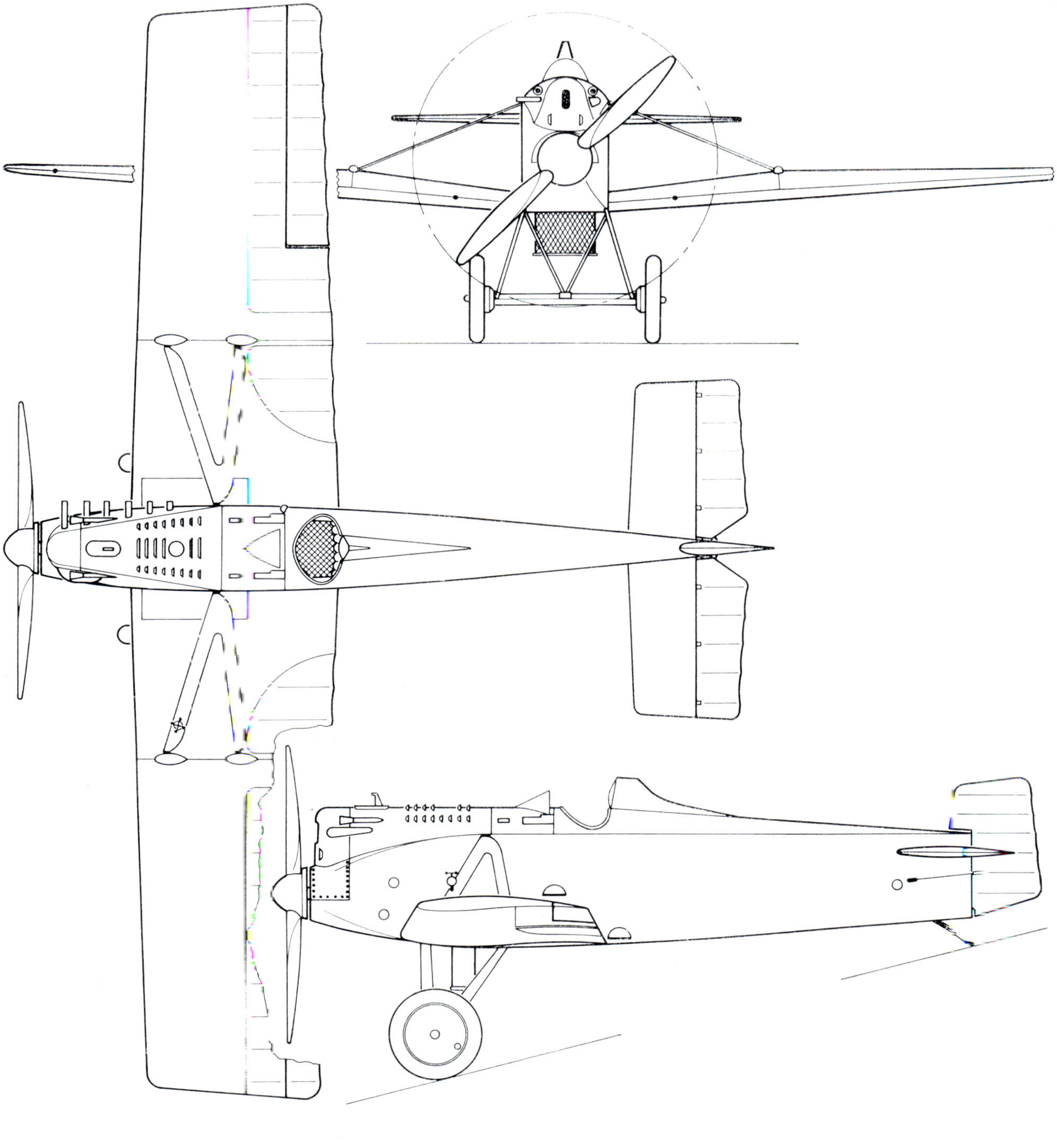

Aero

A-18

Baujahr 1923
Year of construction
Verwendung Jagdflugzeug
Employment
Besatzung 1
Crew
Passagiere –
Passengers

Anregungen für das Jagdflugzeug A-18 bildeten die Erfahrungen mit der Ae-02 und Ae-04. Der Prototyp bestand seine Erprobung gut. Eine kleine Serie von 20 Maschinen wurde durch das Verteidigungsministerium bestellt. Bei der Serie fand der Reihenmotor BMW III a Verwendung. Als Bewaffnung wurden zwei synchronisierte Maschinengewehre eingebaut. Im Winter ersetzten Kufen das Radfahrwerk.

Trotz relativ guter Ergebnisse war man mit den Leistungen nie ganz zufrieden. Für eine Spezial-Rennversion veränderte man die Flügelfläche. Die Spannweite bei dem Folgemuster A-18 B wurde wesentlich geringer. Chefpilot Novák von Aero flog die Maschine ein. Letztlich errang er mit der A-18 B beim Nationalwettbewerb 1923 einen Rekord mit der Durchschnittsgeschwindigkeit von 230 km/h.

Eine weitere Variante ⟨A-18 C⟩ wurde speziell als Hochgeschwindigkeitsflugzeug gebaut. Mit ihr errang Josef Novák 1924 in einem nationalen Wettbewerb den Sieg mit der Durchschnittsgeschwindigkeit von 263 km/h.

Auch die Nachfolgemuster A-20 und A-19 basierten auf der bewährten Konzeption der A-18, blieben aber nur Prototypen.

Abmessungen

Dimensions
Spannweite 7,60 m
Span
Länge 5,90 m
Length
Flügelfläche 15,9 m²
Wing aera

Masse

Mass
Leermasse 637 kg
Emtymass
Startmasse 862 kg
T.O. mass
Flächenbelastung 54,2 kg/m²
Wingloading

Triebwerk

Power plant
Anzahl 1
Number
Typ BMW IIIa
Type
Leistung 136 kW
Performance

Flugleistungen

Flightperformances
Reisegeschwindigkeit 195 km/h
Travelspeed
Höchstgeschwindigkeit 229 km/h
Max. speed
Steigleistung 8,5 min/5000 m
Climb rate
Reichweite 400 km
Normal range
Dienstgipfelhöhe 9000 m
Service ceiling

Bemerkungen

Notes
Serienbau.

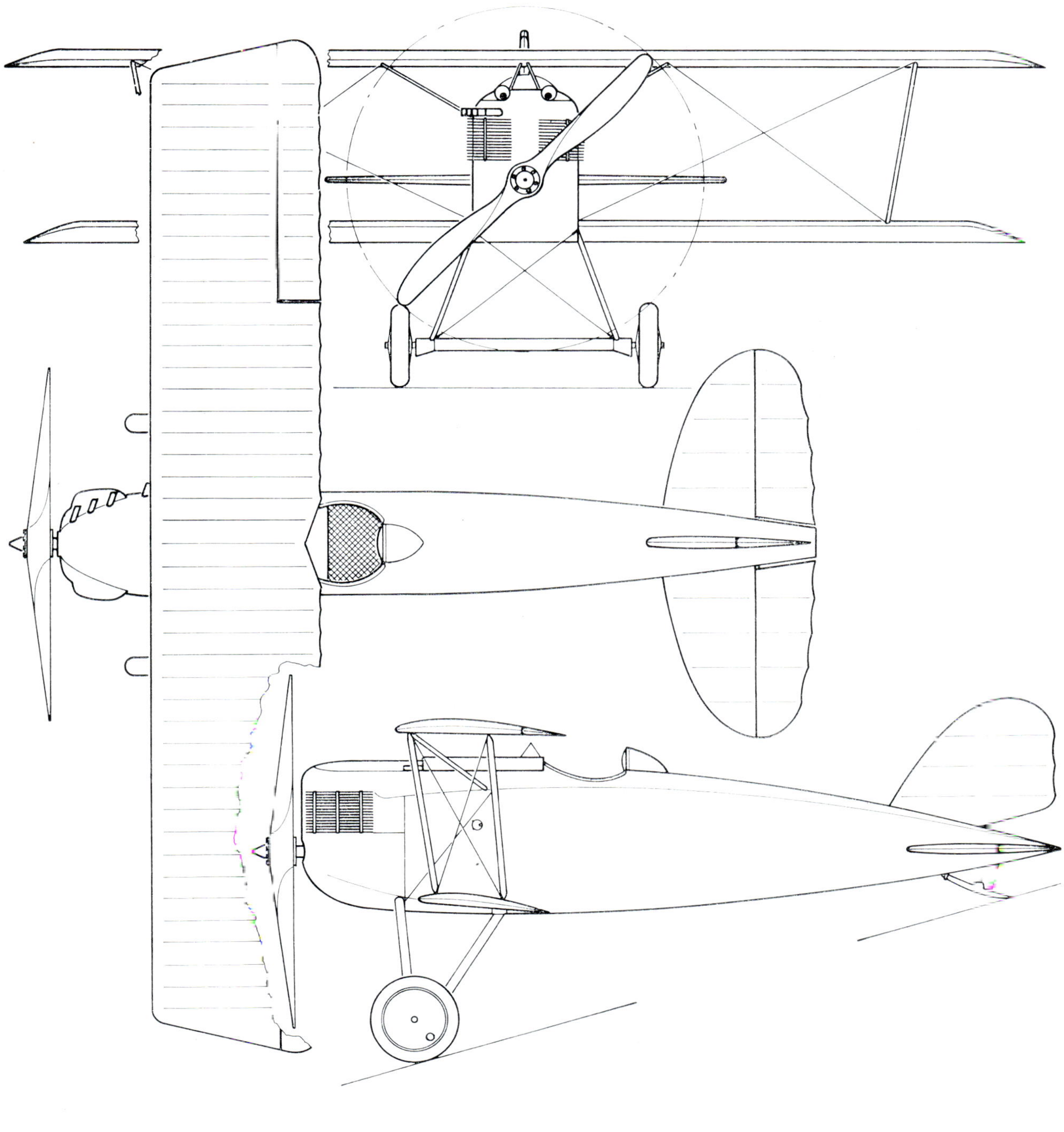

Avia

BH-21

Baujahr 1924
Year of construction
Verwendung Jagdflugzeug
Employment
Besatzung 1
Crew
Passagiere –
Passengers

Eine staatliche Kommission wählte aus den Entwürfen für ein Jagdflugzeug die von Avia eingereichte BH-17, einen einsitzigen Doppeldecker mit guten Flugleistungen. Zur eingehenden Truppenerprobung wurde 1924 eine Serie von 24 Maschinen aufgelegt.

Das Nachfolgemuster der BH-17 bekam die Bezeichnung BH-21. Verschiedene Zellenteile und insbesondere die Verstrebung der Tragflügel wurden verstärkt.

Bei der Erprobung einer kleinen Vorserie zeigten sich noch bessere Leistungen als beim Ausgangsmuster BH-17.

Aufgrund der erfolgreichen Teilnahme an einem Wettkampf in Belgien im Jahr 1925 erwarben die Belgier eine Maschine und die Lizenz zum Nachbau. 39 Maschinen wurden bei SABCA und weitere fünf bei SEGA gefertigt.

Bei den tschechoslowakischen Luftstreitkräften stand der Doppeldecker als B-21 bis Anfang der 30er Jahre in Dienst und wurde erst dann von der Ba-33 abgelöst, die, mit dem stärkeren Triebwerk Škoda L ausgerüstet, aus der BH-33 entstanden war.

Speziell für den Wettkampf hatte man die Ausführung BH-21 R geschaffen, die ebenfalls ein stärkeres Triebwerk ⟨294 kW⟩ besaß. Mit dieser Maschine gewann man 1925 das nationale Geschwindigkeitsrennen mit 300 km/h.

Während der Serienbau lief, entwickelten die Konstrukteure eine leicht abgeänderte Version als Trainingsflugzeug mit der Bezeichnung BH-22. Statt der Bewaffnung wurde bei dieser Version eine Filmkamera eingebaut.

Abmessungen

Dimensions
Spannweite 8,90 m
Span
Länge 6,87 m
Length
Flügelfläche 22,0 m^2
Wing aera

Masse

Mass
Leermasse 764 kg
Emtymass
Startmasse 1085 kg
T.O. mass
Flächenbelastung 49,5 kg/m^2
Wingloading

Triebwerk

Power plant
Anzahl 1
Number
Typ Škoda HS 8 Fb
Type
Leistung 220 kW
Performance

Flugleistungen

Flightperformances
Reisegeschwindigkeit 218 km/h
Travelspeed
Höchstgeschwindigkeit 246 km/h
Max. speed
Steigleistung 13 min/5000 m
Climb rate
Reichweite 550 km
Normal range
Dienstgipfelhöhe 7700 m
Service ceiling

Bemerkungen

Notes
Serienbau.

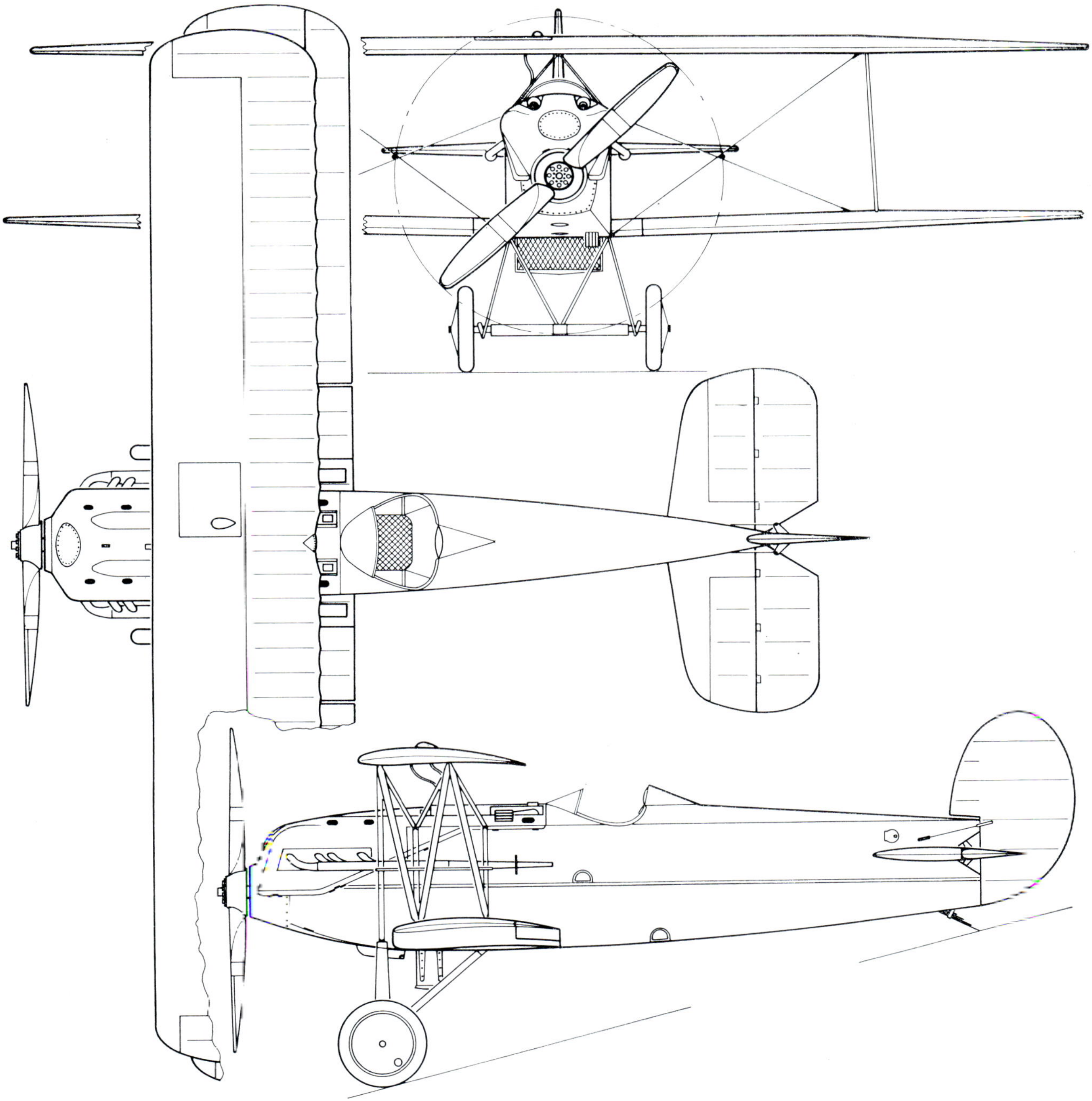

Avia

BH-33

Baujahr 1927
Year of construction
Verwendung Jagdflugzeug
Employment
Besatzung 1
Crew
Passagiere –
Passengers

Bewährte Konstruktionselemente wurden von der BH-21 J übernommen. Dazu gehörte auch, daß die BH-33 ebenfalls wie ihre Vorgänger größere untere Tragflügel bekam. Im Gegensatz zu der bis dahin üblichen Bauweise versah man die Maschine mit einer Seitenflosse und entsprechenden Rudern. Der Doppeldecker erhielt ein konventionelles starres Fahrwerk. Das in Lizenz bei Walter gebaute Triebwerk Bristol Jupiter VI sollte eine errechnete Höchstgeschwindigkeit von mehr als 280 km/h ermöglichen.

1927 war der Prototyp fertig und konnte eingeflogen werden. Die tschechoslowakischen Luftstreitkräfte bestellten daraufhin nach einigen technischen Änderungen eine erste kleine Serie von elf Maschinen.

1928 erwarb die polnische Firma P.W.S. eine Lizenz und baute 50 Maschinen.

1929 wurde die Variante BH-33 E fertiggestellt und auf dem Pariser Aérosalon gezeigt. Man hatte die gesamte Konzeption der Maschine überarbeitet. Eine der wesentlichsten Änderungen war der Rumpf; aus Stahlrohr aufgebaut, zeigte er nun einen ovalen Querschnitt. Auch von dieser Variante lieferte Avia einige Maschinen als B-33 an die Luftstreitkräfte. Weitere Lieferungen in kleinen Stückzahlen ⟨jeweils drei⟩ gingen an die UdSSR und Belgien. Jugoslawien erhielt von Avia 20 Maschinen. Das jugoslawische Flugzeugwerk «Ikarus» baute später 20 weitere Flugzeuge.

Mit der BH-33 E schuf man eine weitere Variante, die bei vergrößerter Spannweite einen Reihenmotor Škoda L bekam. Nach 1929 wurden 80 Maschinen produziert und als Ba-33 bei den tschechoslowakischen Streitkräften in verschiedenen Regimentern geflogen.

Abmessungen

Dimensions
Spannweite 8,90 m
Span
Länge 7,04 m
Length
Flügelfläche 22,2 m^2
Wing aera

Masse

Mass
Leermasse 830 kg
Emtymass
Startmasse 1253 kg
T.O. mass
Flächenbelastung 56,4 kg/m^2
Wingloading

Triebwerk

Power plant
Anzahl 1
Number
Typ Walter Jupiter VI
Type
Leistung 331 kW
Performance

Flugleistungen

Flightperformances
Reisegeschwindigkeit 238 km/h
Travelspeed
Höchstgeschwindigkeit 285 km/h
Max. speed
Steiggeschwindigkeit 10,5 m/s
Climb speed
Reichweite 450 km
Normal range
Dienstgipfelhöhe 9500 m
Service ceiling

Bemerkungen

Notes
Mehrere Serien unterschiedlicher Varianten.

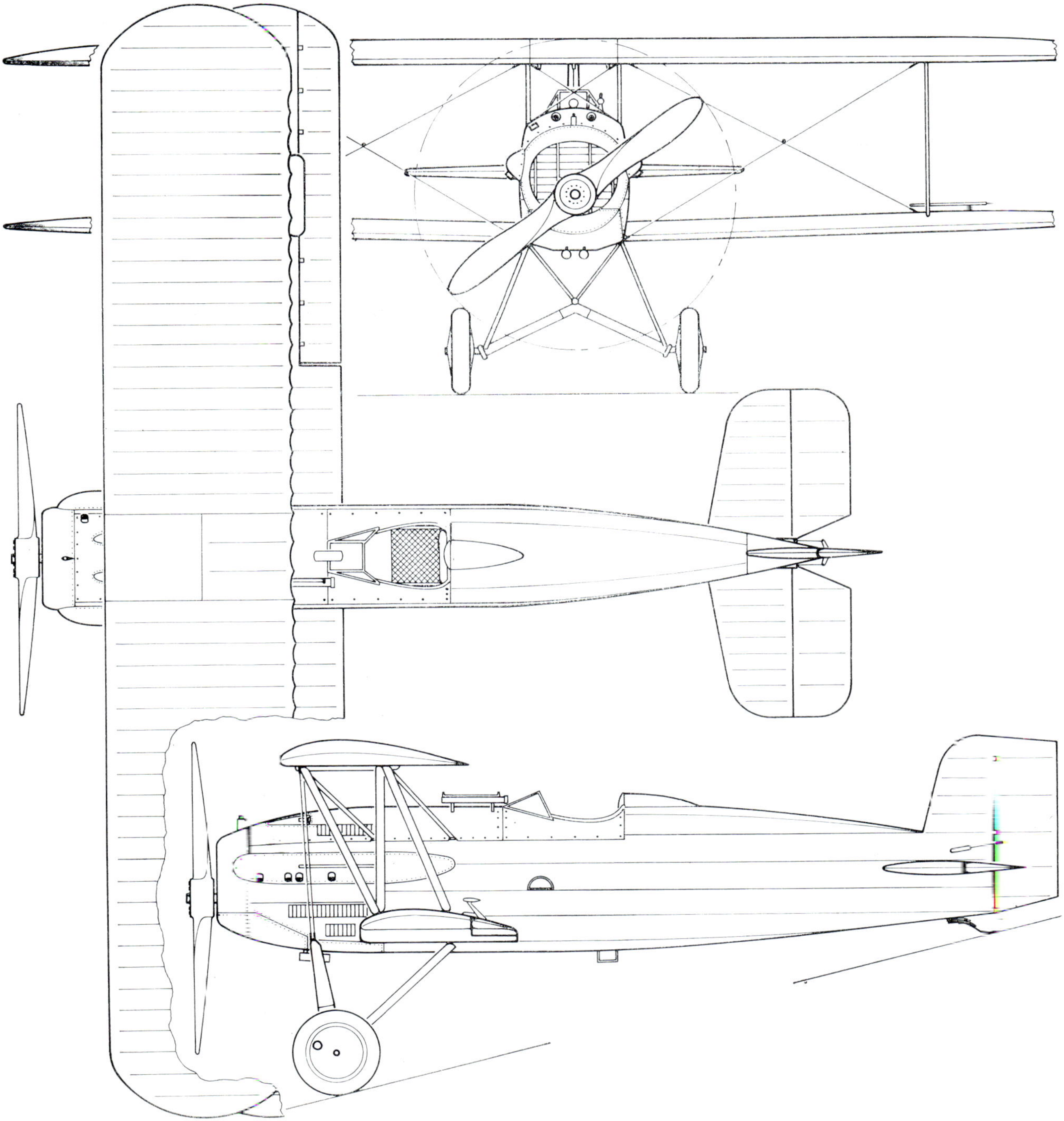

Letov

Š-231

Baujahr 1933
Year of construction
Verwendung Jagdflugzeug
Employment
Besatzung 1
Crew
Passagiere –
Passengers

Die Bemühungen Alois Šmoliks um die Entwicklung eines neuen Jagdflugzeuges gehen auf das Jahr 1927 zurück. Der Erfolg der Š-16 bestärkte ihn, aus dieser Konzeption einen kleineren Doppeldekker als Jagdflugzeug zu entwickeln.

Als Ausgangsmuster verwendete man die Š-20 J, an der durch eine Reihe konstruktiver Veränderungen, insbesondere zur Veränderung der aerodynamischen Linienführung, die Voraussetzung für den Einbau eines Sternmotors geschaffen wurde. Bald war der Prototyp des neuen Jagdflugzeuges Š-31 fertig. Daraus entstand jedoch zunächst die Š-131 als schnelle Rennmaschine unter Verwendung des Triebwerks BMW Hornet.

Da man das Walter-Jupiter-Triebwerk für die Š-31 für geeignet hielt, wurde 1931/32 eine Serie von 32 Jagdflugzeugen produziert.

Diese Entwicklungen waren Ausgangsmuster für die Š-231. Um eine weitere Leistungssteigerung zu erreichen, wurde das Bristol-Mercury-Triebwerk benutzt. Zur Verbesserung der Aerodynamik wurde ein Townend-Ring verwendet.

Als Bewaffnung des Jagdflugzeuges waren vier Maschinengewehre vorgesehen, die man beim ersten Prototyp noch in die obere Tragfläche einbaute. Bereits bei der zweiten Maschine verlegte man die Bewaffnung in den unteren Flügel.

Am 17. März 1933 wurde der Prototyp der Š-231.1 ⟨Š-31 A⟩ eingeflogen. Nach erfolgreichen Flugversuchen beim VTLÚ wurde mit dem Serienbau begonnen. Neben zwei Prototypen verließen bis 1936 23 Serienmaschinen das Werk.

Die Flugzeuge wurden zum 2. Fliegerregiment Olomouc ⟨35. und 36. Staffel⟩ der tschechoslowakischen Luftstreitkräfte überstellt. Nach nur kurzer Einsatzzeit wurden die Š-231 zusammengezogen und über Estland nach Spanien verlegt, wo sie auf Seiten der republikanischen Fliegerkräfte von spanischen Piloten gegen die Franco-Truppen geflogen wurden.

Versuche mit den weiter modifizierten Mustern Š-331 und Š-431 fanden statt. Eine Serienproduktion erreichten diese Weiterentwicklungen jedoch nicht, da sich bereits Avia mit der leistungsstärkeren B-534 durchgesetzt hatte.

Abmessungen

Dimensions
Spannweite 10,06 m
Span
Länge 7,80 m
Length
Flügelfläche 21,5 m^2
Wing aera

Masse

Mass
Leermasse 1280 kg
Emtymass
Startmasse 1770 kg
T.O. mass
Flächenbelastung 82,5 kg/m^2
Wingloading

Triebwerk

Power plant
Anzahl 1
Number
Typ Bristol Mercury
Type
Leistung 412 kW
Performance

Flugleistungen

Flightperformances
Reisegeschwindigkeit 310 km/h
Travelspeed
Höchstgeschwidigkeit 348 km/h
Max. speed
Steigleistung 3,5 min/5000 m
Climb rate
Reichweite 450 km
Normal range
Dienstgipfelhöhe 9300 m
Service ceiling

Bemerkungen

Notes
Serienbau. Weiterentwicklungen blieben Prototypen.

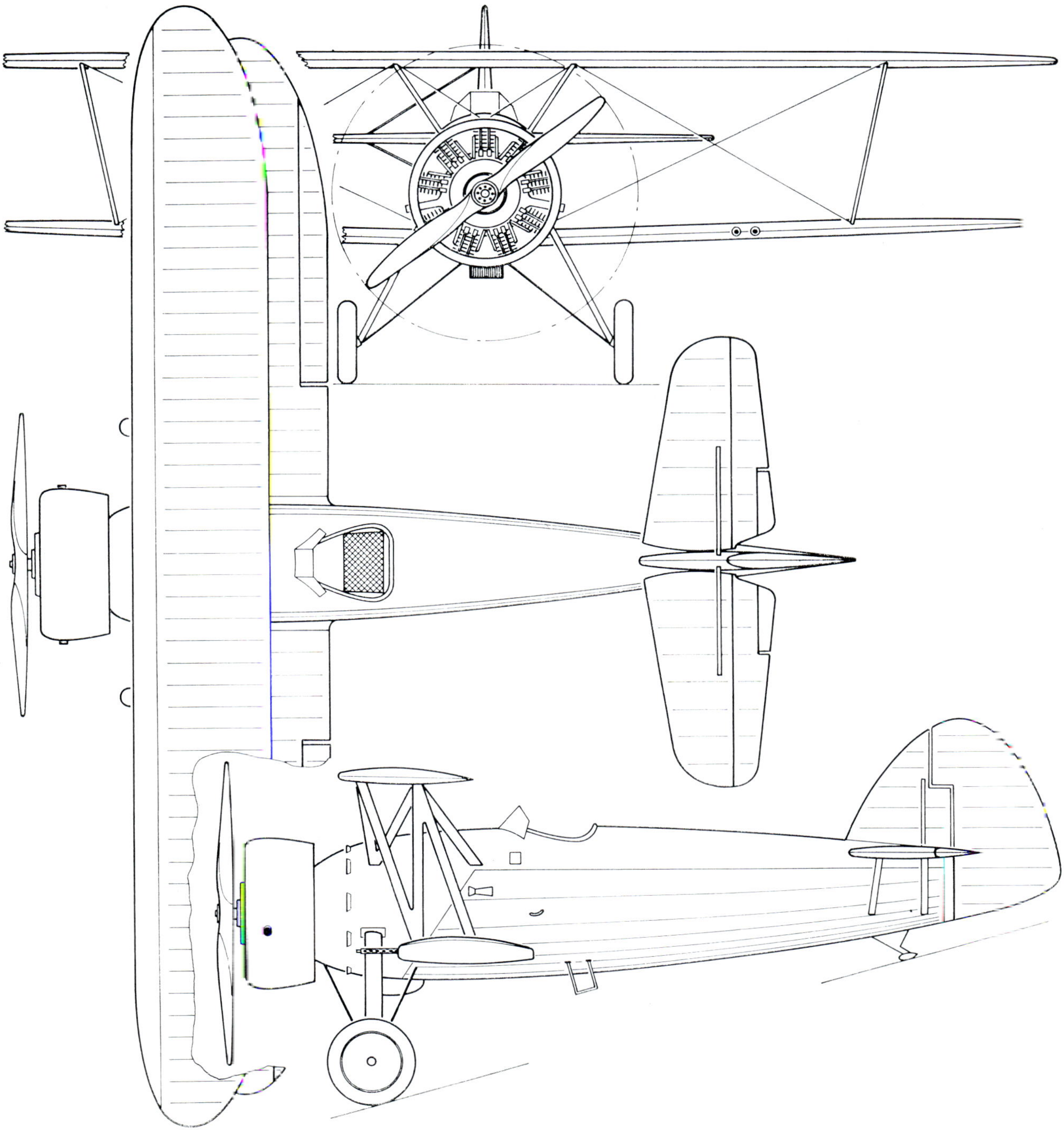

Avia

B-534

Baujahr 1934
Year of construction
Verwendung Jagdflugzeug
Employment
Besatzung 1
Crew
Passagiere –
Passengers

Anfang der 30er Jahre zeigte die B-34 gute Erfolge. Dennoch begann man die Konstruktion nochmals zu überarbeiten. Das Ergebnis war schließlich das Jagdflugzeug B-534. Die als Doppeldecker ausgelegte einsitzige Maschine gehörte mit ihrer hohen Geschwindigkeit und außerordentlich guten Manövrierfähigkeit zu den besten ihrer Zeit. Vier Maschinengewehre vom Kaliber 7,92 mm bedeuteten eine starke Kampfkraft. Zwei Maschinenwaffen waren zunächst in den Tragflächen untergebracht, verursachten aber eine zu hohe Vibration, so daß man an jeder Seite des Rumpfes nun zwei Maschinengewehre anordnete.

Im Jahr 1935 begann man die Großserienproduktion. 445 Maschinen waren bereits bestellt. Während der Produktion wurden laufend Verbesserungen an Zelle und Triebwerk vorgenommen. So bekam die vierte Version der B-534 ein geschlossenes Cockpit. Die Bk-534 erhielt das Triebwerk V-Hispano-Suiza 12 Ycrs mit 625 kW Leistung.

Von den insgesamt vier Serien der B-534 wurden 445 Stück gefertigt und bis März 1939 über 400 davon an die Truppe geliefert. Weitere 121 Bk-534 gingen bereits zum großen Teil an die Luftwaffe der Okkupanten.

Während der Kämpfe in Bulgarien und auf dem gesamten Balkan 1944/45 flogen B-534 im Bestand der Armeen der Befreier. Während des Slowakischen Nationalaufstandes 1944 kämpften noch drei verbliebene B-534 gegen die deutschen Truppen.

Abmessungen

Dimensions
Spannweite 9,40 m
Span
Länge 8,10 m
Length
Flügelfläche 23,6 m²
Wing aera

Masse

Mass
Leermasse 1385 kg
Emtymass
Startmasse 1913 kg
T.O. mass
Flächenbelastung 78,0 kg/m²
Wingloading

Triebwerk

Power plant
Anzahl 1
Number
Typ Avia HS 12 Ydrs
Type
Leistung 632 kW
Performance

Flugleistungen

Flightperformances
Reisegeschwindigkeit 330 km/h
Travelspeed
Höchstgeschwindigkeit 375 km/h
Max. speed
Steiggeschwindigkeit 15 m/s
Climb speed
Reichweite 600 km
Normal range
Dienstgipfelhöhe 9500 m
Service ceiling

Bemerkungen

Notes
Vier Serien mit laufenden Verbesserungen.

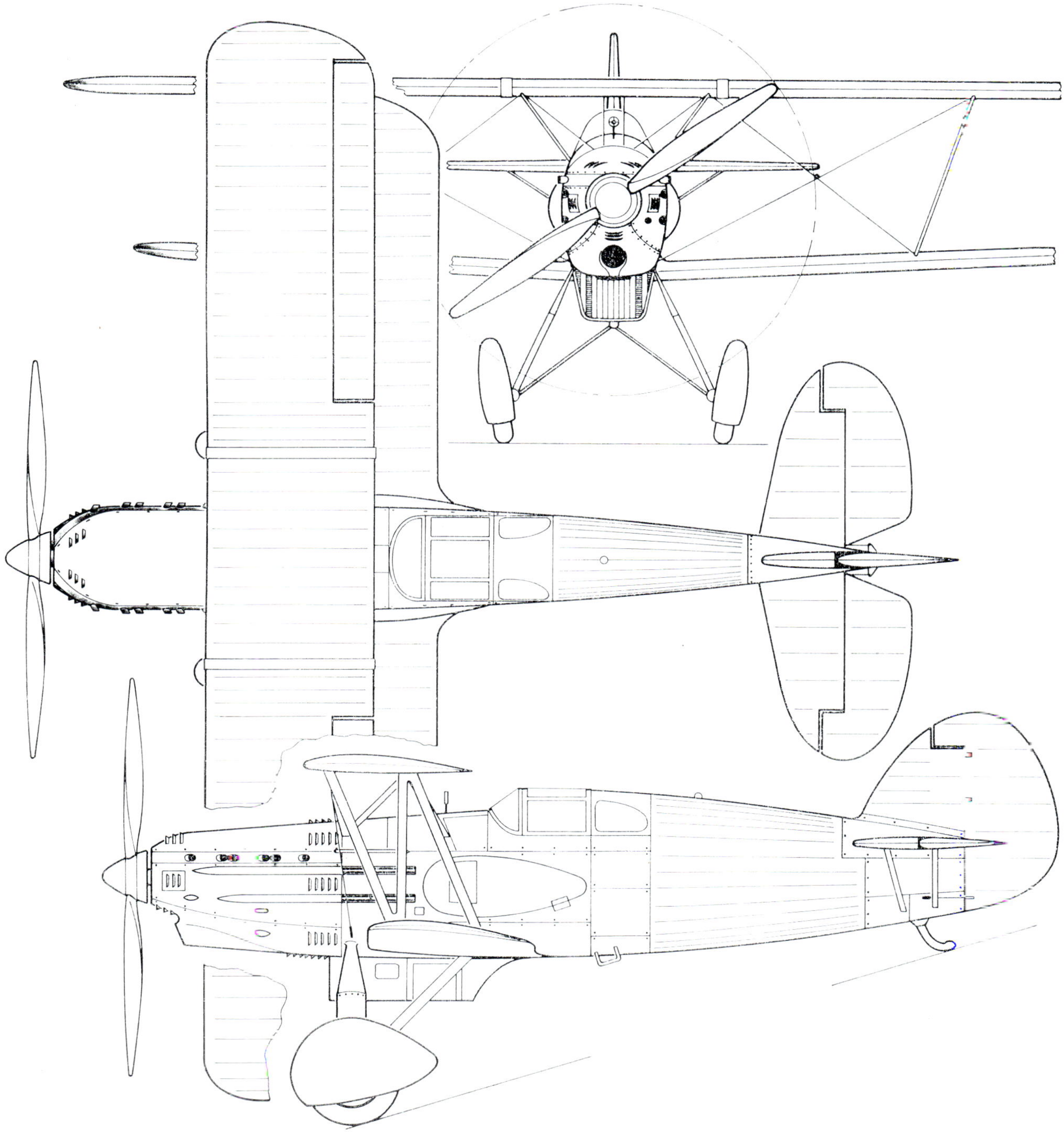

ČKD-Praga

E-45

Baujahr 1934
Year of construction
Verwendung Jagdflugzeug
Employment
Besatzung 1
Crew
Passagiere –
Passengers

Mit der BH-44 war Anfang der 30er Jahre ein neues Jagdflugzeug entwickelt worden. Die beiden Prototypen brachten aber nicht die erforderlichen Ergebnisse.

Inzwischen arbeitete Jaroslav Šlechta an einem aerodynamisch gut durchdachten Jagdflugzeug, das unter der Typenbezeichnung E-45 lief. Der elegant wirkende Doppeldecker mit robustem Fahrgestell wurde zunächst mit dem britischen Triebwerk Rolls Royce Kestrel ausgerüstet.

Der Prototyp wurde gegen Ende des Jahres 1934 fertig. Die nachfolgenden Flugerprobungen zeigten besonders gute Flugeigenschaften, eine ausgezeichnete Stabilität um alle Achsen und gute Steuerbarkeit. Dennoch kam es nicht zur Serienfertigung.

Die E-45 von Praga galt nun als Reservekonstruktion für die tschechoslowakischen Sicherheitskräfte.

Abmessungen

Dimensions
Spannweite 8,50 m
Span
Länge 7,45 m
Length
Flügelfläche 20,2 m^2
Wing aera

Masse

Mass
Leermasse 1347 kg
Emtymass
Startmasse 1690 kg
T.O. mass
Flächenbelastung 83,5 kg/m^2
Wingloading

Triebwerk

Power plant
Anzahl 1
Number
Typ Rolls Royce Kestrel VI
Type
Leistung 447 kW
Performance

Flugleistungen

Flightperformances
Reisegeschwindigkeit 320 km/h
Travelspeed
Höchstgeschwindigkeit 372 km/h
Max. speed
Steigleistung 3,25 min/3000 m
Climb rate
Reichweite 600 km
Normal range
Dienstgipfelhöhe 9500 m
Service ceiling

Bemerkungen

Notes
Kein Serienbau.

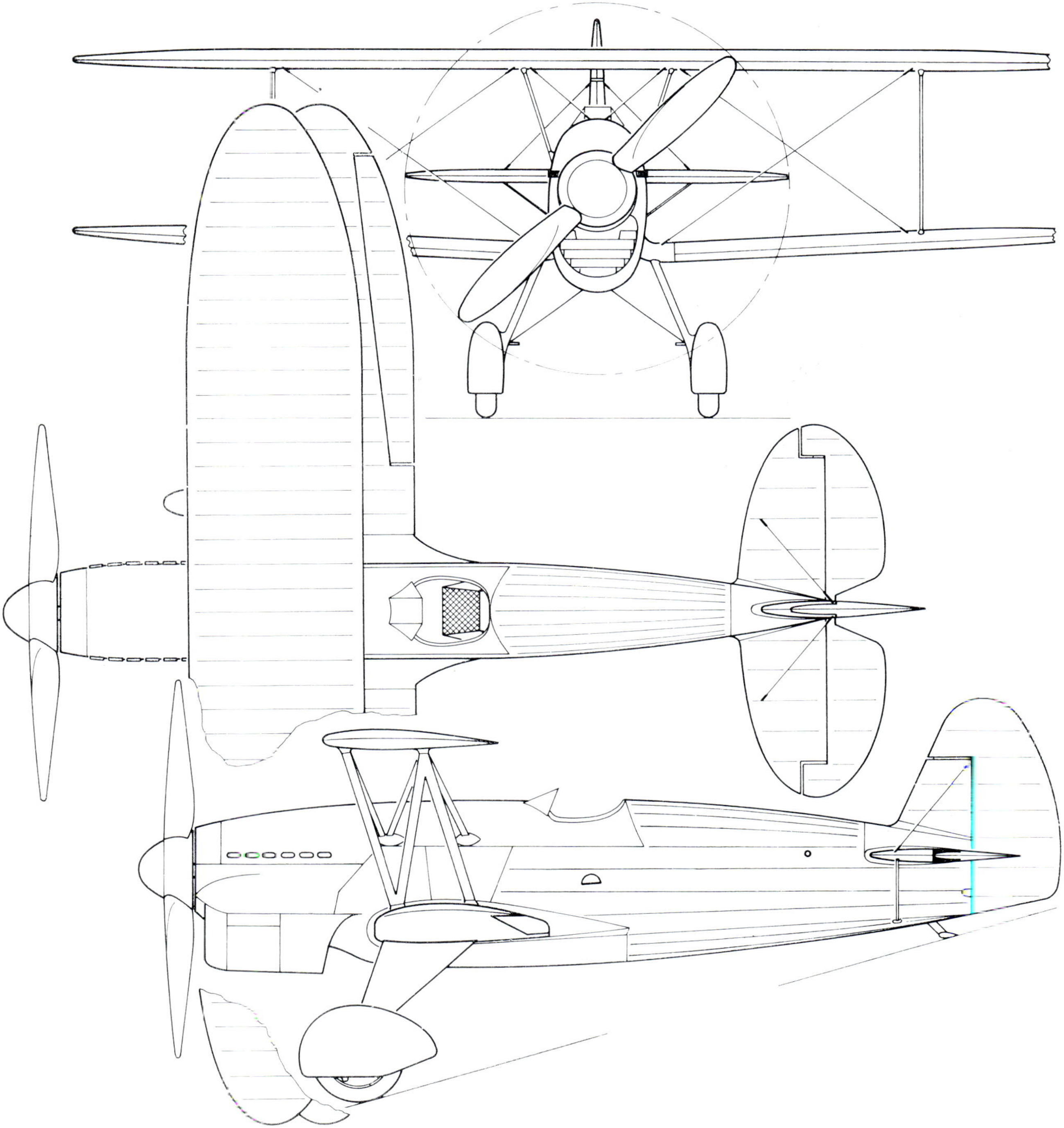

Avia

B-35

Baujahr 1938
Year of construction
Verwendung Jagdflugzeug
Employment
Besatzung 1
Crew
Passagiere –
Passengers

Eine Konstruktionsgruppe unter der Leitung von Ing. Novotny begann 1936 mit der Entwicklung eines Jagdflugzeuges, das gemäß den Forderungen als Tiefdecker ausgelegt werden sollte. Die Arbeiten gingen gut voran, und schon im Jahr darauf konnte die Attrappe der B-35 auf der Luftfahrtausstellung in Praha vorgestellt werden.

Der erste Prototyp wurde im September 1938 eingeflogen. Da das für diese Maschine vorgesehene Triebwerk noch nicht zur Verfügung stand, verwendete man zunächst den erprobten Motor der B-534. Auch das für die Serie vorgesehene Einziehfahrwerk war noch nicht funktionsreif. Darum verkleidete man das starr eingebaute Fahrwerk. Bei den Versuchsflügen erreichte die Maschine trotz des schwächeren Triebwerks und trotz des starren Fahrwerks Geschwindigkeiten um 480 km/h. Beim Absturz des ersten Prototyps B-35.1 am 22. Dezember 1938 kam der Pilot Kavalec ums Leben.

Die Erprobung des zweiten Prototyps begann im Januar 1939. Man hatte am Rumpf Änderungen vorgenommen. Die Querruder waren verkleinert worden.

Nach der Besetzung der ČSR wurden die Arbeiten unter deutscher Aufsicht fortgesetzt.

Der dritte Prototyp bekam nun ein Einziehfahrwerk vom Typ Messier und flog im August 1939. Es war das Musterflugzeug für die verbesserte B-135. Bulgarien zeigte Interesse an dem Flugzeug und bestellte zwölf Maschinen, die bis Januar 1943 ausgeliefert wurden.

Abmessungen

Dimensions
Spannweite 10,85 m
Span
Länge 8,50 m
Length
Flügelfläche 17,0 m^2
Wing aera

Masse

Mass
Leermasse 1690 kg
Emtymass
Startmasse 2200 kg
T.O. mass
Flächenbelastung 129,4 kg/m^2
Wingloading

Triebwerk

Power plant
Anzahl 1
Number
Typ Avia HS 12 Ycrs
Type
Leistung 632 kW
Performance

Flugleistungen

Flightperformances
Reisegeschwindigkeit 435 km/h
Travelspeed
Höchstgeschwindigkeit 495 km/h
Max. speed
Steiggeschwindigkeit 13 m/s
Climb speed
Reichweite 550 km
Normal range
Dienstgipfelhöhe 8500 m
Service ceiling

Bemerkungen

Notes
Kein Serienbau, erst das Nachfolgemuster B-135 ging in geringer Stückzahl in Serie.

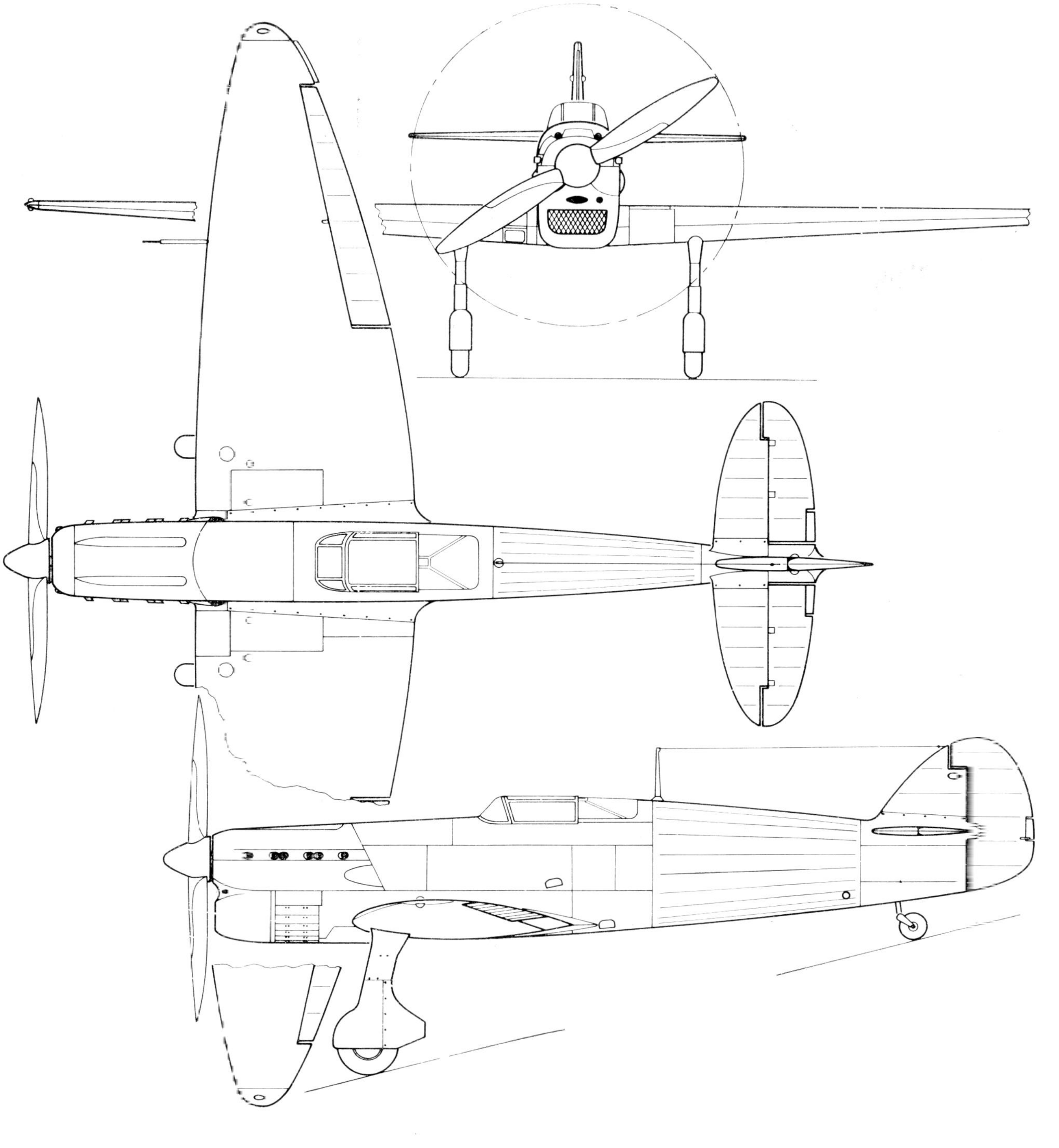

Aero
Ab-11

Baujahr 1925
Year of construction
Verwendung Aufklärungs- und Bombenflugzeug
Employment
Besatzung 2
Crew
Passagiere –
Passengers

Im Jahr 1923 entstand bei Aero der eine beachtliche Aufmerksamkeit hervorrufende Doppeldecker A-12 mit einem 177-kW-Triebwerk der Firma Maybach Typ Mb-IVa. Nachdem der Chefpilot Novák den Prototyp erfolgreich eingeflogen hatte, folgte ein erster Serienbau von 94 Maschinen.

Als 1924 das nach einer BMW-Lizenz gefertigte Walter-Triebwerk W-IV zur Verfügung stand, schuf man in Anlehnung an die A-12 das leichte Bomben- und Aufklärungsflugzeug A-11. Trotz technischer Schwierigkeiten entschied man sich, wieder einen Stirnkühler zu verwenden. Die drei Prototypen wurden erfolgreich erprobt. Danach wurde eine Serie von 138 Maschinen aufgelegt.

In den Jahren 1925 und 1926 erzielten tschechoslowakische Piloten mit diesem Typ mehrere nationale und internationale Bestleistungen. Besonders bekannt wurde der Flug von Vilem Stanovský mit seinem Mechaniker František Simek über 23 Länder in Europa, dem Nahen Osten und Afrika von Praha-Kbely und zurück in 91 Stunden 52 Minuten. Ihre Maschine mit der staatlichenn Zulassung L-BUCD wcr eine Ab-11, die seit 1925 mit dem Triebwerk Breitfeld-Danek Perun II in Serie produziert wurde.

Im Laufe der Jahre wurden weitere Varianten mit unterschiedlichen Triebwerken erprobt. Bei allen Baureihen änderte sich lediglich die Länge der Maschine, bedingt durch die unterschiedlichen Motoren.

Die Maschinen standen bis Anfang der 30er Jahre im Truppendienst.

Abmessungen
Dimensions

Spannweite 12,80 m
Span
Länge 8,20 m
Length
Flügelfläche 36,5 m^2
Wing aera

Masse
Mass

Leermasse 1080 kg
Emtymass
Startmasse 1588 kg
T.O. mass
Flächenbelastung 43,7 kg/m^2
Wingloading

Triebwerk
Power plant

Anzahl 1
Number
Typ Breitfeld-Danek Perun II
Type
Leistung 176 kW
Performance

Flugleistungen
Flightperformances

Reisegeschwindigkeit 190 km/h
Travelspeed
Höchstgeschwindigkeit 216 km/h
Max. speed
Steigleistung 19,5 min/5000 m
Climb rate
Reichweite 750 km
Normal range
Dienstgipfelhöhe 7000 m
Service ceiling

Bemerkungen
Notes

Serienbau.

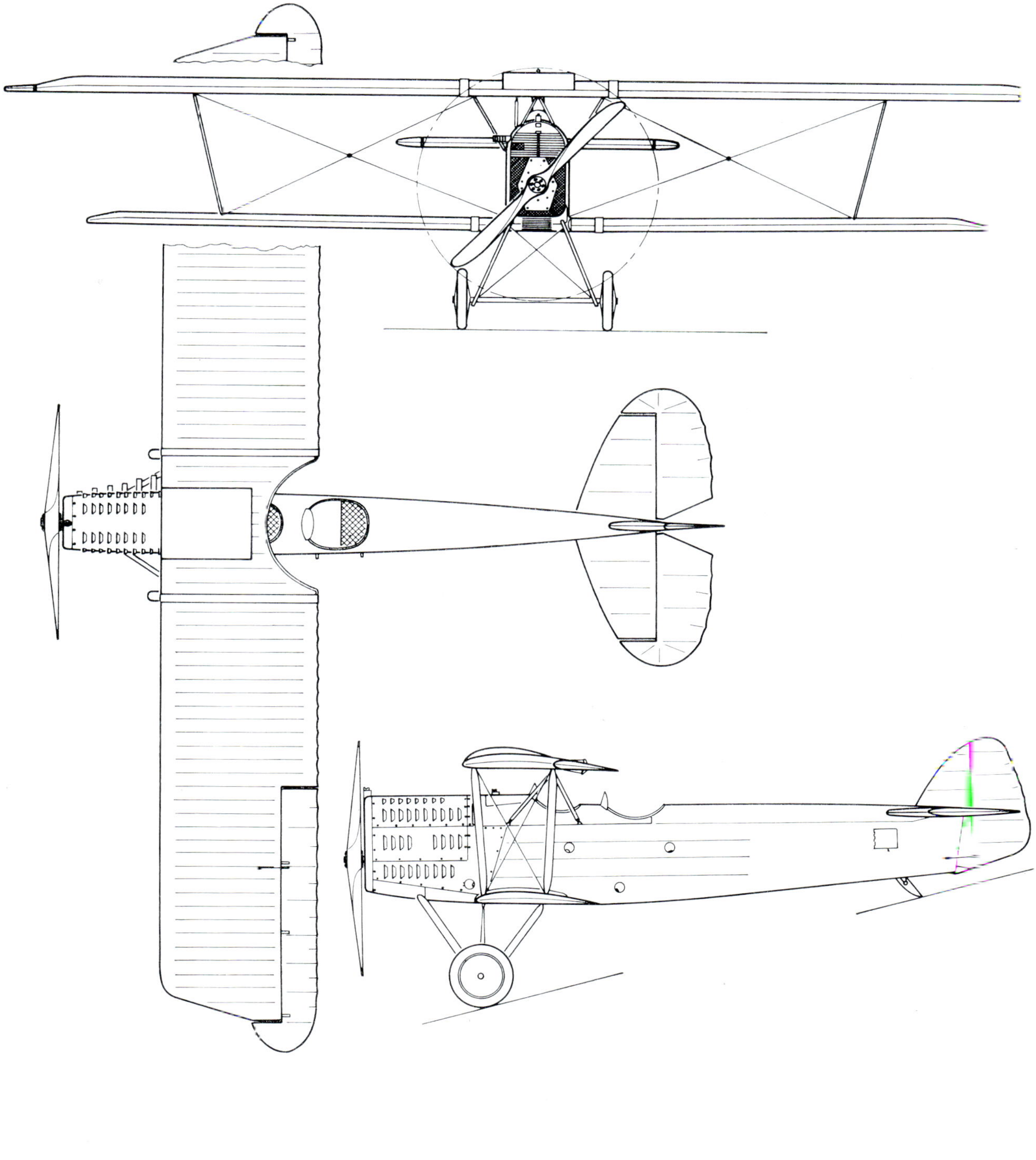

Letov

Š-16

Baujahr 1926
Year of construction
Verwendung Bombenflugzeug
Employment
Besatzung 2
Crew
Passagiere –
Passengers

Die Š-16 war der erste, in der tschechoslowakischen Luftfahrtindustrie entwikkelte und gebaute Doppeldecker mit einer Zelle aus Metall und Stoffbespannung. Der Prototyp dieses zweisitzigen Bombenflugzeuges war 1926 fertig zum Erprobungsflug, der die Erwartungen dann auch erfüllte. Darum wurde die Maschine in Paris der Weltöffentlichkeit vorgestellt. 1927 begann der Serienbau der Š-16 unter der Bezeichnung L für das verwendete Triebwerk von Hispano-Suiza. Diese erste Serie bestand aus 22 Maschinen und war für Lettland bestimmt.

Am 13. Oktober 1927 flog Chefpilot Alois Jezek einen ersten Weltrekord mit einer Š-16. Dabei erreichte er auf der 100-km-Strecke von Praha über Benatky-Rip und zurück nach Praha bei einer Zuladung von 1000 kg eine Durchschnittsgeschwindigkeit von 230,929 km/h. Dieser Rekord lag um 15 km/h über dem einer dreimotorigen Rohrbach-Roland. 1929 kaufte die Türkei 16 Maschinen des Typs Š-16. Ein Jahr darauf waren auch die türkischen Flieger erfolgreich und gewannen mit der «Sechzehn» einen Gruppenflug mit drei Flugzeugen über 5 000 km Entfernung.

Die Exportversion Š-16 J wurde nach Jugoslawien geliefert. Inzwischen hatte man bei Letov weitere Versuche zur Verbesserung der Zelle und vor allem des Motors unternommen. Ab 1928 wurde für die tschechoslowakischen Luftstreitkräfte eine weitere Serie von 115 Maschinen aufgelegt.

Die Weiterentwicklungen trugen nach Hundertern zählende Versionsbezeichnungen, wie Š-116, Š-216 usw. bis zur Š-816, die mit einem Praga-ESV-Triebwerk ausgerüstet war.

Bei der Š-316 wurden am Bug Abschnitte der Zelle mit Dural beplankt.

Es existierte noch ein Projekt einer Š-16 mit einem Lorraine-Dietrich-Triebwerk als Š-916.

Abmessungen

Dimensions
Spannweite 15,30 m
Span
Länge 10,22 m
Length
Flügelfläche 46,4 m²
Wing aera

Masse

Mass
Leermasse 1230 kg
Emtymass
Startmasse 2280 kg
T.O. mass
Flächenbelastung 49,2 kg/m²
Wingloading

Triebwerk

Power plant
Anzahl 1
Number
Typ Lorraine-Dietrich
Type
Leistung 331 kW
Performance

Flugleistungen

Flightperformances
Reisegeschwindigkeit 190 km/h
Travelspeed
Höchstgeschwindigkeit 230 km/h
Max. speed
Steigleistung 25 min/5000 m
Climb rate
Reichweite 900 km
Normal range
Dienstgipfelhöhe 7000 m
Service ceiling

Bemerkungen

Notes
Erstes Ganzmetallflugzeug der ČSR.
Serienbau.

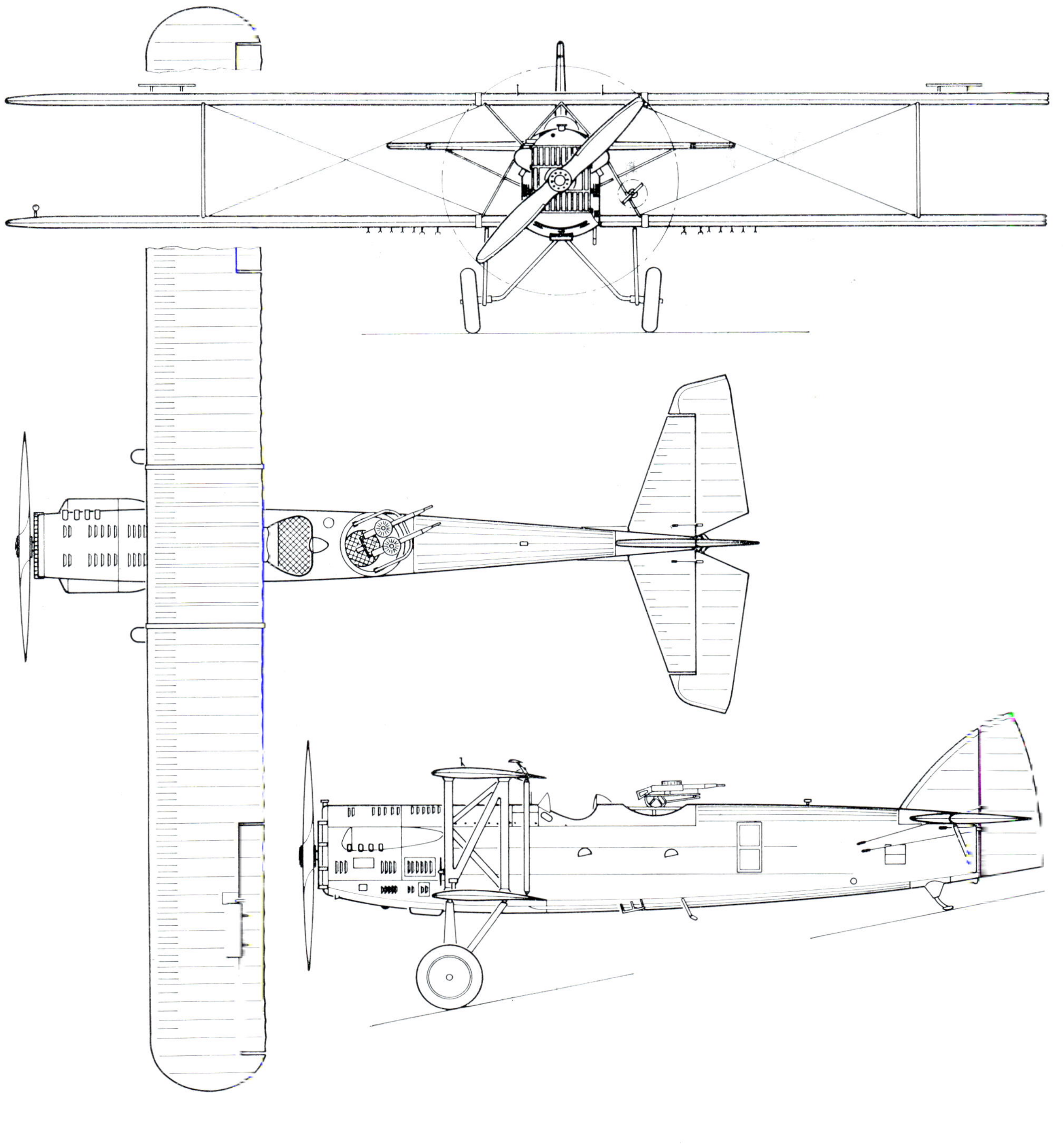

Aero

A-42

Baujahr 1929
Year of construction
Verwendung Bombenflugzeug
Employment
Besatzung 3
Crew
Passagiere –
Passengers

Dem internationalen Trend folgend, Doppeldecker durch freitragende Eindecker zu ersetzen, entwarfen die Entwicklungsingenieure der Aero-Werke Ende der 20er Jahre einen Hochdecker größerer Spannweite, der als Bombenflugzeug verwendet werden sollte.

Die Aero-42 wurde in Gemischtbauweise hergestellt. Für die einmotorige Maschine stand das italienische Triebwerk Isotta Fraschini «Asso», das bei ČKD «Praga» in Lizenz gefertigt wurde, zur Verfügung.

Zunächst gab es zwei unterschiedliche Prototypen für Versuchszwecke. Die Unterschiede bestanden in der Kühlerform und im geschlossenen oder offenen Cockpit. Bei dem angestrebten Fahrwerk erprobte man unterschiedliche Fahrwerksverkleidungen.

Um die Leistungen der A-42 zu präsentieren, schickte man beide Prototypen zur Teilnahme an internationale Vergleichsfliegen. Der erhoffte Erfolg blieb aber aus. Seiner Erwartungen enttäuscht, lehnte auch das Verteidigungsministerium die Konstruktion ab. So gelangte die A-42 nicht in die Serienproduktion. Obwohl die Konstrukteure von ihrer Arbeit überzeugt waren und weitere Verbesserungen einbrachten, wurden von der A-42b und der auf zwei Triebwerke umkonstruierten A-42c keine Exemplare gebaut. Sie blieben Projekt. Lediglich ein Experimental-Tragwerk wurde fertig. Mit einer Nutzmasse von 1000 kg flog eine A-42 sogar einen Geschwindigkeitsrekord ⟨253,428 km/h⟩.

Abmessungen

Dimensions
Spannweite 20,80 m
Span
Länge 13,80 m
Length
Flügelfläche 54,0 m²
Wing aera

Masse

Mass
Leermasse 2940 kg
Emtymass
Startmasse 4740 kg
T.O. mass
Flächenbelastung 80,5 kg/m²
Wingloading

Triebwerk

Power plant
Anzahl 1
Number
Typ Isotta Fraschini «Asso»
Type
Leistung 735 kW
Performance

Bemerkungen

Flightperformances
Reisegeschwindigkeit 250 km/h
Travelspeed
Höchstgeschwindigkeit 270 km/h
Max. speed
Steigleistung 50 min/5000 m
Climb rate
Reichweite 1200 km
Normal range
Dienstgipfelhöhe 7000 m
Service ceiling

Bemerkungen

Notes
Zu Rekordflügen Prototyp verwendet; kein Serienbau.

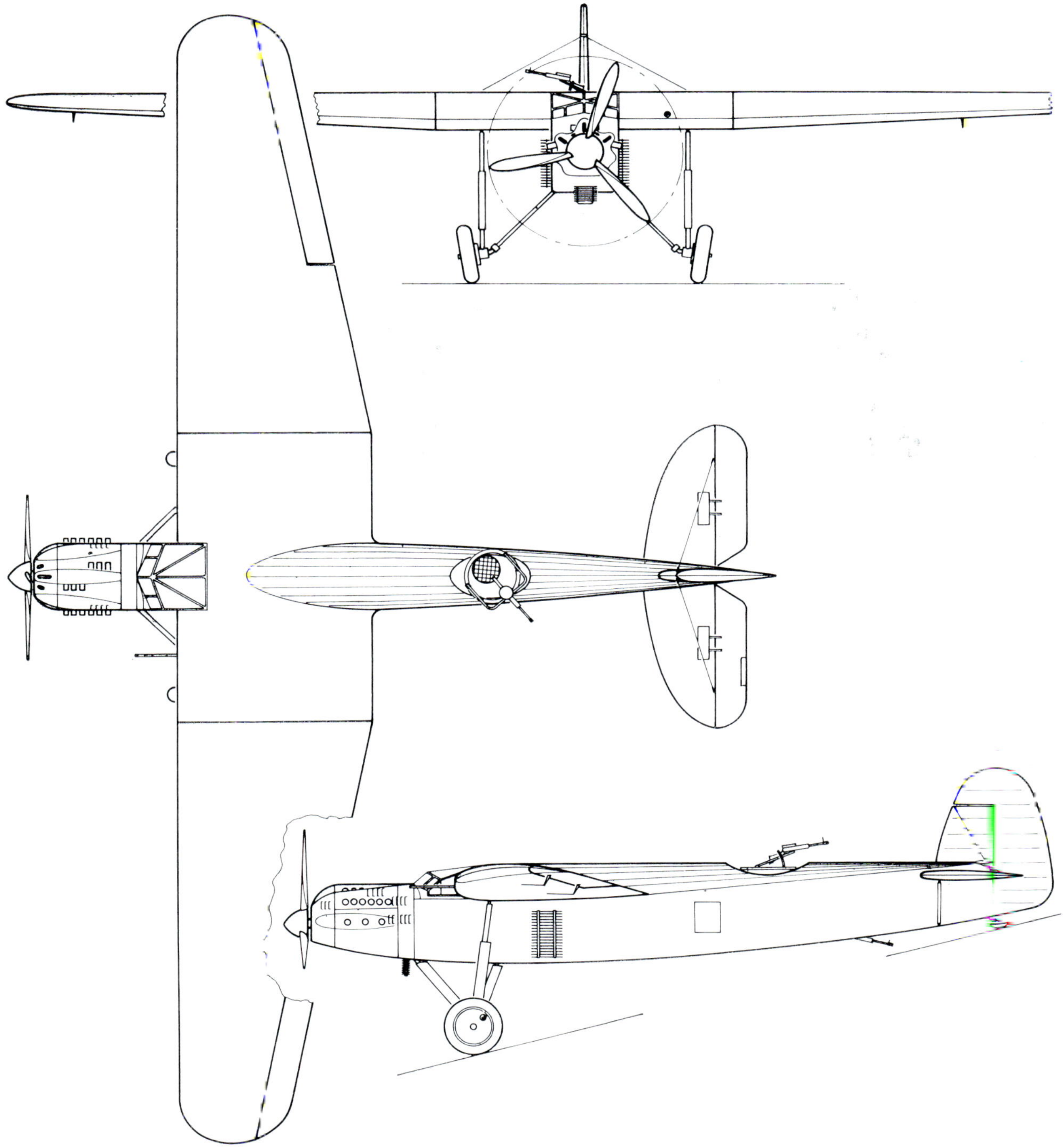

Aero

A-100

Baujahr 1933
Year of construction
Verwendung Bombenflugzeug/ Aufklärer
Employment
Besatzung 2
Crew
Passagiere –
Passengers

Im Jahr 1926 veranlaßte das zuständige Ministerium die Ausschreibung für einen Fernaufklärer und mittleren Bomber. Ingenieur Husnik entwickelte den Doppeldecker A-30, der 1927 fertig wurde.

Nachdem die erste Serie mit elf Maschinen fertiggestellt war, entstand bereits der Prototyp für das Nachfolgemuster A-130 mit dem Triebwerk Walter Jupiter. Versuche im Jahr 1930, die Leistung des Grundtyps A-30 durch das stärkere Zwölfzylinder-Triebwerk Lorraine-Dietrich ⟨Typ A-230⟩ zu verbessern, brachten keine befriedigenden Ergebnisse. So entstand eine Konzeption für das Projekt A-430, das als Grundlage für das neue Bombenflugzeug A-100 diente.

Am 10. September 1933 wurde die Aero A-100 auf dem Flugplatz Kbely erstmals öffentlich vorgestellt. Der Prototyp absolvierte bereits im Mai seinen Erstflug ⟨1-100.1⟩.

Die Flugerprobung oblag dem Luftfahrtinstitut. Die Testflüge wurden vom Piloten Vnuk ausgeführt. Die Einschätzungen für die neue Maschine durch das Institut und eine Regierungskommission lauteten übereinstimmend: sehr gut.

Die erste Serie A-100.2 bis A-100.12 ⟨also elf Maschinen⟩ wurden nach der Freigabe der 71. und 72. Staffel des 6. Fliegerregiments in Praha als leichte Bomber zugeteilt.

Im April 1934 folgte der Bau einer zweiten Serie von 33 Flugzeugen A-100.

Abmessungen
Dimensions
Spannweite 14,70 m
Span
Länge 10,60 m
Length
Flügelfläche 44,3 m^2
Wing aera

Masse
Mass
Leermasse 2040 kg
Emtymass
Startmasse 3220 kg
T.O. mass
Flächenbelastung 72,8 kg/m^2
Wingloading

Triebwerk
Power plant
Anzahl 1
Number
Typ Avia Vr-36
Type
Leistung 478 kW
Performance

Flugleistungen
Flightperformances
Reisegeschwindigkeit 230 km/h
Travelspeed
Höchstgeschwindigkeit 270 km/h
Max. speed
Steigleistung 20 min/5000 m
Climb rate
Reichweite 880 km
Normal range
Dienstgipfelhöhe 6500 m
Service ceiling

Bemerkungen
Notes
Serienbau.

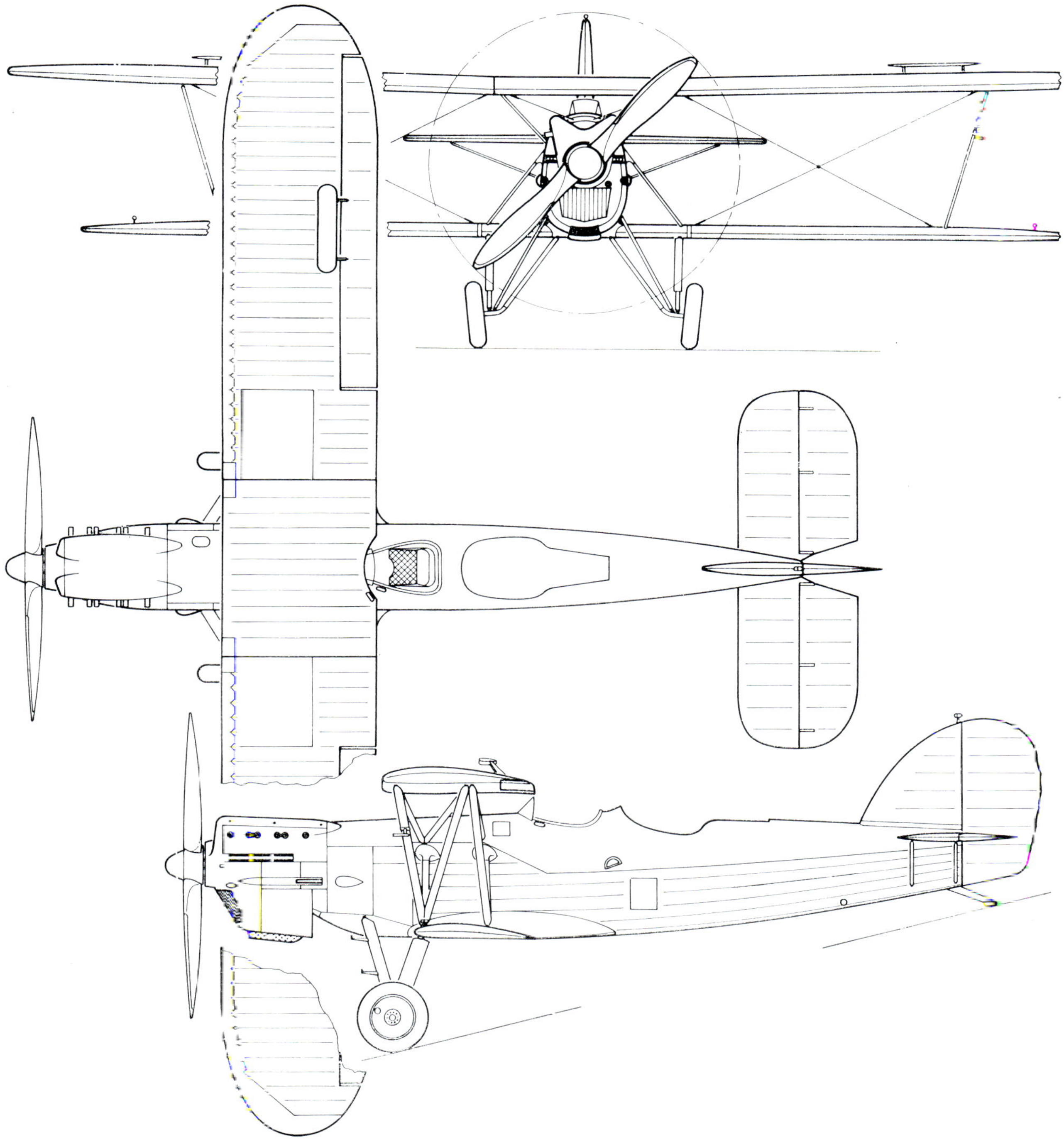

Aero

A-300

Baujahr 1938
Year of construction
Verwendung Bombenflugzeug
Employment
Besatzung 4
Crew
Passagiere –
Passengers

Auf der nationalen Luftfahrtausstellung der ČSR in Praha im Jahr 1937 wurde ein Modell der Aero A-300 der Öffentlichkeit vorgestellt.

Das Entwicklungsteam um Ingenieur Antonin Husnik nahm das Transportflugzeug A-204 als Basiskonstruktion. Die Forderungen waren durch das zuständige Verteidigungsministerium bereits 1936 in einem Bomberprogramm formuliert worden.

Unter anderem war gefordert worden, daß das neue mittlere Bombenflugzeug eine Geschwindigkeit von etwa 470 km/h erreichen solle. Über eine Entfernung von 1400 km sollte die Bombenmasse von 1000 kg transportiert werden. Der Prototyp wurde dann zum Flugplatz Kbely bei Praha gebracht. Während der Einflugphase gab es die ersten Schwierigkeiten mit dem Pantot-Fahrwerk. Die Versuche mußten unterbrochen werden.

Das internationale Interesse an dieser Entwicklung hatte unterdessen zu Verhandlungen mit Griechenland über eine Lizenzvergabe für den Bau von 20 Maschinen geführt.

Mit der Okkupation am 15. März 1939 war auch das Ende der A-300 gekommen. Der Prototyp wurde zu Focke-Wulf nach Bremen gebracht und später vernichtet.

Abmessungen

Dimensions
Spannweite 19,20 m
Span
Länge 13,50 m
Length
Flügelfläche 45,5 m^2
Wing aera

Masse

Mass
Leermasse 3955 kg
Emtymass
Startmasse 6040 kg
T.O. mass
Flächenbelastung 132,7 kg/m^2
Wingloading

Triebwerk

Power plant
Anzahl 2
Number
Typ Bristol Mercury IX
Type
Leistung 610 kW
Performance

Flugleistungen

Flightperformances
Reisegeschwindigkeit 430 km/h
Travelspeed
Höchstgeschwindigkeit 470 km/h
Max. speed
Steigleistung 9,1 min/5000 m
Climb rate
Reichweite 900 km
Normal range
Dienstgipfelhöhe 8300 m
Service ceiling

Bemerkungen

Notes
Keine Serie.

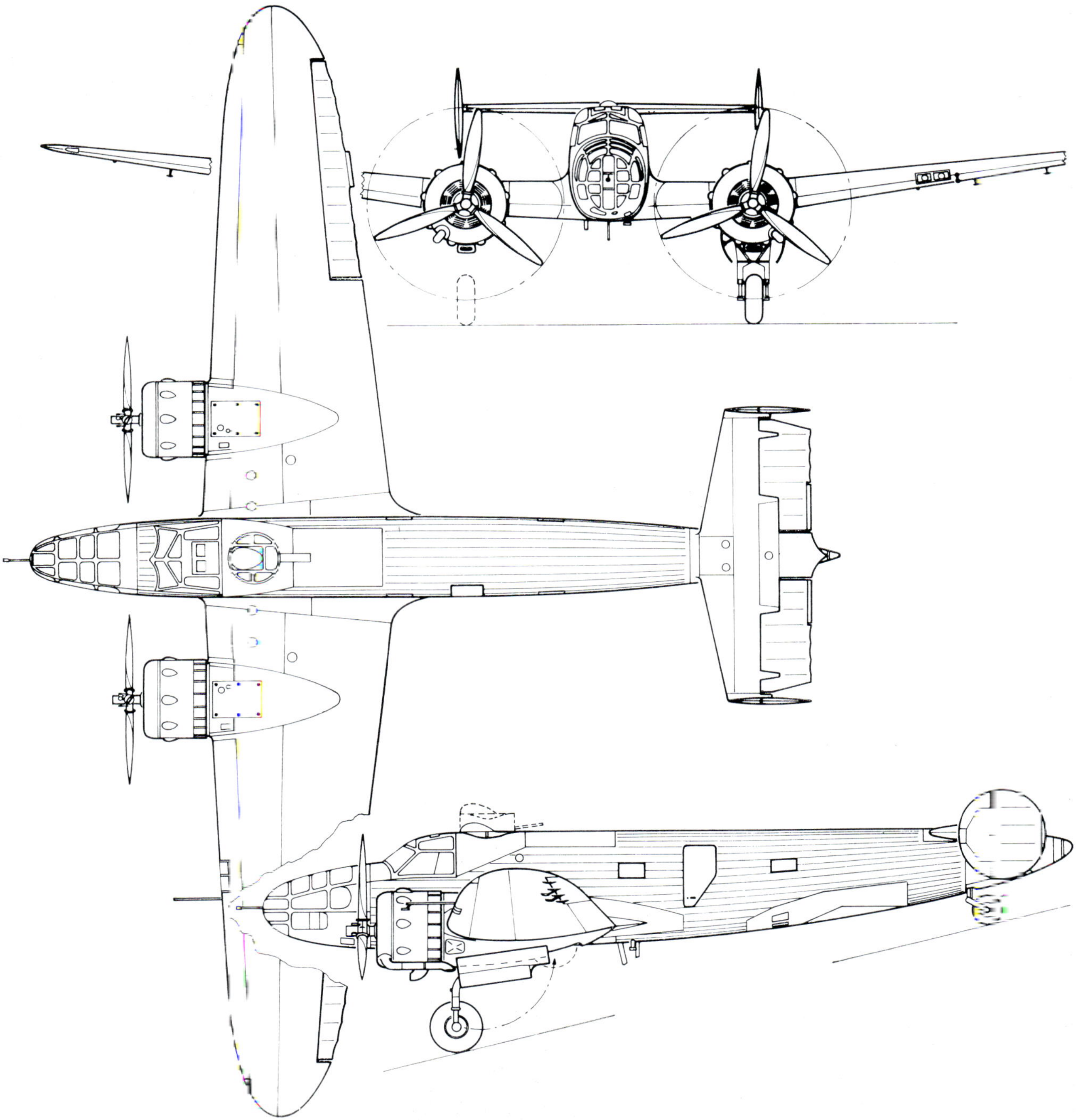

SPP – Z-37 ⟨oben links⟩

SPP – L-200 «Moravan» ⟨unten links⟩

Aero L-29 «Delphin» ⟨oben rechts⟩

Let L-410 ⟨oben⟩

Anhang

Supplement

Zahlencodes der Hersteller österreich-ungarischer Flugzeuge

Numbercodes of Austro-Hungarian Aeroplane Manufactures

00.	**Flugzeuge ausländischer Herkunft und Beuteflugzeuge, die Prototypen waren**
0.	*Flugzeuge deutscher Hersteller*
01.	D.F.W. B I, Mercedes, 1914
02.	Rumpler B I, Mercedes, 1914
03.01—02	Fokker B I, Oberursel, 1915
03.41—60	Fokker A III, Oberursel, 1915/16
03.61—83	Fokker B II, Oberursel, 1916
04.10—27	Fokker B III, Mercedes, 1916
04.31—38	Fokker B III, Mercedes, 1916
04.41—48	Fokker D I, Oberursel, 1916
04.51—90	Fokker D II, ⟨MAG Budapest⟩, Austro-Daimler, 1916
04.91	Fokker M 16, ⟨MAG Budapest⟩, Austro-Daimler, 1916
05.	Hansa-Brandenburg B I, Mercedes, 1914
05.05	Hansa-Brandenburg W/N GF.52, 2 × Austro-Daimler, 1915, Serie bei Ufag Nr. 62
06.	Hansa-Brandenburg B I, Mercedes, 1915
07.	Friedrichshafen G IIIc, 2 × Mercedes, 1918, nicht geliefert
07.51—71	Anatra D.S. Anasal, Salmson, 1917
08.01—30	Gotha G IV, 2 × Hiero, 1917/18
08.100	L.V.G. C IV, Hiero, 1918
09.01—03	Albatros J I, Daimler, 1918
010.	Anatra D.S. Anasal, Salmson, 1917
1	**Jakob Lohner und Co., Wien-Floridsdorf**
10.	Prototypen der Firma Lohner
11.	Lohner «B» B I, Austro-Daimler, 1913
12.	Lohner «C» B II, Gnôme o. Hiero AD, 1913
13.	Lohner B III, Mercedes, 1913
14.01	Lohner B III, Hiero, 1913
14.50	Lohner B III, Austro-Daimler, 1914
15.	Lohner «E» B IV, Mercedes, 1915
16.	Lohner «H» B V, Rapp, 1916
16.10	Lohner «JCR» B VI, Rapp, 1916
17.	Lohner «N» B VII, Austro-Daimler, 1916
17.3	Lohner B VII, Austro-Daimler, 1916
18.	Lohner «JC» C I, Austro-Daimler, 1916
18.5	Lohner C I, Austro-Daimler, 1917
19.	Knoller C II, Austro-Daimler, 1917
119.	Knoller C II, Austro-Daimler, 1917
111.	Lohner D I ⟨«AA»⟩, Austro-Daimler, 1917
111.04	Lohner «A», 1917
112.01—04	Lohner C II ⟨«AB»⟩, Austro-Daimler, 1917
113.	Lohner Dr. I ⟨«A»⟩, Austro-Daimler, 1917
114.	Aviatik C I «Berg», Austro-Daimler, 1917
214.	Aviatik C I «Berg», Austro-Daimler, 1917
115.	Aviatik D I «Berg», Austro-Daimler, 1917/1918
215.01	Aviatik D I «Berg», Austro-Daimler, 1918
315.	Aviatik D I «Berg», Austro-Daimler, 1918
Typ «E»	Flugboot, 1914
Typ «L»	Flugboot, 1915
Typ «S»	Flugboot, 1916
2	**Österreichische Albatros-Werke GmbH ⟨ab Frühjahr 1917 Phönix-Flugzeugwerke A.G.⟩, Wien-Stadlau**
20.	Prototypen der Firma Albatros-Phönix
21.	Albatros B I, Mercedes, 1915
22.	Knoller-Albatros B I, Mercedes, 1915
23.	Knoller-Albatros B I, Hiero, 1915
24.	Knoller-Albatros B I, Hiero, 1915
25.	Knoller C I, Austro-Daimler, 1916
26.	Hansa-Brandenburg C I, Austro-Daimler, 1916
27.	Hansa-Brandenburg C I, Austro-Daimler, 1916
28.	Hansa-Brandenburg D I, «KD», Austro-Daimler, 1917

128.	Phönix D I, Hiero, 1917
228.	Phönix D I, Hiero Herst. Fiat, 1918
328.	Phönix D I, Hiero, 1918
29.	Hansa-Brandenburg C I, Austro-Daimler, 1917
29.5	Hansa-Brandenburg C I, Hiero, 1917
129.	Hansa-Brandenburg C I, Hiero Herst. Fiat, 1917
229.	Hansa-Brandenburg C I, Hiero, 1917
329.	Hansa-Brandenburg C I, Hiero, 1917
429.	Hansa-Brandenburg C I, Hiero, 1918
121.	Phönix C I, Hiero, 1918
123.	Ufag C I, Hiero, 1918
122.	Phönix D II, Hiero, 1918
222.	Phönix D II, Hiero, 1918
322.	Phönix D II, Hiero, 1918
422.	Phönix D IIa, Hiero, 1918
Typ «S»	Flugboot, 1916
Typ «A»	⟨CC⟩ Flugboot, 1916
Typ «K»	Flugboot, 1916
Typ «A»	⟨W.18⟩ Schwimmerflugzeug, 1917
Typ «A»	Flugboot, 1918

3 Österreichisch-Ungarische Flugzeugfabrik Aviatik, Wien-Heiligenstadt

30.	Prototypen der Firma Aviatik
31.	Aviatik B I, Austro-Daimler, 1914
32.	Aviatik B II, Austro-Daimler, 1915
33.	Aviatik B III, Austro-Daimler, 1915
34.	Aviatik B II ⟨verbesserte Ausf.⟩ Austro-Daimler, 1915
35.	Knoller B I, Mercedes, 1916
35.8	Knoller B I ⟨Thöne/Fiala⟩, Austro-Daimler, 1916
36.	Knoller C II, Austro-Daimler, 1916
136.	Knoller C II, Austro-Daimler, 1916
37.	Aviatik C I «Berg», Austro-Daimler, 1917
137.	Aviatik C I «Berg», Austro-Daimler, 1917
38.	Aviatik D I «Berg», Austro-Daimler, 1917
138.	Aviatik D I «Berg», Austro-Daimler, 1917
238.	Aviatik D I «Berg», Austro-Daimler, 1917
338.	Aviatik D I «Berg», Austro-Daimler, 1918
39.	Aviatik D II «Berg», Austro-Daimler, 1918
339.	Aviatik D II «Berg», Austro-Daimler, 1918

4 Ungarische Lloyd Flugzeug- und Motorenfabrik Aszód

40.	Prototypen der Firma Lloyd
41.	Lloyd C I, Austro-Daimler, 1915
42.	Lloyd C II, Austro-Daimler, 1915
42.5	Lloyd C II ⟨WKF⟩, Austro-Daimler, 1915
43.	Lloyd C III, Austro-Daimler, 1916
43.5	Lloyd C III ⟨WKF⟩ Austro-Daimler, 1916
44.	Lloyd C IV, Austro-Daimler, 1916
44.5	Lloyd C IV ⟨WKF⟩ Austro-Daimler, 1916
45.	
46.	Lloyd C V, Austro-Daimler ⟨MAG⟩, 1917
46.5	Lloyd C V, Benz ⟨Marta-Arad⟩, 1918
47.	Aviatik C I «Berg», Austro-Daimler, 1917
48.	Aviatik D I «Berg», Austro-Daimler, 1917
148.	Aviatik D I «Berg», Austro-Daimler, 1918
248.	Aviatik D I «Berg», Austro-Daimler, 1918
348.	Aviatik D I «Berg», Austro-Daimler, 1918
49.	Phönix C I, Hiero, 1918

5 Österreichische Flugzeugfabrik A.G. ⟨Oeffag⟩ Wiener Neustadt

50.	Prototypen der Firma Oeffag
51.	Oeffag C I, Austro-Daimler, 1915
52.01	Oeffag C II ⟨Škoda⟩, Austro-Daimler, 1917
52.5	Oeffag C II, Austro-Daimler, 1917
53.	Albatros D II, Austro-Daimler, 1917
53.2	Albatros D III, Austro-Daimler, 1917
153.	Albatros D III, Austro-Daimler, 1917
253.	Albatros D III, Austro-Daimler, 1918
54.	
Typ «K»	Flugboot, 1916

6 Ungarische Flugzeugwerke A.G. ⟨Ufag⟩ Budapest-Albertfalva

60.	Prototypen der Firma Ufag
61.	Hansa-Brandenburg C I, Austro-Daimler, 1916
62.01	Hansa-Brandenburg G I, Austro-Daimler, 1916
62.5	Hansa-Brandenburg G I, 2 × Austro-Daimler, 1916
63.	Hansa-Brandenburg C I, Mercedes, 1917
63.5	Hansa-Brandenburg C I, Mercedes, 1916, verbesserte Version vom Originalhersteller Hansa und Brandenburgische Flugzeugwerke – Montage UFAG
64.	Hansa-Brandenburg C I, Austro-Daimler, 1917
65.5	Hansa-Brandenburg D I, Austro-Daimler, 1917, «KD»
65.7	Hansa-Brandenburg D I, Austro-Daimler, 1917
66.	Hansa-Brandenburg C II, Austro-Daimler oder Hiero, 1917, «K»
67.	Hansa-Brandenburg C I, Austro-Daimler, 1917
68.	Hansa-Brandenburg C I, Austro-Daimler, 1917
69.	Hansa-Brandenburg C I, Hiero, 1917
169.	Hansa-Brandenburg C I, Benz, 1917
269.	Hannsa-Brandenburg C I, Austro-Daimler, 1917
369.	Hansa-Brandenburg C I, Hiero, 1917
161.	Ufag C I, Hiero, 1917
Typ «L»	Flugboot, 1915
Typ «K»	Flugboot, 1916

7 **K. und K. Fliegerarsenal Flugzeugwerk, Fischamend**

70. Prototypen der Firma Fliegerarsenal
71. Etrich A I, Austro-Daimler, 1913/14
72. Etrich A II, Hiero, 1913/14
73. Lohner «B» B I, Austro-Daimler, 1913/14
74. Lohner «C» B II, Hiero, 1913/14
75. Hansa-Brandenburg B I, Mercedes, 1915
76. Hansa-Brandenburg B I, Mercedes, 1916
176. Hansa-Brandenburg B I, Mercedes, 1917
276. Hansa-Brandenburg B I, Mercedes, 1918
77. Hansa-Brandenburg B I, Austro-Daimler, 1917
78. Hansa-Brandenburg B I, Austro-Daimler, 1917
178. Hansa-Brandenburg B I, Austro-Daimler, 1918
278. Hansa-Brandenburg B I, Austro-Daimler, 1916
79. Hansa-Brandenburg B I, Hiero, 1917
179. Hansa-Brandenburg B I, Hiero, 1917
279. Hansa-Brandenburg B I, Hiero, 1917

8 **Wiener Karosserie- und Flugzeugfabrik (W.K.F.) Dr. W. V. Gutman, Wien X**

80. Prototypen der Firma W.K.F.
81. Knoller C II, Austro-Daimler, 1916
82. Lloyd C V, Benz, 1917
83. Aviatik C I «Berg», Austro-Daimler, 1917
183. Aviatik C I «Berg», Austro-Daimler, 1917
84. Aviatik D I «Berg», Benz o. AD, 1917
184. Aviatik D I «Berg», Austro-Daimler, 1918
284. Aviatik D I «Berg», Austro-Daimler, 1918
384. Aviatik D I «Berg», Austro-Daimler, 1918
85. W.K.F. D I, Hiero, 1918
86.

9 **Ungarische Allgemeine Maschinenfabrik A.G. (MAG), Budapest**

90. Prototypen der Firma MAG
91. Aviatik C I «Berg», Austro-Daimler (MAG), 1917
92. Aviatik D I «Berg», Austro-Daimler (MAG), 1917
93. Fokker D VII, Austro-Daimler (MAG), 1918

10 **Thöne und Fiala, Wien**

100. Prototypen der Firma Thöne und Fiala
101. Aviatik D I, «Berg», Austro-Daimler, 1917
201. Aviatik D I «Berg», 1918

11 **Marinewerft Pola**

Typ «M» Flugboot, 1914
Typ «S» Flugboot, 1914/15
Typ «G» Flugboot, 1915

Übersicht über die Flugzeuge der tschechoslowakischen Luftstreitkräfte von 1918 bis 1986

Summary of Aircraft of the Cz. Air Force 1918 till 1986

	1918–1924	1924–1928	1928–1934	1934–1939	1945–1960	1960–1986
Jagdflugzeuge	Spad I Spad II B-3 A-18 Š-4	B-17 B-21 Š-20	Š-31 B-33 Ba-33 D-I	Š-231 B-34 B-534	S-97 ⟨La-7⟩ S-199 ⟨Überarbeitete Me-109-G6⟩ S-92 ⟨Me-262-A⟩ S-100 ⟨Jak-17⟩ S-101 ⟨Jak-23⟩ S-102 ⟨MiG-15⟩ S-104 ⟨MiG-17⟩ S-105 ⟨MiG-19⟩	MiG-21 MiG-23
Bombenflugzeuge, Jagdbomber, Aufklärungs-flugzeuge	Salmson Sal 2a Bréguet XIV Bréguet XVI Rumpler C VII Š-1 Š-2 A-12	A-11 Ab-11 A-11 N Ab-111 A-30 A-32 Š-6	Š-128 Ab-30 A-230 AP-32 Š-16 ŠB-16 F-IX	Š-328 A-100 A-101 Ab-101 MB-200 B-71 ⟨SB-2⟩	C3B B-31 ⟨Il-2⟩ B-33 ⟨Il-10⟩ Il-28	MiG-23 Su-7 Su-7 BKL Su-25
Übungs- und Schulflugzeuge	Brandenburg Fd BI Brandenburg Ufag CI Albatros BII A-1 A-14 A-15 A-26 Š-10 Anatra Anasal	A-25 A-125 B-9 B-10 B-11 GL Š-18 B-22	C-41 Š-118 Š-218	E-39 E-241 A-211 A-304 BA-122 Bs-122	C-104 ⟨Bü-131⟩ CS-199 ⟨Überarb.⟩ Bf 109 G-12 C-2 ⟨Ar-96⟩ C-11 ⟨Jak-11⟩ K-65 A u. B L-60 TOM-8 CS-102 ⟨MiG-15 UTI⟩	L-29 L-39 MiG-21 U MiG-23 U
Kurier- und Verbindungs-flugzeuge, Transporter	A-1 Š-10	B-9 B-11	Š-118 Š-218	E-39 A-211	C3A C2 Ae-45 An-2 L-200 Avia 14	Avia-14 An-24 An-26 An-12 L-410 Z-43 Z-142

Betriebe der Vereinigten Tschechoslowakischen Luftfahrtindstrie

Manufactures of Cz. Aerial Voyage Managment

AERO
Vodochody

LET
Uherské Hradiště
und Kunovice

MORAVAN
Otrokovice

RUDY LETOV
Praha

MOTORLET
Praha

TECHNOMETRA
Praha

MIKROTECHNA
Praha

MESIT
Uherské Hradiště

JIHOSTROJ
Velešin

JIHLAVAN
Jihlava

ČEŇKOVSKÉ STROJIRNY
Čeňkov

Výzkumný a skšebni
⟨VZLÚ⟩ letecký ústav
Praha

Tschechoslowakische Kennzeichen an Zivilflugzeugen

Cz. Civil Aircraft Markings

In zunehmenden Maße verwendete man nach 1918 Buchstaben und/oder Zahlen, um zivile Flugzeuge zu kennzeichnen und so identifizierbar zu machen. Später wurde eine solche Registrierung ⟨Immatrikulation⟩ in internationalen Abkommen für alle Luftfahrt betreibenden Staaten geregelt. Die Kennzeichen wurden auf den Tragflächen und dem Rumpf angebracht.

Der erste bekannte tschechoslowakische Landeskenner war ein großes «L». Ein weiterer Buchstabe, das «B», – in der Regel durch einen Bindestrich vom

Kennung/*marking* *OK-LDB*
L = 1957
D = Transporter/*transport*
B = 2. Maschine/*machine*

Kennung/*marking* *OK-JEA*
J = 1955
E = Transporter/*transport*
A = 1. Maschine/*machine*

Kennung/*marking* OK-MNX
M = 1982
N = Übungsflugzeug/*trainer*
X = 24. Maschine/*machine*

Kennung/*marking* OK-SND
S = 1963
N = Übungsflugzeug/*trainer*
D = 4. Maschine/*machine*

Landeskenner getrennt – und drei Registrierbuchstaben (L-BABA, L-BABB, L-BABC usw.) kennzeichneten das einzelne Flugzeug.

Im Jahr 1930 wurde als neuer Landeskenner für die Tschechoslowakei das «OK» eingeführt. Diese neue Kennzeichnung gilt auch heute noch. Für die Systematisierung und Registrierung der einzelnen Maschinen gab es fortan einen 3-Lettercode.

Nach 1945 kamen zur weiteren Kennzeichnung die Landesfarben in Form der Staatsflagge in Gebrauch. Sie sind in der Regel am Seitenleitwerk angebracht.

Im Jahr 1956 wurde die Immatrikulation für Zivilflugzeuge durch die Staatliche Luftfahrtinspektion (SLI Státní letecká inspekce) neu geregelt (Gesetzblatt der ČSR Nr. 47/1956, § 5, Absätze 1–4). Damit wurde die bereits seit 1946 (1945) bestehende Regelung im wesentlichen übernommen.

Die Kennzeichnung besteht weiterhin aus drei Buchstaben, die vom Landeskenner durch Bindestrich getrennt sind. Verwendet werden die 26 Schriftzeichen des Alphabets. Dabei dürfen keine Buchstabenkombinationen gebildet werden, die dem interationalen Signalbuch entsprechen. Ferner sind nicht gestattet: alle Q-Gruppen und internationale Signale wie SOS, XXX usw.

Die einzelnen Buchstaben haben folgende Bedeutung:

Der erste Buchstabe der Dreiergruppe kennzeichnet das Herstellungsjahr, beginnend mit A = 1946 bis Z = 1970, dabei wurde der Buchstabe Q nicht vergeben. Im Jahr 1971 begann man neu mit A. Der Buchstabe B wurde ebenso wie das Q nicht vergeben.

C = 1972, D = 1973, E = 1974, F = 1975, G = 1976, H = 1977, I = 1978, J = 1979, K = 1980, L = 1981, M = 1982, N = 1983, O = 1984, P = 1985, R = 1986, S = 1987 usw.

Für Flugzeuge der Sicherungskräfte wurden die Kennungen OK-BYA bis OK-BYZ vorbehalten.

Der zweite Buchstabe kennzeichnet den Einsatzzweck und bedeutet

A bis K Reise-/Transport- und Passagierflugzeuge,
L bis Q Übungs- und Schulflugzeuge,
R bis W Kunstflugzeuge,
X bis Z Spezialflugzeuge.

Der dritte Buchstabe ist eine individuelle Kennzeichnung jedes einzelnen Flugzeuges und wird in fortlaufender Reihe, entsprechend der Indienststellung, von A bis Z innerhalb eines Kalenderjahres vergeben.

Tschechoslowakische Kennzeichen an Militärflugzeugen

Cz. Military Aircraft Markings

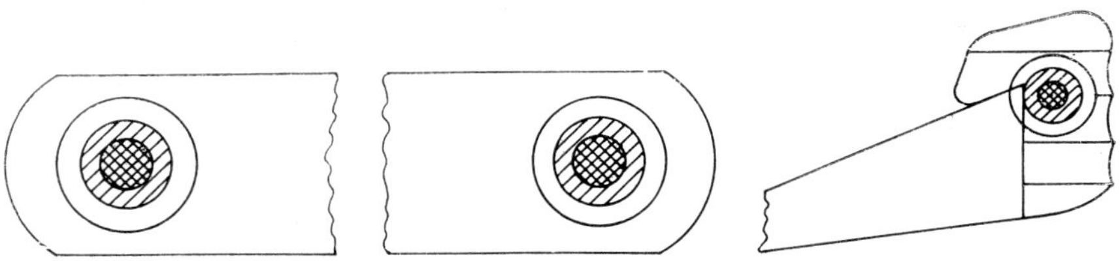

In der Zeit vom 25. September 1918 bis zum 27. November 1918 wurden die ersten tschechoslowakischen Militärflugzeuge mit dem Muster «A» gekennzeichnet.

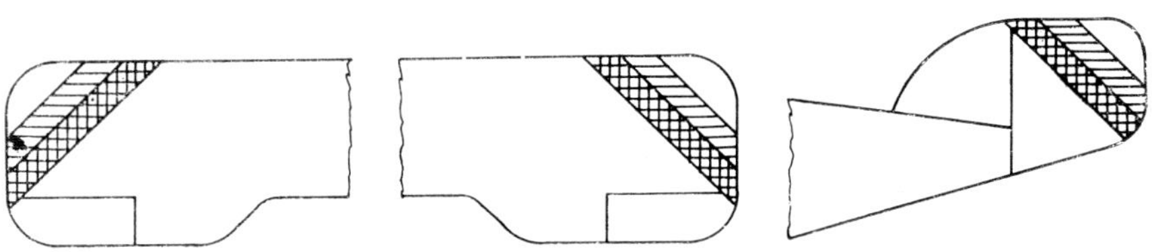

Nach der Proklamation der Tschechoslowakischen Republik führten die Fliegerkräfte zum 27. November 1918 das neue Kennzeichnungsmuster «B» ein, das bis zum Jahr 1920 auf Tragflächenenden und Seitenleitwerk angebracht war.

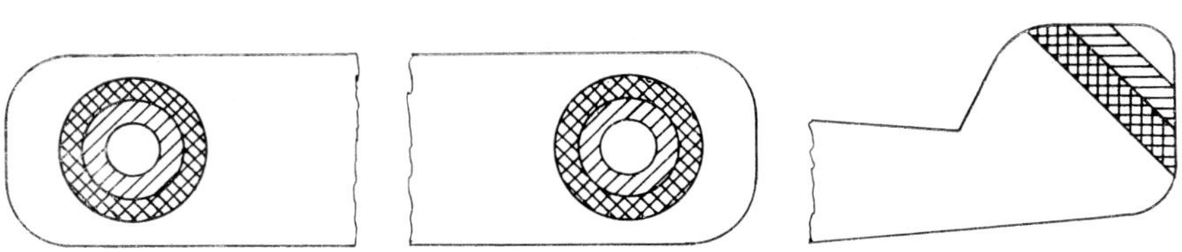

Gegen Ende dieser Periode wurde die Streifenbemalung der Flächenenden zunächst durch Kokarden in den üblichen Landesfarben ersetzt. Das unter der Musterbezeichnung «BC» bekannte Kennzeichen war nur eine Zwischenlösung.

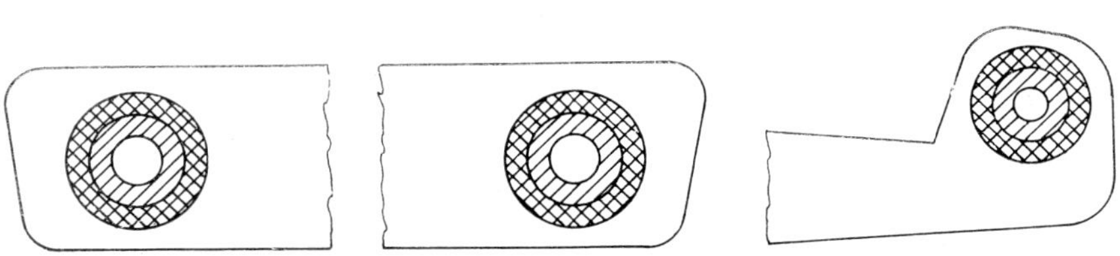

Nach und nach wurden die Streifen auf dem Seitenleitwerk ebenfalls durch Kokarden ersetzt. Das Muster «C» war dann ab 1920 üblich, wurde aber bereits am 27. Dezember 1921 durch eine neue Kennzeichnung ersetzt.

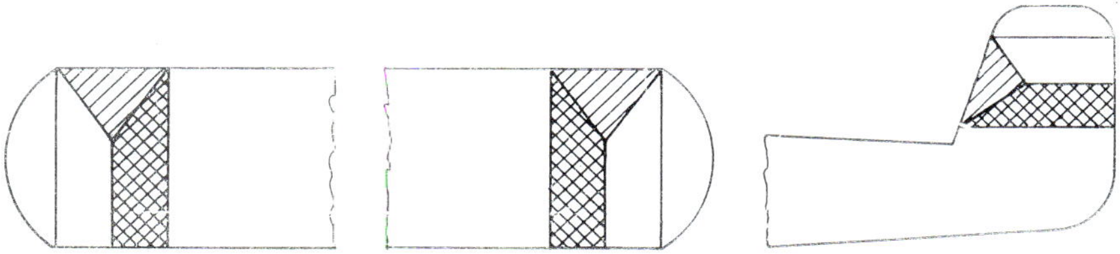

Am 27. Dezember 1921 wurde die tschechoslowakische Staatsflagge zum Landeskennzeichen für Militärflugzeuge erklärt. Das Muster «D» blieb wie bisher auf Tragflügelenden und Seitenleitwerk. Diese Kennzeichnung blieb bis zum Dezember 1926 Vorschrift.

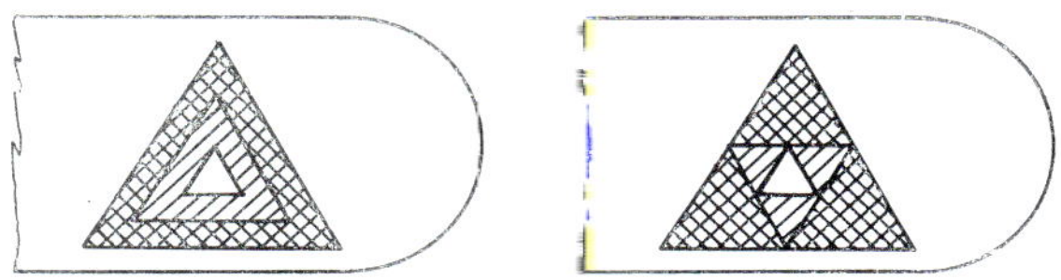

Natürlich gab es in jeder Zeit viele Vorschläge der verschiedensten Personen für neue Landeskennzeichen. Bemerkenswert sind hierbei die Vorschläge der Armeeangehörigen Kapitän Rypla und Major Hupners aus dem Jahr 1921.

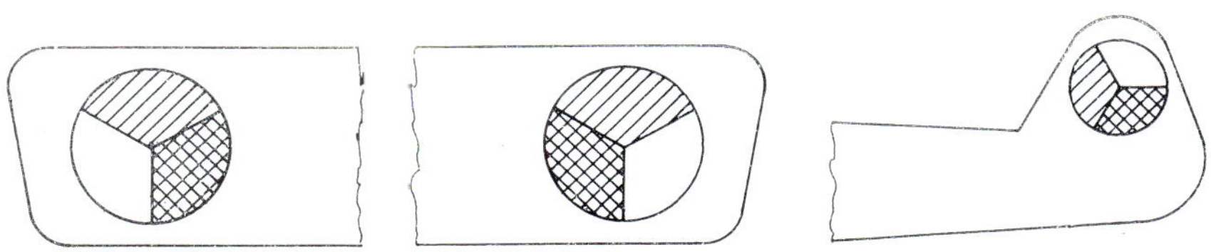

Im Dezember 1926 wurden wiederum neue Kokarden eingeführt, die in ihrer Grundform bis heute das Landeskennzeichen der tschechoslowakischen Luftstreitkräfte darstellen. Das Muster «E» blieb bis zur Okkupation durch die faschistischen Truppen am 15. März 1939. Die Kokarden trugen einen roten oder schwarzen Rand als Einfassung.

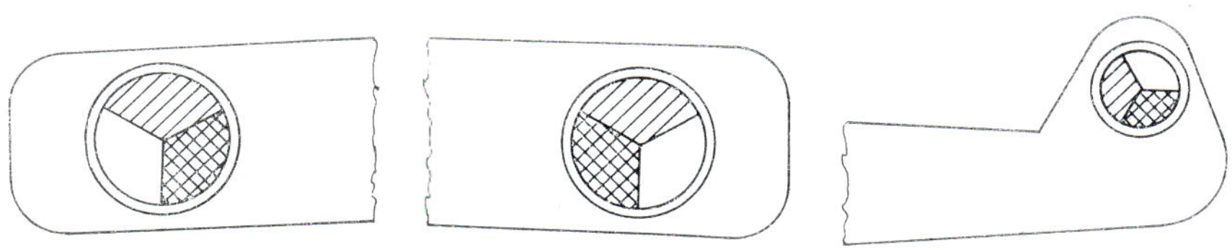

Vom Tage der Befreiung an, also seit dem 9. Mai 1945, tragen die tschechoslowakischen Militärflugzeuge wieder die alte Kokarde in den Landesfarben. Die Kokarden sind nun blau oder weiß eingefaßt.

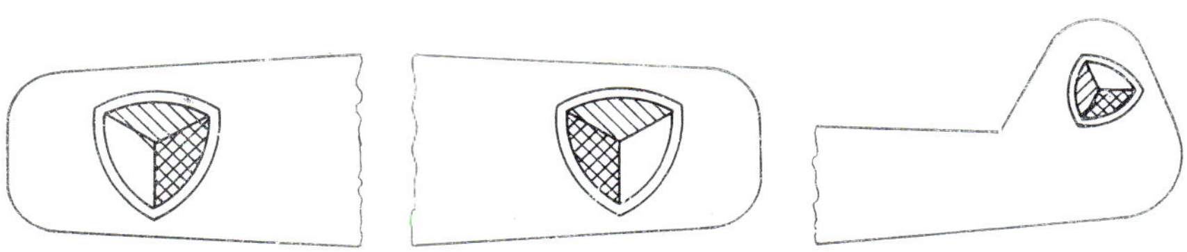

Die Flugzeuge der tschechoslowakischer Sicherheitskräfte tragen Kennzeichen in abgewandelter Form. Die Kokarden sind zu Dreiecken leicht verformt.

Während der Kämpfe tschechoslowakischer Soldaten gemeinsam mit der Roten Armee zur Zeit des Slowakischen Volksaufstandes 1944/45 trugen Maschinen tschechoslowakischer Piloten in den Kokarden das Freiheitssymbol der SNP.

Neben den Nationalitätskennzeichen wurden zu allen Zeiten die einzelnen Maschinen der Fliegereinheiten durch unterschiedliche Zeichen kenntlich gemacht.

Die nach der Gründung der Tschechoslowakischen Republik in die Fliegerkräfte übernommenen Maschinen trugen zunächst oft noch die Nummern der alten österreich-ungarischen Armee.

Zur Kennzeichnung der einzelnen Maschinen setzte sich auch in den tschechoslowakischen Luftstreitkräften, wie in anderen Ländern üblich, ein Nummerncode durch, der durch einen Buchstaben ergänzt wurde, der die jeweilige Staffel auswies. Die Zahlen sind taktische Kennzeichen und nur im militärischen Bereich identifizierbar. Oft werden auch die einzelnen Maschinen einer Staffel fortlaufend gezählt und mit der entsprechenden Zahl versehen.

Noch heute sind solche Nummerncodes üblich und werden bei den tschechoslowakischen Fliegerkräften meist in einer vierstelligen Kombination angewendet.

Bereits in den 20er Jahren wurde es üblich, die Zugehörigkeit einzelner Flugzeuge zu bestimmten Einheiten, z. B. Geschwader oder Gruppen, durch besondere Kennzeichen anzuzeigen. Diese waren meist bildliche Darstellungen, die von der Heraldik abgeleitet wurden. Auch Zeichnungen von Figuren, Tierdarstellungen u. a. waren üblich. Oft sind genaue Zeiträume, in denen diese Sonderkennzeichen verwendet wurden, nur schwer nachweisbar, da diese nicht den Dienstvorschriften entsprachen.

Anläßlich besonderer Begebenheiten sind zusätzliche Bemalungen bekannt geworden. Dabei wurden zum Beispiel Beschriftungen auf den Rumpf aufgebracht.

Heute tragen tschechoslowakische Flugzeuge auch Sonderkennzeichen, die auf die Qualität des Wartungszustandes oder unter anderem auf das sozialistische Eigentum hinweisen.

Für alle Staffeln innerhalb der Regimenter hatte man entsprechend der Gliederung eine Nummer eingeführt. Diese Staffelnummern ⟨Zahlen⟩ waren zur Kennzeichnung durch Buchstaben codiert worden.

Aus den Staffelnummern ließen sich die Einsatzaufgaben ableiten. Alle Staffeln von Aufklärern/Beobachtungsflugzeugen trugen die Zahlen von 1 bis 30, die der Jagdflieger von 31 bis 60. Die Fernaufklärungsstaffeln zählten von 61 bis 70; die Staffeln Leichter Bombenflugzeuge von 71 bis 80 und die der Schweren Bombenflugzeuge von 81 bis 90.

Jedes Regiment hatte entsprechend der Aufgabenstellung unterschiedliche fliegende Verbände ⟨Staffeln⟩. In jedem Regiment bestand außerdem eine Ausbildungsstaffel, die an den Buchstaben cv ⟨von cvičná = Ausbildung⟩ und einer Zahl, die der des jeweiligen Regiments entsprach, erkennbar war.

Jede Maschine trug also zu dieser Zeit an beiden Rumpfseiten das Regimentssymbol, einen Buchstaben und eine Zahl. Letztere waren in weiß gehalten und in der Regel 0,70 m hoch.

Flugzeuge der Fliegerschulen ⟨VLU⟩ trugen an Stelle des Regimentskennzeichens ein «C» ⟨0,50 m hoch⟩.

Flugzeuge der Versuchsanstalt ⟨VLUS⟩ trugen ein «S».

Nachstehende Tabelle gibt eine Übersicht über die Regimenter und deren Staffeln:

1. Flieger- regiment	Praha Staffel Kennbuchstabe	Aufklärer/Beobachtungsfl. 1. 2. 3. 4. 6. 11. A B D E G K	Fernaufklärer 61. 66. F Z	Jagdflugzeuge 31. 32. 34. P L H	Ausbild. staffel cv 1 M
2. Flieger- regiment	Olomouc Staffel Kennbuchstabe	Aufklärer/Beobachtungsfl. 5. 7. 8. 14. A B D E	Fernaufklärer 62. 63. H L	Jagdflugzeuge 33. 35. 36. 51. T F G T/V	cv 2 K
3. Flieger- regiment	Pieštany Staffel Kennbuchstabe	Aufklärer/Beobachtungsfl. 9. 10. 12. 13. 15. 16. A B D E F N	Fernaufklärer 64. K	Jagdflugzeuge 37. 38. 39. 45. 49. G H J L P	cv 3 M
4. Flieger- regiment	Hradec Králové Staffel Kennbuchstabe	Jagdflugzeuge 40. 41. 42. 43. 44. 46. 47. 48. 50. A B D E F G H J K			cv 4 M
5. Flieger- regiment	Brno Staffel Kennbuchstabe	Leichte Bomber 75. 76. 77. H J M	Schwere Bomber 81. 82. 83. 84. L N P O		cv 5 D
6. Flieger- regiment	Praha Staffel Kennbuchstabe	Leichte Bomber 71. 72. 73. 74. J K N V	Schwere Bomber 85. 86. M P		cv 6 G

Bereits im Jahr 1924 wählte man heraldische Symbole aus der Landesgeschichte zur Kennzeichnung der Flugzeuge der drei damaligen Fliegerregimenter. Es handelte sich dabei

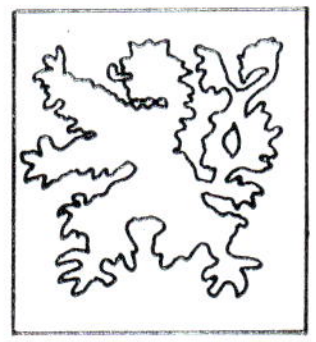

für das 1. Fliegerregiment Praha um den ceský lev ⟨böhmischer Löwe⟩,

für das 2. Fliegerregiment Olomouc um den moravská šachovnicová orlice ⟨mährischer schachbrettartig gemusterter Adler⟩,

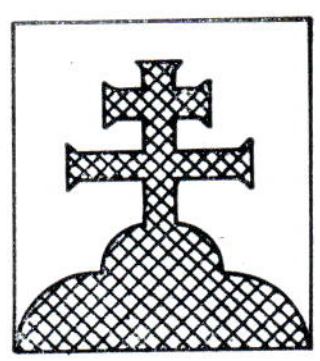

für das 3. Fliegerregiment Nitra um das slovenský križ ⟨slowakisches Kreuz⟩.

Alle diese Kennzeichen waren schwarz und standen auf einem weißen Grund ⟨Rechteck in den Maßen 0,45×0,50 m⟩.

Durch Umstellungen und Neuaufstellungen bis zum Jahr 1928 kamen weitere drei Regimenter hinzu. Zur Kennzeichnung dieser Einheiten benutzte man wiederum die gleichen Symbole nur in neuer Farbgebung.

		Symbol	Feld
1. Fliegerregiment	Praha	Löwe/weiß	blau
2. Fliegerregiment	Olomouc	Adler/blau-weiß schachbrettartig	weiß
3. Fliegerregiment	Piešťany	Kreuz + Berg/rot	weiß
4. Fliegerregiment	Hradec Králové	Löwe/blau	weiß
5. Fliegerregiment	Brno	Adler/rot-weiß	weiß
6. Fliegerregiment	Praha	Löwe/rot	weiß

Übersicht über die Lizenzbauten der tschechoslowakischen Luftfahrtindustrie

Summary of Licence Built Aircraft by Cz. Aircraft Industry

1919 bis 1938

Š-10	Lizenz Hansa-Bra B.I ⟨Fd⟩ Serie, 76, Österreich-Ungarn/Deutschland
Ae-01	Version der Hansa-Bra B.I ⟨Fd⟩ Serie 76, Österreich-Ungarn/Deutschland
A-14	Version der Hansa-Bra C.I ⟨UFAG⟩ Serie 369, Österreich-Ungarn/Deutschland
A-15	Version der Hansa-Bra C.I ⟨UFAG⟩ Serie 369, Österreich-Ungarn/Deutschland
A-26	Version der Hansa-Bra C.I ⟨Phönix⟩ Serie 26, Österreich-Ungarn/Deutschland
DH-50	Lizenz De Havilland DH-50, Großbritannien
MB-200	Lizenz Marcel Bloch MB-200 ⟨Potez⟩, Frankreich
F-62	Lizenz Farman Goliath F-62, Frankreich
F-VII/3 m	Lizenz Fokker F-VII, Niederlande
F-IX	Lizenz Fokker F-IX, Niederlande
F-IX D	Lizenz Fokker F-IX, Niederlande
B-46	Lizenz Rohrbach, Deutschland

Lizenzbau der französischen Marcel Bloch MB-200.
Licence of french Marcel Bloch MB-200.

Die Siebel Si 204 wurde als C-3 A nachgebaut.
The Siebel Si 204 rebuild as C-3 A.

Die CS-199 war eine zweisitzige Version der Messerschmitt Bf 109 G-12.
The CS-199 was a two-seat version of the Messerschmitt Bf 109 G-12.

B-71 Lizenz SB-2, UdSSR
D-1 Lizenz Dewoitine D-21-C1 Frankreich
T-126 Lizenz Avro-626, Großbritannien
T-131 Lizenz Bücker Bü 131, Deutschland

Nach 1945

Av-14 Lizenz Iljuschin Il-14, UdSSR
B-33 Lizenz Iljuschin Il-10, UdSSR
C-11 Lizenz Jakowlew Jak-11, UdSSR
S-102 Lizenz Mikojan/Gurewitsch MiG-15, UdSSR
MiG-19 Lizenz Mikojan/Gurewitsch MiG-19, UdSSR
MiG-21 Lizenz Mikojan/Gurewitsch MiG-21, UdSSR

C-106 – Nachbau der Bücker Bü 181 mit einem Triebwerk Walter Minor 4-III.
C-106 – Rebuild of a Bücker Bü 181 with a Walter Minor 4-III machine.

Die Avia 14 war ein Lizenzbau der sowjetischen Iljuschin Il-14.
The Avia 14 a licence of soviet Iljuschin Il-14.

Lizenz aus der UdSSR – eine C-11 aus dem Basismodell Jakowlew Jak-11.
Licence of USSR – a C-11 from the basicmodel Jak-11.

Flugzeugtypen nach dem zweiten Weltkrieg im Bestand der tschechoslowakischen Luftstreitkräfte

Aircraft Operating by Cz. Air Force after World War II

Übungsflugzeuge / *Trainers*
Kennbuchstabe C 〈Cvičná letadla〉

C 1	Klemm Kl 35 D 〈Deutschland〉
C 2	Arado Ar 96 B 〈Deutschland〉
C 2 B	Arado Ar 96 mit Bewaffnung
C 3 A	Siebel Si 204 D 〈Deutschland〉 Navigation
C 3 B	Siebel Si 204 D 〈Deutschland〉 Bombertraining
C 103	Siebel Si 204 D 〈Deutschland〉 Transporter
C 4	Bücker Bü 131 «Jungmann» 〈Deutschland〉
C 104	Bücker Bü 131 mit Walter Minor 4-III-Triebwerk
C 6	Bücker Bü 181 «Bestmann» 〈Deutschland〉
C 106	Bücker Bü 181 mit Walter Minor-4-III-Triebwerk
C 206	Bücker Bü 181 mit Toma-4-Triebwerk
C 8	Piper L-4 «Grashopper» 〈USA〉
C 9	Focke-Wulf FW 44 «Stieglitz» 〈Deutschland〉
C 10	Messerschmitt Bf 109 G-6 〈Deutschland〉
C 110	Messerschmitt Bf 109 G-12 〈Deutschland〉
C 12	Heinkel He 72 «Kadett» 〈Deutschland〉
C 14	Focke-Wulf FW 44 «Stieglitz» 〈Deutschland〉
C 15	Gotha Go 145 〈Deutschland〉
C 16	Arado Ar 66 〈Deutschland〉
C 19	Praga E-39
C 23	Morane-Saulnier MS-230 〈Frankreich〉
C 25	Beneš-Mráz Be-250
C 26	Arado Ar 396 〈Deutschland〉
C 30	Siebel Fh 104 〈Deutschland〉

Schlachtflugzeuge / *Attack aircraft*
Kennbuchstabe B 〈Bitevni letadla〉

B 31	Iljuschin Il-2 〈Sowjetunion〉
B 32	Petljakow Pe-2 FT 〈Sowjetunion〉
B 33	Iljuschin Il-10 〈Sowjetunion〉
B 36	De Havilland DH-98 FB Mk. VI «Mosquito» 〈Großbrit.〉
B 37	Junkers Ju 87 D 〈Deutschland〉

Schlachtflugzeuge/Übungsversionen / *Attack aircraft trainers*
Kennbuchstaben CB 〈Cvičná Bitevni〉

CB 31	Iljuschin Il-2 U 〈Sowjetunion〉
CB 32	Petljakow Pe-2 U 〈Sowjetunion〉

Kurierflugzeuge / *Liaison aircraft*
Kennbuchstabe K 〈Kuryrni letadla〉

K 61	Taylorcraft «Auster» 〈USA〉
K 62	Polikarpow Po-2 〈Sowjetunion〉
K 65A	Fieseler Fi 156 «Storch» 〈Deutschland〉
K 65B	Fieseler Fi 156 «Storch» Sanitätsvariante
K 68	Piper L-4 «Grashopper» 〈USA〉
K 70	Messerschmitt Bf 108 «Taifun» 〈Deutschland〉
K 73	Noorduyn C-64A «Norseman» 〈USA〉
K 74	Fairchild US-61 «Forwarder» 〈USA〉

Transportflugzeuge / *Transports*
Kennbuchstabe D 〈Vojenska Dopravni〉

D 41	Avro «Anson» 〈Großbritannien〉
D 42	Airspeed «Oxford» Mk. V 〈Großbritannien〉
D 43	Junkers W 34 〈Deutschland〉
D 44	Siebel Si 204 D 〈Deutschland〉
D 47	Douglas DC-47 «Dakota» 〈USA〉
D 52	Junkers Ju 52/3 m 〈Deutschland〉
D 352	Junkers Ju 352 〈Deutschland〉
D 54	Siebel Fh 104 〈Deutschland〉
D 58	Focke-Wulf FW 58 «Weihe» 〈Deutschland〉

Leichte Bombenflugzeuge / *Light bombers*
Kennbuchstaben LB 〈Lehka Bombardovaci〉

LB 36	De Havilland DH-98 «Mosquito» 〈Großbritannien〉
LB 77	Heinkel He 111 H 〈Deutschland〉
LB 79	Heinkel He 219 «Uhu» 〈Deutschland〉

Jagdflugzeuge / *Fighters*
Kennbuchstabe S 〈Stihaci letadla〉

S 89	Supermarine «Spitfire» Mk. IX E 〈Großbritannien〉
S 90	Focke-Wulf FW 190 A 〈Deutschland〉
S 92	Messerschmitt Me 262 A 〈Deutschland〉
S 95	Lawotschkin La-5 FN 〈Sowjetunion〉
S 97	Lawotschkin La-7 〈Sowjetunion〉
S 99	Messerschmitt Bf 109 G-6 〈Deutschland〉
S 199	Messerschmitt Bf 109 G-6 〈Nachbau〉

Übungsjagdflugzeuge / *Training fighters*
Kennbuchstaben CS 〈Cvičná Stihaci〉

CS 92	Messerschmitt Me 262 B 〈Deutschland〉
CS 95	Lawotschkin La-5 FN-UTI 〈Sowjetunion〉
CS 99	Messerschmitt Bf 109 G-12 〈Deutschland〉
CS 199	Zweisitzige Version der S-199 〈Nachbau〉

Lastensegler / *Transport gliders*
Kennbuchstaben NK 〈Nákladni Kluzak〉

NK 1	Waco CG-4A «Hadrian» 〈USA〉
NK 14	Jakowlew Jak-14 〈Sowjetunion〉
NK 25	Cybin C-25 〈Sowjetunion〉

Alle aufgeführten Flugzeugtypen wurden von den alliierten Luftstreitkräften übernommen oder stammen aus Beutebeständen. Bereits noch während des Krieges und auch in der darauffolgenden Periode wurden sowjetische Flugzeuge in größerer Stückzahl an die tschechoslowakischen Verbände übergeben. Das Ursprungsland steht jeweils in Klammern. Nur die C 19 und C 25 waren tschechoslowakische Konstruktionen.

Register der Flugzeugtypen

Index to Aircraft Types

Literaturverzeichnis

Bibliography

Bücher / *Books:*

Němeček, V.: Československá letadla. – Praha, 1968 und 1984.
Neustädt, R.; Kopenhagen, W.: Das große Flugzeugtypenbuch. – Berlin, 1982.
Šorel, V.: Letadla československých pilotů – Praha 1979 und 1982.
Fliegerjahrbuch. – Berlin, seit 1958.
Jane's all the World's Aircraft. – London, jährliche Ausgaben.

Zeitschriften / *Periodicals:*

Letecky obzor. – Praha
Letectví kosmonautika. – Praha
Modelář. – Praha
Firmenschriften OMNIPOL, AERO

Bildquellen / *References of pictures:*

Sammlung Zaznovil ⟨52⟩
OMNIPOL ⟨12 und Titelfoto⟩
Sammlung Autor ⟨43⟩
Letectví kosmonautika ⟨4⟩

Mau, Hans-Joachim:
Tschechoslowakische Flugzeuge von 1918 bis heute/
⟨Zeichn.: M. Balous/K. Huhndorf⟩ – 1. Aufl.
Berlin: Transpress, 1987. – 192 S.:
111 Bilder und 66 Bildtaf. ⟨16 farb.⟩, 3 Tab.

ISBN 3-344-00121-3

1. Auflage

1086 Berlin, Französische Str. 13/14
VLN 162-925/132/87
Printed in the German Democratic Republic
Gesamtherstellung: Druckerei Markneukirchen III-23-3
Lektor: Alfred Förster/Kai Lange
Typografie: André Wendt
Einbandgestaltung: Jürgen Schumann
Zeichnungen: Miroslav Balous und Klaus Huhndorf
Zeichnungen Einband hinten: Michael Römer
LSV 3879
566 882 1
02980